国家级一流本科专业建设成果教材

固体废物处理与资源化

李秀金　主编

SOLID WASTE TREATMENT AND
RESOURCE RECOVERY

化学工业出版社

·北京·

内容简介

《固体废物处理与资源化》全书分五篇共十七章。第一篇为概论，简要介绍了固体废物的产生、分类和污染危害，以及一些关于固体废物管理方面的基本知识。第二篇为城市生活垃圾处理与利用，讲述了垃圾的产生、投放、贮存、收集、中转运输方法，各种处理处置和资源化利用技术，包括垃圾的预处理、好氧堆肥、厌氧消化、热解气化、焚烧处理和卫生填埋处置，重点介绍了各种处理处置方法的基本原理、影响因素、关键工艺和设备等。第三篇为工业固体废物处理与利用，主要讲述了煤电、冶金、机电、石化与轻工业典型固体废物的处理与资源化利用技术。第四篇为农业固体废物处理与利用，重点对作物秸秆、畜禽粪便的处理和资源化利用技术进行了介绍。第五篇为危险废物处理处置，介绍了危险废物的产生、鉴别、贮存、收运方法以及固化/稳定化、焚烧和安全填埋技术。

本书可作为环境工程、环境科学或相近专业本科生的教学用书，也可作为城市环卫、工业、农业以及其它相关领域从事环境保护工作的科技人员的参考资料。

图书在版编目（CIP）数据

固体废物处理与资源化 / 李秀金主编. —北京：
化学工业出版社，2023.5
ISBN 978-7-122-42796-0

Ⅰ.①固… Ⅱ.①李… Ⅲ.①固体废物处理②固体废
物利用 Ⅳ.①X705

中国国家版本馆 CIP 数据核字（2023）第 048941 号

责任编辑：徐雅妮　何玉娟　　　　　文字编辑：张玉芳
责任校对：李雨函　　　　　　　　　装帧设计：王晓宇

出版发行：化学工业出版社（北京市东城区青年湖南街 13 号　邮政编码 100011）
印　　刷：北京云浩印刷有限责任公司
装　　订：三河市振勇印装有限公司
787mm×1092mm　1/16　印张 19　字数 447 千字　2024 年 3 月北京第 1 版第 1 次印刷

购书咨询：010-64518888　　　　　售后服务：010-64518899
网　　址：http://www.cip.com.cn
凡购买本书，如有缺损质量问题，本社销售中心负责调换。

定　　价：59.00 元

　　我国现设有环境工程或相关专业的各类高等学校已达五百多所。作为核心专业课程之一，固体废物处理与资源化在环境工程类专业教学中占有重要的地位。本书是在原北京市高等教育精品教材《固体废物工程》和普通高等教育"十一五"国家级规划教材《固体废物处理与资源化》基础上，结合 20 余年的教材使用经验和编者的教学经验，重新编写而成。

　　该书的编写突出了如下几个方面的特点。

　　1．内容更加全面。固体废物来源广泛，涉及行业较多，编写难度大。现有教材对城市生活垃圾处理方面的知识介绍较多，但对其它固体废物处理与利用技术方面的内容介绍相对较少。本书包含了城市生活垃圾、工业固体废物、农业固体废物和危险废物四大部分，基本涵盖了我国主要固体废物的范围，其中，在工业固废部分增加了较多的内容，农业固废部分也做了比较全面的介绍。

　　2．反映最新知识。增加了较多新的内容，力图反映该领域最新研究进展和工程应用情况。例如，在城市生活垃圾处理与利用章节，增加了垃圾源头分类、智能化收运和回收方面的最新知识，补充了较多的报废汽车和废弃电子电器拆解和利用方面的内容等。

　　3．加强基础理论。过去两本教材比较缺乏基础理论方面知识的介绍，理论深度不够，新教材对此有所加强。例如，对厌氧消化四阶段理论进行了比较深入的介绍，对热解气化物质结构的变化及其与生成产物之间的关系进行了补充。

　　4．更加图文并茂。在书中增加了大量的实物照片，这些照片大都是编者在长期的教学、科研和学术交流过程中收集和亲自拍摄的。此外，增加了图和表，并对大多数图表进行了重新绘制。通过大量的实物图片和图表，增加读者的感性认知，使学习更直观、印象更深刻。

　　5．编写框架更便于理解。由于来自不同行业的固体废物性质和处理技术具有相似性，因此，本教材按城市、工业、农业三大行业和危险废物共四篇进行编写。有些各行业都可能使用的共性技术（如热解气化、好氧堆肥和厌氧消化等）放在了城市生活垃圾处理部分，但侧重讲述的是原理和方法。在讲述其它行业废物处理技术时，则主要讲述相关工艺和应用方面的内容。这样既可以避免内容重复，又可以了解对不同废物采用该技术时的具体应用情况。

本教材编写人员和分工如下：李秀金（第 1～6、10、11 章），刘研萍（第 8、9、16、17 章），袁海荣（第 7、14、15 章），左晓宇（第 12、13 章）。

本教材的编写和出版得到北京化工大学教改项目的支持，在此表示感谢。

由于编写者知识有限、资料收集尚不全面，有不足之处恳请广大读者批评指正。

编者

2023 年 5 月于北京

第一篇　概论

第二篇　城市生活垃圾处理与利用

第三篇　工业固体废物处理与利用

第四篇　农业固体废物处理与利用

第五篇　危险废物处理处置

第一篇
概论

第一章

固体废物概论

第一节

固体废物的产生与特性

一、固体废物的定义和特性

固体废物是指人类在生产、生活和其它活动中产生的污染环境的固态、半固态废弃物质，它包括：①丧失原有利用价值的废弃物；②虽未丧失利用价值但被抛弃或丢弃的废物；③置于容器中的有毒有害气态、液态物品、物质；④法律、行政法规规定纳入固体废物管理的物品、物质。

需要注意的是，一些具有较大危害性质的有毒有害气态、液态废物，尽管从形态上讲不属于固体物质，但由于其较大的环境危害性，在我国也归入固体废物管理范畴。因此，固体废物不只是指固态和半固态废弃物，还包括有毒有害的液态和气态废物。

由于物质形态的不同，与废水和废气相比，固体废物具有如下鲜明的特性。

1. "废物"与"资源"的相对性

从固体废物定义可知，它是在一定时间和地点被丢弃的物质，可以说是放错地方的"资源"，具有明显的时间和空间特征。

从时间角度来看，随着时间的推移，任何产品经过使用和消耗后，最终都将变成废物。例如，饮料瓶和食品盒，平均几个星期就变成了废物；家用电器和小汽车平均7～15年就变成了废物；建筑物使用期限最长，但经过数十年至数百年后也将变成废物。但是另一方面，所谓"废物"仅仅相对于当时的科技水平和经济条件而言，随着时间的推移，技术进步了，今天的"废物"也可能成为明天的"资源"。例如垃圾，过去大多没有处理、随意堆放，就是污染环境的"废物"，现在被用来焚烧发电、好氧发酵或者厌氧消化，垃圾就变成了电力、肥料或者沼气等"资源"。人们常常说"垃圾是放错地方的资源"，说的就是这个意思。动物粪便长期以来一直被当成污染环境的废弃物，今天已有技术可把动物粪便转化成有机肥料、沼气等。

从空间角度看，废物仅仅相对于某一过程或某一方面没有使用价值，而并非在一切过程或一切方面都没有使用价值。某一过程的废物，往往可用作另一过程的原料。例如，粉煤灰是发电厂产生的废弃物，但粉煤灰可用来制砖，对建筑业来说，它又是一种有用的原材料；冶金业产生的高炉渣可用来生产建筑用的水泥，废旧电器可以回收金属材料等，它们对建筑业和金属制造业来说又成了有用的资源。

2. 复杂多样性

固体废物来源广泛、种类繁多、成分也非常复杂，呈现明显的复杂多样性。

固体废物来源十分广泛，几乎涵盖生产、生活的各个方面，包括来自城市的居民生活、事业单位、商业、园林绿化、道路清扫、市政建设等，来自工业的机械电子、轻工、石油、化工、矿物开采和冶炼等，来自农业的种植业、养殖业和加工业等。

固体废物种类非常多，不同国家、不同行业、不同产品、不同地域、不同经济发展水平和生活水平，甚至不同生活习惯等都会产生不同种类的固体废物。例如，家庭产生的废物就有剩饭菜、果皮菜叶、废旧电器、废家具、废纸、废塑料、废电池、过期药品等。化学工业产生的固体废物有蒸馏残渣和废弃的有机溶剂、塑料、橡胶、纤维、石棉、涂料、染料、药剂和催化剂等。农业种植业产生的固体废物有稻草、麦秸、玉米秸、稻壳、秕糠、根茎、落叶、果皮、果核、农药、薄膜等。

固体废物的成分也非常复杂。既有有机物又有无机物，既有金属又有非金属，既有无毒物又有有毒物，既有单质金属又有合金，既有单一物质又有聚合物。即使是一个简单的废弃产品，也可能包括多种多样的成分。例如一部小小的手机，就含有塑料、玻璃、金属、电池、树脂等多种成分；电视机含有玻璃、塑料、荧光粉、树脂、贵金属等；报废汽车等大件物品，成分则更加复杂，包括钢铁、有色金属、玻璃、橡胶、塑料、皮革、织物、润滑油、冷却剂等。

由于固体废物的这种复杂多样性，给后续的回收利用、处理处置带来了困难。因为，对不同的废物，需要有不同的处理利用技术，即使对同一种废物，靠单一技术也很难解决问题，常需要采用多种技术才能真正地实现其资源化利用和无害化处理。

3. 持久危害性

固体废物是呈固态、半固态的物质，不具有流动性；此外，固体废物进入环境后，并没有与其形态相同的可以接纳它的环境体，不能被自然稀释和净化。因此，固体废物具有更持久的危害性。

固体废物不具有流动性，只要不进行收集和处理，固体废物就会永久地堆放在原处，通过散发有害气体、释放渗滤液、传播疾病和侵占土地等污染周边的地下水、地表水、空气和土壤，并通过动植物等食物链影响人类身体健康。固体废物没有相同的环境接纳体，不可能像废水、废气那样可以迁移到大容量的水体（如江河、湖泊和海洋）或大气中，而需要通过自然界中物理、化学、生物等多种途径进行稀释、降解和净化。因此，从某种意义上讲，固体废物对环境的污染危害比废水和废气更大、也更持久。例如，填埋场中的城市生活垃圾一般需要经过 10 到 30 年的时间才可趋于稳定，而其中的废旧塑料、薄膜等即使经历更长的时间也不能完全消失。在此期间，垃圾会不停地释放和散发臭气，产生的渗滤液还会污染地表和地下水等。而且，即使其中的有机物稳定化了，大量的不可降解物仍然会堆存在填埋场中，长久地占用大量的土地资源。

二、固体废物的产生与分类

固体废物来源于生产、生活及其相关过程中。人们在开发资源、制造产品的过程中，必然产生废物；任何产品经过使用和消耗后，最终也都将变成废物。

根据不同的分类方法，可把固体废物分成多种类型。按组成，可分为有机废物和无机废物；按形态，可分为固态废物、半固态废物、液态和气态废物；按污染特性，可分为一般废物和危险废物。在我国，比较普遍采用的是按来源分类，据此，可把固体废物分为城市固体废物、工业固体废物、农业固体废物和危险废物四大类。

1. 城市固体废物

城市固体废物是指在城市居民日常生活中或者为日常生活提供服务的活动中产生的固体废物。它来源于城市居民家庭、餐饮业、旅游业、市政环卫、交通建设、文教卫生业和行政事业单位等。此外，还包括医院产生的医疗垃圾、部分实验室的废弃物等（如表 1-1）。

表 1-1　城市固体废物的来源

来源	废物种类
厨余垃圾	家庭厨房、宾馆饭店和单位食堂产生的剩饭菜以及水果、蔬菜和肉食等加工产生的废物
可回收垃圾	废纸、废塑料、玻璃、织物等，是城市生活垃圾中可回收利用的主要对象
果蔬垃圾	水果和蔬菜集散中心、批发和零售市场、果蔬加工基地等产生的菜帮、菜叶、根茎、果皮、果核、过期果蔬等
商业垃圾	城市商业区、各类商业性服务网点或专业性营业场所产生的垃圾
园林垃圾	园林绿化产生的树枝、树叶、树干，花草修剪和庭院绿化等产生的废物
清扫垃圾	城市道路、桥梁、广场、公园及其它露天公共场所由环卫系统清扫收集的垃圾
建筑垃圾	城市建筑物拆迁、构筑物维修或兴建过程中产生的垃圾，包括砂石、钢筋、水泥、保温材料等
市政污泥	城市污水处理厂产生的剩余活性污泥，河道、湖塘清淤产生的污泥
废旧电器	单位和家庭产生的废旧手机、电脑、电视机、冰箱、空调、打印机、复印机等。废旧电器含有大量的金属成分，因此，有时也称"城市矿产"
废旧家具	家庭、单位和宾馆报废的桌椅、床和床垫、衣柜、沙发等
危险废物	家庭废弃的药品、日光灯管、涂料、废电池等，院校和科研单位产生的部分实验室废物，医院产生的医疗垃圾等

2. 工业固体废物

工业固体废物是指在工业生产过程中产生的固体废物。工业固体废物主要来自冶金工业、矿物开采业、石油与化学工业、轻工业、机械电子工业、建筑工业、煤电工业等。工业产生的固体废物种类非常多，表 1-2 列出了各行业部分代表性的废物种类。

表 1-2　工业固体废物的来源

来源	废物种类
冶金工业	各种金属冶炼和加工过程中产生的废弃物，如高炉渣、钢渣、铜铅铬汞渣、赤泥、烟尘等
矿物开采业	各类矿物开发、加工利用过程中产生的废物，如废矿石、煤矸石各种尾矿等
石油与化学工业	石油炼制及其产品加工、化学工业产生的固体废物，如废油、浮渣、含油污泥、炉渣、塑料、橡胶、陶瓷、纤维、沥青、油毡、石棉、涂料、化学药剂、废催化剂和药渣等
轻工业	食品工业、造纸印刷、纺织服装、木材加工等轻工部门产生的废弃物，如各类食品糟渣、废纸、金属、皮革、塑料、橡胶、布头、线、纤维、染料、刨花、锯末、碎木、化学药剂、金属填料、塑料填料等
机械电子工业	机械加工、电器制造及其使用过程中产生的废弃物，如金属碎料、铁屑、炉渣、模具、砂芯、润滑剂、酸洗剂、导线、玻璃、木材、橡胶、塑料、化学药剂、研磨料、陶瓷、绝缘材料，以及报废汽车、冰箱、微波炉、电视和电扇等
建筑工业	建筑施工、建材生产和使用过程中产生的废弃物，如钢筋、水泥、黏土、陶瓷、石膏、石棉、砂石、砖瓦、纤维板等
煤电工业	煤电生产过程中产生的废弃物，如煤渣、粉煤灰等

3. 农业固体废物

农业固体废物是指在农业生产过程中产生的固体废物。农业固体废物主要来自作物种植业、动物养殖业和农副产品加工业。常见的农业固体废物有稻草、麦秸、玉米秸、稻壳、秕糠、根茎、落叶、果皮、果核、畜禽粪便、死禽死畜、羽毛、皮毛等（如表 1-3）。

表 1-3　农业固体废物的来源

来源	废物种类
作物种植业	作物种植过程中产生的废弃物，如稻草、麦秸、玉米秸、根茎、落叶、烂菜、废农膜、农用塑料、农药等
动物养殖业	动物养殖过程中产生的废弃物，如猪粪、牛粪、羊粪、鸡粪、鸭粪等，以及死禽死畜、死鱼死虾、脱落的羽毛等
农副产品加工业	农副产品加工过程中产生的废弃物，如畜禽内容物、鱼虾内容物、未被利用的菜叶、菜梗和菜根、秕糠、稻壳、玉米芯、瓜皮、果皮、果核、贝壳、羽毛、皮毛等

4. 危险废物

危险废物是指被列入国家危险废物名录或者根据国家规定的危险废物鉴别标准和鉴别方法认定的具有危险特性的废物。

危险废物并不是来源于某一个特定的行业，它可能来源于城市，也可能来源于工业和农业。由于危险废物具有急性毒性、易燃性、反应性、腐蚀性、浸出毒性和疾病传染性等特别的危害性，需要进行特别的管理，因此，把来自不同行业的具有危险特性的废物统一归为危险废物进行管理。石油工业、化学工业、有色金属行业、医疗和科研单位等是产生危险废物较多的行业。典型的危险废物有医疗垃圾、废弃或过期的化学药剂、制药厂药渣、废弃农药、重金属废渣、废酸、废碱、废矿物油、废有机溶剂等。

第二节

固体废物污染危害与处理利用途径

一、固体废物污染危害途径

　　固体废物来源广泛、种类繁多、成分复杂、不具有流动性和环境接纳体,因此,它们对环境的污染危害途径与水和大气有明显的不同。固体废物的环境污染存在于贮存、收集、运输、回收利用以及最终处置的各个环节和整个过程。

　　固体废物对环境的污染危害污染途径有多种,主要有:通过散发有毒、有害和臭味气体等气态污染物污染大气;通过雨水淋洗和分解产生的渗滤液和浸出液等污染地下水、地表水和土壤;通过病原微生物传播疾病和产生生物污染;通过灰、渣、尾矿等固态污染物侵占土地和污染土壤等。这些污染物对环境形成的污染危害不是独立的,而是相互交叉的,因此,常常形成一种"复合型"的污染。例如,重金属可以直接污染地表水,也可以通过进一步迁移污染地下水和土壤,还可以通过食物链对人类健康形成威胁。图 1-1 是对固体废物"复合型"污染的简要描述。

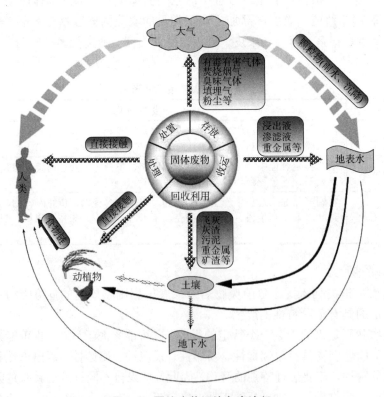

图 1-1　固体废物污染危害途径

　　如果从被污染对象来看,固体废物对环境的污染危害体现在如下几个方面。

1. 侵占土地

固体废物产生以后，首先要占用大量土地进行堆放。据估计，每堆积 1 万吨废渣约需占用 1 亩的土地。据报道，美国有 200 万公顷的土地被固体废物侵占，英国为 60 万公顷。2021 年，我国工业固体废物年产生量已达 39 亿吨，其中，仅尾矿堆放就占用土地上百万公顷。

2. 污染水体

固体废物对水体的污染有直接污染和间接污染两种途径。

一是把水体作为固体废物的接纳体，向水体中直接倾倒废物，从而导致水体的直接污染；二是固体废物在堆积过程中，经雨水浸淋和自身分解产生的渗出液流入江河、湖泊和渗入地下而导致地表水和地下水的污染。

国内某化工厂为降低生产成本，违规采购含砷量高的硫砷铁矿代替硫铁矿，用于生产硫酸，产生的大量砷渣和数百吨劣质矿石随着废水直接流入河中，致使河水砷浓度超过国家地表水三类水质的百倍以上，引发了严重的水体污染事件。再如，南方某露天矿，在开采初期，将每年排放的 100 多万吨尾矿和 3000 多万立方米泥浆水灌入附近农田与河道，导致良田严重沙化，河流淤塞、河床升高、水体严重污染。

3. 污染大气

固体废物在堆存、收运、处理和处置过程中会产生有害气体，对大气产生不同程度的污染。露天堆放的固体废物会因有机成分的分解产生有味的气体，形成恶臭；垃圾在焚烧过程中会产生酸性气体、粉尘和二噁英等，如果不加以处理而排放，就会污染空气，威胁周围居民的身体健康；垃圾在填埋处置后会产生甲烷、硫化氢等有害气体等，也需要进行处理。燃煤电厂发电产生的粉煤灰，如果不进行及时地处理利用，就会随风飞扬，在遇到 4 级以上的风时，粉尘可飞扬到 20～50 米的高度，从而造成大面积的空气污染。

4. 污染土壤

固体废物含有的有害物质会对土壤产生污染，土壤污染包括：改变土壤的物理结构和化学性质，影响植物营养吸收和生长；影响土壤中微生物的活动，破坏土壤内部的生态平衡；有害物质在土壤中发生积累，致使土壤中有害物质超标，严重时甚至导致植物死亡；有害物质还会通过植物吸收，被转移到子实体内，通过食物链影响饲喂的动物和人体健康。例如，我国北方某城市，堆积的尾矿达 1500 万吨，致使下游某乡的土地被大面积污染，居民被迫搬迁；我国西南某地农田因长期堆放未经无害化处理的垃圾，导致土壤中有害物质的积累，土壤中汞的浓度超过本底值的 8 倍，给作物的生长带来了严重的危害。据报道，目前我国污染物超标的耕地已达约 3 亿亩，这其中很大一部分污染是和固体废物有关的。

5. 影响人类身体健康

在固体废物堆存、处理、利用和处置过程中，一些有害成分会通过水、大气、食物等多种途径为人类所吸收，从而危害人体健康。例如，尾矿和有色金属冶炼废渣中含有重金属，会通过食物链引发疾病；生活垃圾中含有大量有害病原菌、畜禽粪便中携带大量大肠杆菌、医疗垃圾中含有传染性病原菌，这些都会对人类健康造成严重威胁。

6. 影响市容村貌

随意丢弃的垃圾、随处可见的煤矸石山、田间地头堆放的秸秆、废弃的农膜和农药瓶等，除了导致直接的环境污染外，还严重影响了城市景观和村容村貌。其中"白色垃圾"对环境和市容的污染是最明显的例子，如水体中漂浮的泡沫、树枝上悬挂的塑料袋等，是典型的"视觉污染"。

二、固体废物处理利用途径

由于固体废物种类繁多、成分复杂，其处理与资源化利用的途径也有很多。表1-4对各种技术方法、主要产物、利用方式和适用范围等进行了概述。

表1-4　固体废物回收与处理处置技术

途径		技术方法	主要产物	利用方式	适用范围
直接回收		破碎、粉碎、切片、造粒、浆化、清洗、烘干、消毒等	符合相关质量和卫生标准的纸、塑料颗粒和切片、金属材料等	材料再生利用	用于废纸、废塑料、废旧金属、废旧电器等可回收物
转化利用	预处理	压缩	高密度物质、材料	后续转化利用	作为前处理，目的是去除杂物、获得均好的原料，供后续更好的转化利用
		破碎	细小、均质的物质和材料		
		分选	品质较好的物质和材料		
	物理法	固化成型	衍生燃料（RDF）	炊事、供暖、发电	用于生活垃圾、园林废物、作物秸秆等
		烧结蒸养	墙体砖、地面砖、水泥、隔热材料等	建筑	用于煤电、采矿、金属冶炼废物
		二次精馏、蒸馏、膜分离等	二次物质、原料	再利用	分离、提取各种物质和生产原料
	生物法	厌氧消化	沼气、沼渣、沼液	生物能源、有机肥料	主要用于可生物降解有机物的处理
		好氧堆肥	腐熟堆肥	有机肥料、营养土	
		生物发酵、生物合成	动物饲料、生物燃料、生物基化学品等	替代常规饲料、化石燃料和制品	
	化学与热化学法	热解、气化	可燃气体、炭、残渣	发电、供暖、供热	用于热值高的可燃废物、部分危险废物等
		焚烧、协同焚烧	高温烟气、残渣、飞灰	发电、供暖、供热	
		固化/药剂稳定化	固化体	建材、路材等	主要用于含重金属的危险废物，如垃圾焚烧飞灰
		火法、湿法冶金	黑色和有色金属	有色金属材料的回收利用	用于含有黑色和有色金属的废物
	特殊处理法	高温熔融	固化体	建材、路材等	主要针对危害性极大的特殊废物，如多氯联苯等
		高温等离子体	废气、残渣等	无害化处理	

途径	技术方法		主要产物	利用方式	适用范围
最终处置	卫生填埋	包括物理、化学、生物等多种反应过程	填埋气、渗滤液、残留物	发电、供暖、供热等	用于一般固体废物的最终处置
	安全填埋	包括物理、化学、生物等多种反应过程	填埋气、渗滤液、残留物	发电、供暖、供热等	用于危险废物的最终处置

概括地讲，固体废物处理与资源化可以分成直接回收、转化利用、最终处置三个途径。

直接回收是指不需要改变物质的性质、经过简单的物理处理就可以实现废物二次利用的过程。直接回收主要针对可回收物，如废纸、废塑料、玻璃、金属等。例如，打印纸、报纸、纸板等经过简单的清理、打浆、烘干，就可以生产出再生纸或者包装材料；塑料饮料瓶经过破碎、清洗、烘干、消毒就可以再用来生产饮料瓶等。

转化利用是指通过各种技术手段，把废物转化成有用的材料、产品或者能源的过程。其特征是：通过技术转化，废物的性质发生了明显或者根本性的变化。例如，堆肥化是一个好氧生物转化过程，畜禽粪便经过该过程处理，可被转化成有用的产品——有机肥料或者营养土，粪便的性质发生了本质上的变化；焚烧是一个热化学转化过程，垃圾被焚烧后，会产生大量的热量，用于发电，垃圾焚烧厂就是一个发电厂，在此过程中，垃圾被转化成了电力、烟气和灰渣等，其性质也发生了根本性上的改变。

最终处置是指对固体废物进行卫生或者安全填埋，达到最终无害化处理的目的。主要针对那些不再能够回收、转化利用或者回收、转化利用价值较低的废物。最终处置实际就是土地处置，通过带有严格防护措施的卫生填埋和安全填埋，把这些废物永久地留置在土地中，使其不再对环境产生危害。稳定化的填埋场可以被恢复利用，用作园林绿化、休闲场地等。

本书随后的章节将对其中主要的回收、处理利用和处置技术进行详细的介绍。

第三节

固体废物管理

固体废物管理是指运用环境管理的理论和方法，通过法律、经济、技术、教育和行政等手段，鼓励废物资源化利用和控制固体废物污染环境，促进经济与环境协调可持续发展。

负责管理的部门主要是各级环境保护局（厅）、城市建设局（委）和各行业的环境保护部门。固体废物主要通过法律法规、技术政策、经济政策和技术标准等实施管理。由于固废来源、性质和处理处置技术的复杂性，必须通过多种手段的组合，才能实现固体废物的有效管理。

一、法律法规

早在 20 世纪 70 年代，西方发达国家就开始对固体废物实行立法管理，使得固体废物的管理上升到了一个新的高度。随着公众环境意识的提高，以及全球可持续发展的战略要求，固体废物的立法管理也随之不断发展，大致经历了三个发展阶段。

第一个阶段：20 世纪 70 年代，单纯清除、处置的立法管理阶段。德国 1972 年 6 月颁布的《废弃物避免及处理法》，首次对垃圾进行立法管理。但它只强调对产生的废物进行清除和必要的处置，没有提到源头减量和资源化利用。

第二个阶段：20 世纪 80 年代，源头控制与末端处置相结合的立法管理阶段。德国 1986 年对《废弃物避免及处理法》进行了修订。它首次提出了不仅要对产生的废物进行处置，还要从源头上避免废物的产生。

第三个阶段：20 世纪 90 年代，废物循环利用与无害化处置相结合的立法管理阶段。核心内容是：首先，必须以避免废物产生为主；其次，强调废物的循环回收和资源化利用；最后才考虑以环境友好的方式对无法避免的废物进行最终处置。这个阶段尤其强调源头减量、废物的循环回收和资源的可持续利用，这是它与以前废物管理明显不同的特点。

除了国家法律《中华人民共和国固体废物污染环境防治法》（简称《固废法》）之外，我国还制定了多项不同层级的法律法规，签订了多项国际条约。通过国家法律、部门法规和国际条约，实现对固体废物的立法管理。

1. 国家法律

《固废法》是我国针对固体废物管理制定的首个国家法律，也是实施固废管理的最高法律。它于 1995 年首次通过立法，自 1996 年 4 月 1 日起开始施行。最新《固废法》于 2020 年 4 月修订，2020 年 9 月 1 日开始实施。

2. 行政法规

除了《固废法》之外，生态环境部、住建部和其它有关部门还单独颁布或联合颁布了一系列的行政法规。例如，《城市市容和环境卫生管理条例》《城市生活垃圾管理办法》。这些行政法规都是以《固废法》中确定的原则为指导，结合具体情况，针对某些特定污染物制定的，它们是《固废法》在实际中的具体应用。

3. 国际公约

目前，环境污染已不再仅是某个国家的问题，而是正在变成一个全球性的问题。并且，随着我国加入世界贸易组织，我国将越来越多地参与国际范围内的环境保护工作，已签署并将继续签署越来越多的国际公约。例如，1990 年 3 月，我国政府就签署了《控制危险废物越境转移及其处置巴塞尔公约》。

二、技术政策

《固废法》确立我国固体废物污染防治的技术政策为：全过程管理、危险废物优先管理和"三化"管理。

全过程管理是指对固体废物实行从产生、收集、运输、贮存到处理处置各环节的全过程的科学管理。

危险废物优先管理是指由于危险废物具有较大的危害性，需要对危险废物进行优先控制。

"三化"管理是指对固体废物的产生和处理处置过程进行"减量化、资源化、无害化"管理。

减量化是指通过采取有效的管理措施和技术手段减少固体废物的产生量和排放量。首先，尽量减少和避免固体废物的产生，从源头上解决问题，亦即"源削减"；其次，对产生的废物进行有效的处理和最大限度的回收利用，以减少固体废物的最终处置量。

资源化是指采取科学的技术手段从固体废物中回收有用的物质和能源。它包括三个方面的内容：①物质回收，从废弃物中回收二次物质，例如从垃圾中回收纸张、玻璃、金属等；②物质转换，利用废弃物制取新形态的物质，例如通过堆肥化处理把生活垃圾转化成有机肥料等；③能量转换，从废物处理过程中回收能量，例如垃圾焚烧发电、厌氧消化产沼气等。

无害化是指通过各种技术方法对固体废物进行处理处置，使固体废物既不损害人体健康，对周围环境也不产生污染危害。例如，对城市生活垃圾，可以采用焚烧、热解气化和卫生填埋等技术手段，实现其无害化处理处置。

三、经济政策

除了通过法律法规进行固废管理之外，运用经济手段也是有效的管理方法之一。固废管理的经济政策包括排污收费、押金返回、生产者延伸责任制、税收减免、信贷优惠和垃圾填埋费等。

1. 排污收费

"排污收费"是指对固体废物排放者收取一定数量的废物处理费用。"排污收费"政策的作用是：①解决废物收运和处理费用问题；②促使家庭和企业减少垃圾的产生量。"排污收费"对于解决固体废物收运和处理费用，保障处理处置设施的正常运行，促进废物源头减量化等都具有明显的效果。

收费的手段有多种方式，包括按人口收费、按产生量收费、按排放量收费等。日本从 1990 年就实施了居民垃圾收费制，大多采用"计量收费"。如日本福冈市的收费垃圾袋（图 1-2），图中显示的是两个 30L（中）的分类垃圾袋，左边黄色袋子用于瓶子等可回收物，右边蓝色袋子用于不可燃垃圾。该垃圾袋表面上看就是普通的垃圾袋，特别之处是，在袋子的底部分别有"150 円"和"300 円"（日元）标识，这个标识显示的就是该袋垃圾收费金额。当居民购买垃圾袋时，除了支付垃圾袋本身价格外，还同时支付了该袋垃圾处理费，这样，就能很容易地把垃圾处理费收取上来；而且，针对不同种类垃圾和不同袋子尺寸（大、中、小），收费也不相同，垃圾处理难度越大、袋子尺寸越大，需要支付的费用也越高。这种收费方法简单易行、科学合理，也有利于垃圾的源头减量化。

我国从 2002 年起开始实行居民生活垃圾收费制度，例如，目前北京居民按户进行垃圾收费，每户每年需要缴纳 30 元的垃圾处理费。这个收费实际上还涵盖不了垃圾处理所需费用，不足部分一般由政府承担。

2. 押金返还

"押金返还"是指消费者在购买产品时，除了需要支付产品本身的价格外，还需要支付一定数量的押金，在产品被消费、产生的废物返回到指定地点时，可赎回已支付的押金。

例如，美国加州对可口可乐饮料瓶就采取了这种制度，它要求顾客在购买可口可乐瓶装饮料时，需额外支付每罐 5 美分的押金（瓶上有"5C"标识）。顾客消费后并把饮料瓶送回回收中心或购买点时，可把这 5 美分的押金收回（图 1-3）。据报道，通过采用押金返还方法，美国可口可乐瓶有 95%能够得到回收。回收的瓶子通过清洗、消毒和烘干后，再用于生产可口可乐瓶子，从而大大减少了资源消耗。

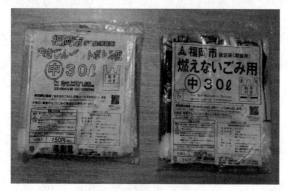

图 1-2　日本收费垃圾袋

图 1-3　美国回收的可口可乐瓶
（含 5 美分押金）

3. 生产者延伸责任制

为了避免"排污收费"政策在执行过程中效率较低的问题，一些国家制定了"生产者延伸责任制"政策。它规定产品的生产者（或销售者）对其产品被消费后所产生的废弃物的处理处置负有责任。例如：家电生产企业，必须负责报废家电的回收；美国加州要求顾客在购买新的汽车电池时，必须把旧的汽车电池同时返还到汽配商店，汽配商店才可以向顾客出售新的汽车电池，回收的电池交由汽车或电池生产厂家处理。

"生产者延伸责任制"的最大优点是可以保证废物的充分回收和进行专业化处理利用。因为，产品用户数量庞大，让用户自觉回收难度很大，而产品的生产厂家数量有限，便于管理，有利于废物的充分回收；对生产厂家而言，废物还可以回收再利用，用于生产新的产品，有较好的经济收益，积极性会比较高；此外，厂家就是废物原产品的制造者，它们对其产品产生的废物的性质比较了解，有利于实现专业化的处理和利用。

"生产者延伸责任制"在发达国家有着非常广泛的应用，我国近几年也开始实施，目前主要用于废旧电器回收方面。

4．税收减免和信贷优惠

"税收减免和信贷优惠"是指通过税收减免和信贷优惠，支持从事固体废物管理的企业，促进环保产业长期稳定的发展。由于固体废物的管理带来的更多的是社会效益和环境效益，经济效益相对较低，甚至完全没有，因此，就需要政府在税收和信贷等方面给予政策优惠，以支持相关企业和鼓励更多的企业从事这方面的工作。例如，对回收废物和资源化产品的企业减免增值税，对垃圾的清运、处理、处置、已封闭垃圾处置场地的开发利用实行财政补贴，对固废处理处置工程项目给予低息或无息贷款等。

其中，比较有代表性的是我国制定的《资源综合利用目录》（以下简称《目录》），该目录对列入其中的废物综合利用企业，给予了相当完善的税收减免政策和贷款优先支持。例如，粉煤灰制建材、沼气发电、废旧电器利用等都列入了目录支持范围，因此，相关企业都可以享受增值税减免政策。此外，《目录》还要求各地区、各有关部门对企业资源综合利用项目给予重点扶持，优先立项；银行根据信贷政策，在安排贷款上给予优先支持等。

5．垃圾填埋费

"垃圾填埋费"是指对进入卫生填埋场进行最终处置的垃圾再次收费。其目的是鼓励垃圾的回收利用，提高垃圾的综合利用率，最大限度地减少垃圾的最终处置量，同时也是为了解决填埋土地短缺的问题。

这种政策在欧洲国家使用较为普遍。例如，荷兰在 1995 年颁布了一项法令，规定 29 种垃圾不允许直接进行填埋处理；奥地利禁止填埋含有 5% 以上有机物的垃圾；欧盟垃圾填埋起草委员会要求限制可被生物分解的有机物垃圾的填埋，要求垃圾填埋量不应超过 1993 年垃圾量的 20%。

四、技术标准

通过制定技术标准对固体废物实施管理，也是行之有效的方法之一。经过多年的努力，我国已经建立了比较完善和全面的固体废物管理标准体系，它主要分为四大类，即固体废物分类标准、固体废物监测标准、固体废物污染控制标准和固体废物综合利用标准。

1．固体废物分类标准

这类标准主要用于指导对固体废物进行分类，例如《生活垃圾分类标志》（GB/T 19095—2019）、《生活垃圾产生源分类及其排放》（CJ/T 368—2011）等。

2．固体废物监测标准

这类标准主要用于对固体废物环境污染进行监测，主要包括固体废物的样品采制、样品处理，以及样品分析标准等，例如《危险废物鉴别标准 通则》（GB 5085.7—2019）、《生活垃圾卫生填埋场环境监测技术要求》（GB/T 18772—2017）等。

3．固体废物污染控制标准

这类标准是对固体废物环境污染进行控制的标准，是进行环境影响评价、环境治理、排污收费等管理的基础，因而是所有固废标准中最重要的标准。

固体废物污染控制标准分为两大类：一是废物处理处置控制标准，即对某种特定废物的处理处置提出的控制标准和要求，如《农用污泥污染物控制标准》（GB 4284—2018）、《生活垃圾焚烧飞灰污染控制技术规范（试行）》（HJ 1134—2020）等；另一类是废物处理设施的控制标准，如《生活垃圾焚烧污染控制标准》（GB 18485—2014）、《危险废物焚烧污染控制标准》（GB 18484—2020）、《生活垃圾填埋场污染控制标准》（GB 16889—2008）等。

4. 固体废物综合利用标准

固体废物资源化在固体废物管理中具有重要的地位，为大力推行固体废物的综合利用技术，并避免在综合利用过程中产生二次污染，生态环境部已经和正在制定一系列有关固体废物综合利用的规范、标准，例如《农业废弃物综合利用 通用要求》（GB/T 34805—2017）、《工业固体废物综合利用技术评价导则》（GB/T 32326—2015）、《农作物秸秆综合利用技术通则》（NY/T 3020—2016）等。

习题

1. 固体废物的定义是什么？
2. 固体废物有哪些特性？
3. 根据不同的分类方法，固体废物可分为哪些类别？
4. 固体废物对环境的污染危害有哪些？
5. 简述固体废物对环境的污染途径？
6. 简要概述固体废物回收、处理与处置方法。
7. 国内外固体废物的管理经历了哪三个发展阶段？
8. 什么是固体废物的全过程管理？
9. 什么是固体废物管理的"三化"原则？
10. 固体废物管理有哪些经济手段？各有何特点？
11. 如何通过"技术标准"对固体废物实施管理？

第二篇

城市生活垃圾处理与利用

第二章

城市生活垃圾的产生与性质

城市生活垃圾是指在城市居民日常生活中或者为城市日常生活提供服务的活动中产生的固体废物。城市生活垃圾包含的内容非常广泛，主要有由居民生活与消费、服务业、市政建设与维护、商业活动、园林绿化等产生的废物。在存放、收集、运输和处理处置过程中，垃圾所含有的和产生的有害成分，会对大气、土壤、水体造成污染，不仅严重影响城市的环境质量，而且会直接威胁人们的身体健康。因此，城市生活垃圾处理与利用是每个城市和每个居民都面临的和最为关心的问题之一。

目前，我国城市生活垃圾处理以卫生填埋和焚烧为主，分别占约 58% 和 40%，还有约 2% 是厌氧发酵和好氧堆肥等其它技术。未来，这个比例会发生变化，特别是随着垃圾分类的逐步推广，厌氧发酵和好氧堆肥等技术将会得到越来越多的应用。

本篇将首先对城市生活垃圾的产生和性质进行一般性的介绍，然后对垃圾的投放与收运、预处理、各种转化技术、最终处置方法等进行比较全面的介绍。需要注意的是，城市固体废物不仅仅是生活垃圾，还包括废旧电器、废纸、废塑料、废金属、报废汽车和建筑垃圾等，这些内容将在其它章节中分别介绍。

第一节

城市生活垃圾的产生与组成

一、垃圾的产生

自 1978 年改革开放以来，我国社会经济持续稳定发展，城市化进程不断加快，人民生活水平显著提高，城市生活垃圾的产生量呈逐年增加趋势。据统计，1978 年，全国城市生活垃圾清运量约 0.22 亿吨，到 2019 年已经达到约 2.1 亿吨。

从世界范围来看，各国城市生活垃圾产量在 20 世纪 70～80 年代增长较为迅速，其典型代表是美国。20 世纪 80 年代美国垃圾产量已达 1.35～1.8 kg / (人·d)，纽约等大城市人均垃圾产量则高达 3.6 kg / (人·d)。近年来，从总体上讲，发达国家城市生活垃圾产量仍保持增长的趋势，但增长速度放缓。但我国等发展中国家，垃圾产生量则呈明显增长趋势。

城市生活垃圾产生量受多种因素的影响，主要与城市人口、经济发展水平、居民收入和消费水平、消费习惯、能源结构等因素有关。

图 2-1 显示了我国城市生活垃圾清运量和城镇人口的相关关系。从中可以清楚地看出，城市生活垃圾清运量随着城镇人口的增加呈逐年增长态势。随着我国未来城镇化进程的加快，这一趋势在今后若干年内还将持续下去。

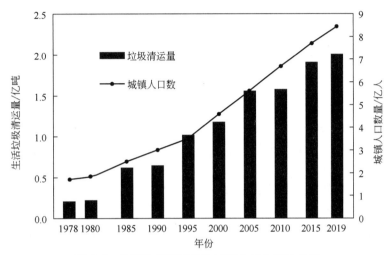

图 2-1   生活垃圾清运量和城镇人口之间的关系

经济发展水平也是影响垃圾产生量的重要因素。世界各国垃圾年产量一般都呈逐年增长趋势，全球大致维持在 1%～3% 的增长率，这与全球经济的发展水平基本相对应。经济发展水平较高的国家产生的垃圾量也较多，发展中国家的相对较小。我国自改革开放以来，随着国内生产总值（GDP）的迅速增长，城市生活垃圾产生量也呈快速上升趋势，这与工业发达国家经济高度增长时期的情况非常相似。当 GDP 达到一定数值后，垃圾产生量的增长速度将会减缓，并逐渐趋于稳定。图 2-2 是我国城镇垃圾清运量与 GDP 的关系。

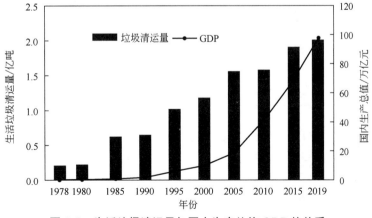

图 2-2   生活垃圾清运量与国内生产总值 GDP 的关系

城市生活垃圾产生量与居民生活水平也有很大关系。发达国家和发达地区居民的生活水平较高，产生的垃圾量也要高于居民生活水平较低的国家和地区。表 2-1 是部分发达国家以及我国不同地区人均垃圾产生量的情况。可以看出，美国和日本等经济发达国家，人均垃圾产量明显高于其它国家。2020 年，我国的发达地区如北京、上海、广州和深圳的人均垃圾产量也明显高于其它地区。

表 2-1   不同国家和我国不同地区人均垃圾产生量的情况

国家	人均产量/[kg/(人·d)]	地区	人均产量/[kg/(人·d)]
美国	2.39	北京	1.27
日本	2.46	上海	1.19
英国	0.87	广州	2.25
法国	0.75	深圳	1.45
瑞士	0.66	重庆	0.63
意大利	0.59	天津	0.61
荷兰	0.57	沈阳	0.54

消费习惯也是影响垃圾产生量的重要因素之一。近年来，由于生活节奏的加快，方便食品和快餐的消费量越来越大，导致包装材料和一次性使用材料和用具日益增多；科学技术的快速发展，使得产品的更新速度加快，报废或被淘汰产品也越来越多；此外，随着劳务费用及工业消费品维修费用的提高，使得产品维修保养不再合算，许多物品被提前丢弃掉（如废旧家用电器等），也导致了垃圾量的大幅增加。一个最典型的例子就是快递包装废物，据统计，2022 年我国快递包裹达到 1000 多亿件，这也就意味着一年要产生 1000 多亿个包装袋、盒或箱等。此外，快餐业产生的大量一次性餐具盒、纸巾、筷子、杯子等也是近些年才出现的问题。这些都是我国近几年垃圾产生量增长较快的重要原因。

二、垃圾的组成

城市生活垃圾的组成非常复杂，并受多种因素的影响，如自然环境、气候条件、城市发展规模、居民饮食习惯、能源结构、经济发展水平等都对其有不同程度影响。因此，各国、各城市甚至各地区产生的城市生活垃圾组成都有所不同。表 2-2 是部分发达国家城市生活垃圾的组成。可以看出，发达国家垃圾中"食品垃圾"含量并不高，但"纸类"含量都很高。

表 2-2   部分发达国家城市生活垃圾的组成（质量分数）   单位：%

城市生活垃圾	美国	英国	日本	法国	荷兰	瑞士	瑞典	意大利	比利时
食品垃圾	12	27	22.7	22	21	20	20.3	25	21
纸类	50	38	37.2	34	25	45	46.7	20	28
细碎物	7	11	21.1	20	20	20	5	25	26
金属	9	9	4.1	8	3	5	7	3	2
玻璃	9	9	7.1	8	10	5	7	7	4

城市生活垃圾	美国	英国	日本	法国	荷兰	瑞士	瑞典	意大利	比利时
塑料	5	2.5	7.3	4	4	3	9	5	9
其它	8	3.5	0.5	4	17	2	5	15	10
平均含水量/%	25	25	23	3.5	25	35	25	30	28
含热量/(kcal/lb)	1260	1058.4	1109	1008	907.2	1083.6	1001	796	765

注：1 kcal/lb≈9.2 kJ/ kg

表 2-3 是北京市城市生活垃圾的组成。可以看出，1990 年，北京生活垃圾中"灰土"含量很高，2020 年含量最高的则是"厨余垃圾"，其原因是，过去北京市的用能以煤为主，现在则改为天然气和电力等清洁能源为主。此外，垃圾中"纸类"含量一直都不是很高，这是和表 2-2 中部分发达国家所不同的地方。

需要指出的是，垃圾的成分组成受许多因素的影响，其组成比例是变化的。例如，自 1990 年以来，北京市生活垃圾的组成成分就发生了显著的变化。一个明显特点是有机成分含量越来越多，无机物含量越来越少。其中，有机物的含量由之前的约25%提高到 60%以上，而灰土含量则从之前的约 52%降低到 10%以下。针对这种变化，垃圾的收运方式、处理利用方式也要随之改变。因此，北京垃圾处理就由原先的以卫生填埋为主，向焚烧、厌氧发酵和好氧堆肥方向发展。

表 2-3　北京市城市生活垃圾的组成（质量分数）　　　　　单位：%

年份		厨余	灰土	纸类	塑料	织物	玻璃	金属	木竹	砖瓦
1990		24.89	52.22	4.56	5.08	1.82	3.10	0.009	4.13	4.11
2020	城六区	60.99	2.68	14.74	15.88	1.46	0.98	0.24	2.73	0.26
	新城区	62.98	6.45	12.19	12.11	2.71	1.45	0.11	1.62	0.25

近年来，为了实现垃圾的分类、分质和最大资源化利用，我国开始推行垃圾分类投放制度，分类垃圾的组成发生了明显的变化。表 2-4 是某城市三个小区分成"厨余"和"其它"两类前后组分占比变化情况。在实施分类投放前，"混合桶"中的"厨余"占50.45%～71.81%，"其它"占 28.19%～49.55%，这样的混合垃圾既不适合生物处理，也不适合焚烧处理。实施分类投放后，"厨余桶"中的"厨余"占 82.61%～97.54%、"其它"只占 2.46%～17.39%，此外，"厨余桶"中垃圾的含水率也明显提高、热值明显降低，因此，特别适合采用生物处理方法进行处理；相反，"其它桶"中垃圾的含水率明显降低、而热值明显提高，因此，特别适合采用焚烧的方法进行处理。这样，就实现了不同垃圾组分的分类、高效处理利用。这也是为什么要进行垃圾分类投放的主要原因。

表 2-4　某城市居民小区厨余垃圾分类前后垃圾物理成分变化情况

小区名称	阶段	样本	成分		含水率/%	热值/(kJ/kg)
			其它/%	厨余/%		
小区一	实施前	混合桶	44.11	55.89	56.7	5640
	实施后	厨余桶	7.05	92.95	78.72	1950
	实施后	其它桶	49	51	48.96	6770

小区名称	阶段	样本	成分		含水率/%	热值/(kJ/kg)
			其它/%	厨余/%		
小区二	实施前	混合桶	49.55	50.45	54.94	6510
	实施后	厨余桶	2.46	97.54	80.04	1550
	实施后	其它桶	54.8	45.2	51.53	6630
小区三	实施前	混合桶	28.19	71.81	66.25	3200
	实施后	厨余桶	17.39	82.61	77.62	2740
	实施后	其它桶	36.95	63.05	62.88	4890

第二节

城市生活垃圾的性质

城市生活垃圾的性质主要包括物理性质、化学性质、生物性质等。这些性质对垃圾的投放、收运、回收、处理与处置都有重要的影响。

一、物理性质

城市生活垃圾的物理性质与其成分组成有密切的关系，组成成分不同，垃圾的物理性质也就不同。垃圾最常用的物理性质是含水率、含固率、容重、粒径（颗粒度）等。

1. 含水率

含水率指单位质量垃圾含有的水分量，用 W（%）表示。其计算式为：

$$W=(m_A - m_B)/m_A \times 100\%$$

式中，m_A 为原始垃圾试样的质量，kg；m_B 为试样烘干后的质量，kg。

垃圾的含水率随消费习惯、季节、气候等条件而变化。我国垃圾含水率的典型值在 40%～60%。在夏季，由于消耗的瓜果比较多、降雨也比较多，含水率要高些，在其它季节，含水率要低些。城市生活垃圾的含水率受厨余垃圾含量的影响很大，对分类投放的厨余垃圾，含水量可以高达 90% 以上。

含水率对垃圾的存放、收运和处理技术的选择有重要的影响。含水率高会导致收运成本增加，对垃圾桶和收集、运输车的要求也高。含水率高会导致垃圾热值降低，影响垃圾焚烧过程和效率，还会导致填埋场垃圾渗滤液的增多，增加处理成本。

2. 含固率

含固率指单位质量垃圾含有的干物质（total solid，TS）的量，用 TS（%）表示。

其计算式为:

$$TS = m_B / m_A \times 100\%$$

式中，m_A 为原始垃圾试样的质量，kg；m_B 为试样烘干后的质量，kg。

含固率是和含水率相对应的指标，含固率表示垃圾含有多少干物质，含水率表示垃圾含有多少水分，两者之和就是 100%。在试验研究和工程应用中，需根据实际情况确定采用哪个指标，例如在提及厌氧消化进料浓度时，常采用含固率指标。

3. 容重

容重也就是容积密度，分自然（或堆积）容重和压实容重。自然容重是指垃圾在无压实、处于自然堆积状态下的单位体积的质量，以 kg/m^3 或 t/m^3 表示。压实容重是指垃圾经压实后单位体积的质量，也是以 kg/m^3 或 t/m^3 表示。

垃圾的容重是垃圾的重要特性之一，它是选择和设计贮存容器、收运设备、处理设备和填埋构筑物的重要依据。垃圾的容重受压实的影响很大，通过压实处理可显著减少垃圾的体积，提高垃圾的密度，有利于提高收运效率、降低收运成本、减少填埋占用空间等。表 2-5 是我国部分城市生活垃圾的自然容重和压实容重（依压力不同而不同）。

表 2-5　我国部分城市生活垃圾自然容重和压实容重

城市	区域特征	自然容重/(kg/m^3)	压实容重/(kg/m^3)
广州	混合燃料区	372	825～1070
哈尔滨	混合燃料区	330	876～1020
	双气区	180	554～610
天津	单气区	260	620～771
	燃煤区	320	871～986
	燃气区	290	792～975
北京	燃煤区	370	763～1054
	饭店和高级住宅	110	402～523

4. 粒径

粒径（亦称粒度或颗粒度）是描述固体废物颗粒大小的指标。粒径大小对焚烧、厌氧消化和好氧堆肥预处理、工艺设计和处理效果都会有比较大的影响。由于固体废物通常为非球形颗粒，其粒径尺寸一般采用非球形颗粒特征粒径定义。

非球形颗粒特征粒径可采用算术平均法或几何平均法计算：

$$d = (a+b+c)/3$$
$$d = (a \times b \times c)^{1/3}$$

式中，d 为非球形颗粒特征粒径，m；a、b、c 分别为非球形颗粒三维尺寸，m。

由于固体废物多为不均匀性物料，仅采用特征尺寸难以对其粒径进行整体描述。因此，固体废物整体的粒径通常采用分布数据（分布图）的方式予以进一步描述。图 2-3 是国内某城市根据生活垃圾粒径多次筛分试验结果作出的垃圾粒径分布图，体现了累积质量分数与粒径的关系。由图可见，由于表达的是多次筛分试验的结果，粒径累积质量分布是一个范围（即图中阴影范围）。

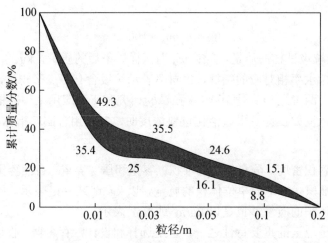

图 2-3　国内某城市生活垃圾粒径分布图

二、化学性质

表示城市生活垃圾化学性质的特征参数有挥发分、灰分、发热值、元素组成、化学成分组成等。这些参数不仅反映了垃圾的化学性质，同时也是选择垃圾加工处理、回收利用方法的重要依据。

1. 挥发分

挥发分又称挥发性固体含量，是反映垃圾中有机物含量的指标，用 VS（％）表示。

挥发分的测定方法是，用普通天平称取一定量的烘干试样 W_1，装入坩埚，然后将坩埚置于马弗炉内，在 600℃ 温度下，灼烧 2 小时，之后冷却到室温再称量试样 W_2。计算式为：

$$VS=(W_1-W_2)/W_1 \times 100\%$$

式中，VS 为垃圾的挥发性固体含量，％；W_1 为烘干的垃圾样品的质量，g；W_2 为灼烧后的残留物的质量，g。

2. 灰分

灰分是指垃圾中既不燃烧、也不挥发的成分，是反映垃圾中无机物含量的指标，用符号 A（％）表示。

灰分含量实际上就是垃圾灼烧（600℃、2h）后的残留量（％），灰分一般和挥发分同时测定。灰分的计算式为：

$$A=W_2/W_1 \times 100\%=(1-VS) \times 100\%$$

式中，A 为灰分质量分数，％；W_1 为烘干的垃圾样品的质量，g；W_2 为灼烧后的残留物的质量，g。

3. 发热值

单位质量的垃圾完全燃烧时所放出的热量，称垃圾的发热量或发热值。它是分析垃圾燃烧性能、设计焚烧设备、选用焚烧处理工艺的重要依据。

根据燃烧产物中水分存在状态的不同又分为高位发热值与低位发热值。高位发热值 Q_H（简称高热值）是指单位质量垃圾完全燃烧后，燃烧产物中的水分冷凝为 0℃ 的液态水时所放出的热量。低位发热值 Q_L（简称低热值）是指单位质量垃圾完全燃烧后，燃烧产物中的水分冷却为 20℃ 的水蒸气时所放出的热量。高位热值又称为总热值，低位热值则称为净（真）热值。

两者的关系是：

$$Q_L = Q_H - 600W$$

式中，Q_L 和 Q_H 分别为垃圾的低位发热值和高位发热值，kJ/kg；W 为 1 kg 垃圾燃烧时产生的水分，kg。

根据经验，当城市生活垃圾的低热值大于 3350 kJ/kg（800 kcal/kg）时，燃烧过程无须加助燃剂，可实现垃圾的自燃烧。但当城市生活垃圾的低热值低于该值时，垃圾燃烧过程中则须添加助燃剂。

垃圾热值的测定方法有直接试验测定法、经验公式法和组分加权计算法。当垃圾的成分未知时，常用燃烧测定仪器——氧弹量热计进行直接试验测定。不同组分垃圾的热值相差很大，尤其和垃圾的含水率关系很大。表 2-6 是某城市生活垃圾热值测定结果。

表 2-6　某城市生活垃圾热值测定结果

组分	含水率典型值/%	灰分典型值/%	低位热值/(kJ/kg)	
			范围	典型值
食品垃圾	70	5	3500～7000	4650
纸张	6	6	11600～18600	16750
纸板	5	5	13900～17500	16300
塑料	2	10	28000～37000	32500
织物	10	2.5	15100～18600	17500
橡胶	2	10	20900～28000	23250
皮革	10	10	15100～19800	17500
庭院垃圾	60	4.5	2300～18600	6500
林木类	20	1.5	17500～19800	18600

4. 元素组成

化学元素组成是指垃圾中 C、H、O、N、S、Cl 等元素的百分比含量。城市生活垃圾中化学元素组成是很重要的特性参数。测定垃圾化学元素组成，可以用来估算垃圾的发热值以确定垃圾焚烧方法的适用性，建立热化学处理过程物料平衡关系，亦可用于好氧处理中生化需氧量的估算，或者用于计算厌氧消化沼气的产生量等。它是选择垃圾处理方法和工艺路线、参数计算的重要依据之一。表 2-7 是国内某城市生活垃圾元素分析结果。

用元素分析仪就可以测定垃圾的化学元素组成。元素分析仪是比较先进的精密仪器，使用要求高，此外，对垃圾的取样要求也非常高，因此，科学研究中使用较多一些，一般工程中较少进行垃圾的化学元素分析。

表 2-7 国内某城市生活垃圾元素组成

组分	干基质量分数/%						
	C	H	O	N	S	Cl	灰分
纸类	40.74	6.84	38.71	0.47	0.11	0.43	12.70
塑料	72.64	14.98	4.30	0.13	0.10	1.15	6.70
竹木	47.91	6.96	41.98	0.15	0.11	0.20	2.69
织物	48.80	6.51	38.22	1.83	0.15	0.21	4.28
餐厨	34.76	4.74	25.66	2.17	0.24	0.85	31.58
果皮	43.19	6.48	36.56	1.47	0.15	0.98	11.17

5. 化学成分组成

固体废物的化学成分组成是指垃圾中含有的不同化学组分的构成。通过分析废物的化学成分组成，可以从物质的层面，对废物的特性有深入而具体的了解，为选择合适的处理技术、确定工艺路线和设计运行参数提供依据。不同固体废物的化学组成有很大的区别，生活垃圾主要化学成分组成包括以下六种。

① 水溶性组分：包括单糖、水溶性多糖（如淀粉）、氨基酸和各种有机酸等；

② 蛋白质：由氨基酸单元结构聚合而成的化合物；

③ 脂肪：包括醇和长链脂肪酸结构的脂质化合物；

④ 半纤维素：由多种糖基、糖醛酸基所组成的，并且分子中往往带有支链的复合聚糖的总称；

⑤ 纤维素：B、D-葡萄糖基通过1,4-糖苷键连接而成的线状高分子化合物；

⑥ 木质素：由苯基丙烷结构单元通过醚键和碳碳键连接而成的高分子网状化合物。

三、生物性质

城市生活垃圾的生物特性包括两个方面的含义：一是其生物可降解性能，即所谓的可生化性；二是其本身具有的对环境的生物危害性。

1. 生物可降解性（可生化性）

城市生活垃圾生物可降解性是选择生物处理方法和确定处理工艺的主要依据（如好氧堆肥、厌氧消化等）。垃圾的生物处理性能不仅取决于垃圾中有机物的含量，还取决于有机物的生物可降解性能。

生活垃圾生物可降解性是指其通过微生物及其它生物代谢降解的可能性。衡量生活垃圾生物可降解性的指标有多种，如挥发性固体含量 VS、化学需氧量 COD、生化需氧量 BOD_5、厌氧产甲烷潜力、耗氧速率等。

（1）挥发性固体含量 VS

VS 反映垃圾中有机物的含量，可以间接反映有机物的生物可降解性。因为，一般来说，有机物含量越高，生物可降解性越好。虽然它不是生物可降解性的直接反映，但因为 VS 测试简单，常作为初步分析指标，尤其在工程上应用较多。

（2）化学需氧量 COD

COD 也是反映垃圾中有机物含量的指标，但因为它是化学耗氧量，不是生化耗氧量，因此，它也只是可以间接反映有机物的生物可降解性。和 VS 一样，它的测试简单，也可以作为初步分析指标。

（3）生化需氧量 BOD_5

BOD_5 不仅能够反映垃圾中有机物的含量，因为它是生化耗氧量，还可以直接反映有机物的生物可降解性。但由于生活垃圾组分复杂，取样的均匀一致性难度大，且分析所需测试时间比较长，在处理复杂生活垃圾的工程中应用较少，常用于高浓度有机废水厌氧和好氧处理方面。

（4）产甲烷潜力

产甲烷潜力（biochemical methane potential，BMP）指的是在厌氧条件下单位生活垃圾的甲烷生成量。废物产甲烷潜力越大，表明该废物越容易被生物转化，因此，这一指标可用于评价一般生活垃圾的生物可降解性，常用于厌氧代谢时的生物降解性评价。其测试方法称产甲烷潜力测试，按一定时间段内单位生活垃圾样品厌氧消化产生的累积产甲烷量（mL/g）进行评价。

（5）耗氧速率

生活垃圾好氧代谢需要消耗氧气，废物中可生物降解组分含量越高，氧气消耗速率越快，因此，可以用耗氧速率来表示废物的生物可降解性能。一般采用好氧培养的方式进行测定，记录测试时单位废物样品在单位时间内消耗的氧气质量[即耗氧速率，单位为 $mg(O_2)/(kg \cdot d)$]，并以测试时段内的耗氧速率平均值或累计值进行评价。

2. 生物危害性

生活垃圾常含有大量的有害致病菌，会对环境产生生物性危害，如医疗和生物实验室废物常具有传染性，能够传染疾病，危害性很大。生活垃圾中致病生物主要有大肠杆菌、沙门氏菌、蛔虫卵、苍蝇卵和具有传染性的病菌等。

生活垃圾致病生物含量与其类别关联度很大。居民粪便和污水处理厂污泥属致病生物含量较大的类别，而厨余垃圾总体上属于致病生物含量较低的废物。但是，我国一些地区有将如厕用纸投入垃圾的习惯，对生活垃圾中指示生物的数量有较大的影响。表 2-8 是我国部分城市生活垃圾中微生物数量分析结果。

表 2-8　我国部分城市生活垃圾中微生物数量分析结果

城市	区域特征	细菌总数/(个/mL)	大肠杆菌数
沈阳	燃气居民区	$3.33 \times 10^7 \sim 2.89 \times 10^8$	$10^{-9} \sim 10^{-1}$
	纯燃煤居民区	$4.46 \times 10^7 \sim 3.41 \times 10^8$	$10^{-9} \sim 10^{-2}$
丹东	燃气居民区	$1.07 \times 10^6 \sim 1.68 \times 10^9$	$10^{-9} \sim 10^{-4}$
	纯燃煤居民区	$1.18 \times 10^6 \sim 1.35 \times 10^9$	$10^{-8} \sim 10^{-3}$
太原	燃气居民区	—	$10^{-4} \sim 10^{-1}$
	纯燃煤居民区	—	$10^{-4} \sim 10^{-2}$
南宁	混合燃料居民区	1.60×10^8	约 10^{-4}
北京	混合燃料居民区	—	$10^{-8} \sim 10^{-4}$

需要特别强调的是，本章介绍的城市生活垃圾的物理、化学和生物特性指标，不仅适用于城市生活垃圾，也适用于其它固体废物。因此，在后面章节涉及到这些指标时，就不再重复介绍了。

习题

1. 城市生活垃圾来源于哪些地方？
2. 城市生活垃圾的产生量受哪些因素的影响？
3. 我国和发达国家城市生活垃圾的组成有何不同？其对选择垃圾处理方式有何影响？
4. 城市生活垃圾的物理性质有哪些？各有什么意义？
5. 城市生活垃圾的化学性质有哪些？各有什么意义？
6. 城市生活垃圾的生物性质有哪些？各有什么意义？

第三章

城市生活垃圾的投放与收运

生活垃圾产生后，首先由产生者把垃圾投放到存放设施中，然后由环卫部门把存放设施中的垃圾收集起来，再运输到转运站（中转站）或处理处置场所。

垃圾的投放是指垃圾产生者从产生源头将垃圾投放到存放设施中暂时贮存起来的过程；收集是指环卫部门把投放在各存放设施中的垃圾搬运到清运车辆中的过程；运输（转运）是指清运车辆沿一定路线把垃圾运至转运站，或在近距离时直接送至垃圾处理处置场的过程。

垃圾的投放、收集和运输（转运）是生活垃圾处理的第一步，其特点是覆盖面广、工作量大、操作环节多，耗资又耗时。据统计，垃圾投放、收集和运输费用有时能占到整个垃圾处理费用的50%～70%。

城市生活垃圾收运的原则是：首先应满足环境卫生要求，其次要使收运费用最低，此外，还要与后续处理处置设施相匹配，并有利于后端的处理和利用。

第一节

城市生活垃圾的投放

一、投放方式

总体上，垃圾的投放可分为"混合投放"和"分类投放"两种方式。

1. 混合投放

"混合投放"就是把产生的各种垃圾都投放到一个存放设施中。在存放设施中，不同的垃圾是混合在一起的。在投放时，投放者不需要把不同的垃圾分门别类地投放到不同的存放设施中。混合投放对收运、中转、处理和处置的装置和设施要求不高，投放方式比较简单，居民已经长期普遍习惯这种方式，是目前我国最普遍的垃圾投放方式。"混合投放"的缺点是：不利于垃圾的源头减量化，可回收物回收比较困难，不能对不同组分的垃圾进行分类处理和高效利用，混杂的有毒有害组分会增加后续处理的难度，并对环境产生潜在的污染。

2. 分类投放

"分类投放"也称垃圾的"源头分类"，它是指根据垃圾的不同种类、性质以及后续处理工艺的要求，按"类别"进行投放。同一类别的垃圾投放在一起，不同类别的垃圾分开投放。垃圾分类投放的优点是：从源头分离出可回收物，减轻后续垃圾处理的工作量；提高回收物的回收率和品质，提高垃圾资源化水平；根据不同垃圾组分的特性进行分类处理，实现不同组分的分质和高效利用；避免有毒有害物质与普通垃圾的掺混，消除其对环境的危害。例如，把废纸、废塑料和厨余垃圾分类投放，废纸和废塑料不会被污染，可以直接回收利用，厨余垃圾可送往堆肥厂生产肥料等。如果不分类投放的话，废纸、废塑料等会和厨余垃圾混杂在一起，粘附上餐厨垃圾的油、盐等，就无法直接回收利用了。

垃圾的分类投放是国外发达国家普遍采用的垃圾投放方式。近年来，随着环保要求的提高，我国开始逐步推广垃圾的分类投放。虽然分类投放具有诸多优点，但实际推广过程中也面临不少问题，主要是：居民长期形成的混合投放习惯在短时间内难以改变；普通居民的环保意识还有待加强；垃圾分类投放后，需要建设与其相配套的分类收集、分类运输和分类处理设施，需要投入大量的人力和物力，这对小城市和经济欠发达地区来说，难度比较大。

垃圾的投放方法受多种因素的影响。不同国家、地区、城市、居民区和商业区等都有很大的不同。由于各国、各地区和城市的情况不同，分类投放的方法也就多种多样。如何分类、分几类需要根据具体情况而定。确定分类时，需要综合考虑垃圾种类和性质、居民生活习惯、收运和运输方式、后续处理工艺等多种因素。常见的分类方法有如下几种。

（1）分两类

分两类是最简单、最常见的分类方法。至于"两类"如何分，则需要多方面考虑，包括期望分出什么、区域特点、后端收运和处理方法等。如果只期望分离出可回收物，可分可回收物-其它；如果后端处理是堆肥，可分可堆肥物-不可堆肥物；如果后端处理是焚烧，可分可燃物-不可燃物；还可分为可回收物-不可回收物。对医院等特殊的场所，不能把感染性的废物和一般垃圾混合存放，因此，可分为感染性废物-一般废物（图3-1）。

（2）分三类

分三类主要也是依据区域特点、后端处理方式等进行分类。在居民生活区，主要分类方法有：可回收物-厨余垃圾-其它，可回收物-干垃圾-湿垃圾等。一般来说，首先要把可回收物分离出来，可回收物主要指废纸、废塑料、织物、金属等，是可以直接利用的物质；厨余垃圾主要是有机物，分出的餐厨垃圾一般进行生物处理，例如厌氧消化或者好氧发酵处理。为了让普通居民能够直观地进行分类，有时也称厨余垃圾为"湿垃圾"，其它垃圾为"干垃圾"，因为，餐厨垃圾的含水率通常比较高，看起来是湿的，"其它垃圾"含水率比较低，看起来是干的。在车站、商业区和机场等处，由于这些区域一般没有厨余垃圾，垃圾的分类和居民区有很大的不同。这些区域产生的垃圾主要是可回收物，因此，可分为纸类、瓶类和其它杂物等（图3-2）。

可回收物-其它(1)

可回收物-其它(2)

可堆肥物-不可堆肥物

可燃物-不可燃物(日本)

可回收物-不可回收物(美国)

感染性废物——一般废物(医院)

图 3-1　两分类不同的分类方法

可回收物-干垃圾-湿垃圾

纸类-瓶类-其它(日本商业区)

纸类-其它-瓶类(德国机场)

图 3-2　三分类不同的分类方法

（3）分四类

在分三类的基础上，增加一类就是四分类了。通常增加"有害垃圾"这一类，这样可以把"有害垃圾"（如废药品、日光灯管等）从一般垃圾中分离出来，有效避免垃圾中的"有害"物质对后续处理过程的影响，最大限度地避免其对环境的危害，如分成：可回收物-厨余垃圾-有害垃圾-其它，可回收物-湿垃圾-干垃圾-有害垃圾等。但对没有有害垃圾产生的区域，就不需要分出"有害垃圾"了，如日本商业区，在上述三分类基础上，把瓶子分成塑料瓶和玻璃瓶，以便于更好地回收，这样三分类就变成四分类了（图3-3）。

湿垃圾-干垃圾-有害垃圾-
可回收物(上海)

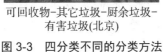

可回收物-其它垃圾-厨余垃圾-
有害垃圾(北京)

纸张-玻璃瓶-其它-塑料瓶
(日本)

图 3-3　四分类不同的分类方法

（4）分五类及以上

从资源化利用的角度来说，分类越细越好，但如果分类过多，会增加普通居民投放的难度，也会大大增加后续垃圾分类收集、运输和分类处理的成本。对一般的生活垃圾，分四类投放就已经比较全面了，一般不会超过四类。但是，对可回收物，可以再进行细分，例如，把可回收物分成废纸、废塑料、废织物、废旧金属、玻璃瓶等，废纸又可以分为废报纸、打印纸、书籍、纸板、包装纸等。日本是个资源比较贫乏的国家，对资源的回收利用尤为重视，垃圾分类比一般国家都要细致、全面。图3-4是日本某大学实验室废物和校园垃圾分类情况，可以看出分出了五类以上。

某大学实验室(日本)　　　　　　　　某大学校园垃圾(日本)

图3-4　五分类及以上的分类方法

（5）大件垃圾分类

大件垃圾主要指废旧家具（如床、床垫、沙发、桌椅等）和废旧电器（冰箱、空调、电视机等，如图3-5）。大件垃圾体积大，并不是每天都产生，也很难进行具体分类，一般都是放置在指定的地方，由专门的回收公司按一定的时间来收运，然后运往专门的处理厂进行处理和再利用。

废旧家具(美国)　　　　　　　　废旧电器(美国)

图3-5　大件垃圾分类

二、存放容器与设施

不论是分类投放还是混合投放，都需要有相应的存放容器或设施。垃圾的产生者或保洁工人把垃圾由产生源头投放、搬运到存放容器或设施中，再由城市环卫部门把垃圾收运到一起，运往垃圾处理厂（或中转站）。

居民区、商业区和城市环卫部门根据垃圾的产生量、特性、环境卫生及后续垃圾处理工艺的要求确定存放方式,选择合适的存放容器,规划容器的放置地点和数量。垃圾投放方式有分类投放和混合投放,相应的投放容器和设施有如下几种。

1. 垃圾池

垃圾池是最简单的一种垃圾投放设施,一般为砌在平地上的砖石或混凝土池子,有的上部有遮雨棚、有的没有任何遮盖物。各种垃圾投放在一起,是一种混合投放。垃圾在贮存池中易腐烂发臭、污染地表和地下水,对环境造成污染。但由于建造容易、投资少,我国许多小城镇、乡村还在普遍使用(图3-6)。

2. 垃圾桶(箱、袋)

垃圾桶、垃圾箱和垃圾袋是最常用的垃圾存放容器。由于垃圾被投放在密闭的容器中,因而对环境的影响较少,同时也便于垃圾的分类投放和机械化收运,提高垃圾的收运效率。

城市生活垃圾存放容器类型繁多,可按使用和操作方式、容量大小、容器形状及材质不同进行分类。国内外普遍采用的投放容器多为塑料和金属材料的垃圾桶、垃圾箱或者塑料袋等。

容器既可以用于分类垃圾的投放,也可以用于混合垃圾的投放。要做到分类投放,需要设置不同容器,如不同颜色的纸袋、塑料袋或塑料桶,或在容器上贴明标识,如纸张、玻璃和塑料等。此外,放置容器的数量也需要与垃圾分类数量相匹配(图3-6)。

垃圾池

垃圾桶

垃圾箱(美国)

垃圾袋(法国)

图3-6 垃圾存放设施和容器

3. 特殊容器

对危险废物如医院医疗垃圾、有毒有害液体和气体废物等，需要特殊的存放容器，以满足废物特殊的性质和环境要求。例如，对有毒废液，需要密闭性非常好的金属桶；对废酸、废碱，除了密闭性外，还需要存放容器具有很好的防腐蚀功能；对医院感染性废物，需要使用颜色明显的黄色垃圾桶等（图3-7）。

塑料桶　　　　　　　　　　　金属桶　　　　　　　　　　塑料箱

图 3-7　危险废物存放容器

4. 密闭式收集站

对一些比较大的居民小区，一般都设有垃圾收集站，小区各存放点垃圾桶中的垃圾需要先收集起来，运送到小区内（或附近）的收集站，然后再由环卫部门的收运车把垃圾运往中转站或处理厂。收集站起到垃圾集中暂存、等待运走的作用。

收集站以前建设比较简单，环境条件较差，居民常称之为"垃圾楼"。现在的"垃圾楼"都经过了改造，称为"密闭式清洁收集站"，其不仅是垃圾集中暂存场所，还具有垃圾压缩和中转功能，环境条件也比较好。"密闭式清洁收集站"主要由一个小楼房和若干移动式密闭垃圾压缩箱组成，小区各存放点收集来的垃圾被直接投放到压缩箱中，存放其中并被压缩，装满后由拖曳式收运车运走。

图3-8是北京普遍使用的"密闭式清洁收集站"和垃圾压缩箱。每站一般配置 2~3 个 5 吨 8 m^2 的压缩式收集箱，每天收运 1~2 次。收集站设计收集能力不宜大于 30 t/d。收集站服务半径根据收集方式而定，采用人力收集时，服务半径宜为 0.4 km 以内，最大不超过 1 km；如采用小型机动车收集，服务半径不应超过 2 km。

密闭式清洁收集站　　　　　　　　　　　　　　垃圾压缩箱

图 3-8　垃圾收集站

5. 智能投放装置

现有的垃圾分类一般都是采用人工分类，人工分类受人的行为、习惯和环保意识等的影响较大，分类效果难以达到要求，因此垃圾智能化分类是未来的发展方向。

智能化是采用感知、分析和学习等近似人的行为和能力实现机器的智能化运作。智能化投放系统可以通过光、电、声和人脸识别，对投放的垃圾种类和投放者进行识别，对垃圾进行称重、计量，即时支付回收费用等。例如，通过人脸扫描或者垃圾袋上的二维码，精准识别垃圾投放者；通过语音识别和手势感知，自动开启垃圾桶盖，避免人工开盖导致的污染和疾病传播；通过称重系统，计量每位投放者投放垃圾的重量，并依据重量收取垃圾处理费；对回收物品进行估值，并通过扫描支付系统，即时支付回收费用等。

目前，智能化主要用于可直接回收、高附加值的废旧物品的回收（如手机和铝罐等）。例如，当在智能化回收系统回收手机时，投放者先在屏幕上输入手机型号和购买年月等基本数据，系统就会对手机进行估值，如果投放者同意该估值，进行确认后把手机放入机器内，再通过扫描收款，回收款就会自动转入投放者的微信或者支付宝的账户，旧手机则返回原生产厂家或者专门的处理厂进行处理和再利用（图3-9）。

图 3-9   智能投放装置

第二节

城市生活垃圾的收运

一、收运系统

一个完整的垃圾"收运"系统实际上包含两个环节，一个是"收集"，一个是"运输"。垃圾的收集是指环卫部门把投放在各存放设施中的垃圾搬运到清运车辆中的过程；运输则是指收运满垃圾的清运车辆沿一定路线把垃圾运送至中转站，或在近距离时直接送至垃圾处理处置场的过程。

图3-10所示为北京某居民区垃圾投放、收集、运输系统。小区A和B的居民把自家产生的垃圾投放到小区内的分类垃圾桶中。垃圾分厨余垃圾、其它垃圾和可回收物三类。小区电动三轮车或电瓶车把垃圾桶中的垃圾分类收集并运送到小区密闭式清洁

站，三类垃圾分别转入密闭式清洁站中的三个压缩式垃圾箱中，这个过程称"收集"。之后，由大型运输车把垃圾箱运往中转站或不同的垃圾处理设施，这个过程就是"运输"过程了。可回收物运往再生资源回收站，厨余垃圾运往生活垃圾生化处理厂，其它垃圾运往生活垃圾焚烧厂，从而完成垃圾从分类投放、分类收集、分类运输和分类处理的全过程。

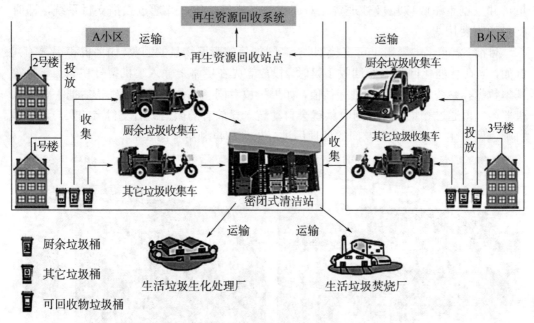

图 3-10　垃圾收运系统

对一些小城市和规模不大的居民区，由于垃圾产生量比较少，一般不设置密闭式清洁站，垃圾由收运车收集后直接运送到垃圾处理厂，这样，"收集"和"运输"就同时完成了。

垃圾收运系统建立后，还需要配套相应的收运车辆、配备收运人员、制定收运方法和收运计划等，这样，收运系统才能够运行起来。

二、收运方法

垃圾的收运方法分固定式和移动式两种，即固定容器收运法和移动容器收运法。

1. 固定容器收运法

固定容器收运法是指垃圾收运车到各容器集装点装载垃圾，容器倒空后再放回原地，收运车装满后运往转运站或处理处置场。其特点是垃圾贮存容器始终固定停留在原处不动。固定容器收运法的操作过程如图 3-11 所示。

采用垃圾桶投放的垃圾，大多采用这种收运方法。垃圾收运车来到垃圾投放点后，把投放在垃圾桶中的垃圾搬运和倾倒到收运车里，倒空的垃圾桶放回原处，然后，垃圾收运车驶往下一个垃圾投放点进行收运。

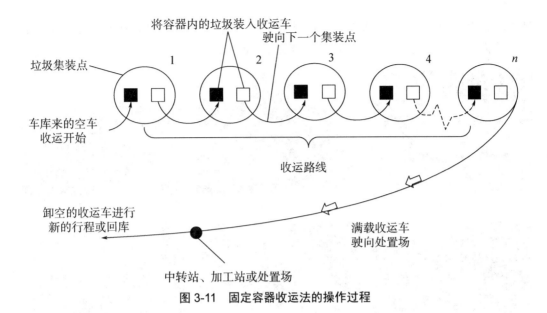

图 3-11　固定容器收运法的操作过程

2. 移动容器收运法

移动容器收运法是指将某存放点装满的垃圾连同容器一起运往中转站或处理处置场，卸空后再将空容器送回原处或下一个集装点（图 3-12）。

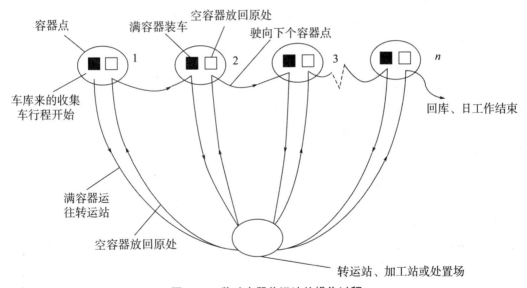

图 3-12　移动容器收运法的操作过程

密闭式清洁站垃圾采用的就是典型的移动容器收运法，此外，当商业区、公共活动区等采用垃圾箱投放大量垃圾时，垃圾箱常是可移动式的，也常采用此法进行收运。

三、收运车辆

收运车辆的形式有多种多样，不同城市可根据当地的经济、交通、垃圾组成特点、垃圾收运系统的构成等实际情况，选择使用与其相适应的垃圾收运车辆。下面简要介绍几种国内外常用的垃圾收运车、收运工作过程和特点（图3-13）。

人力车

电瓶车

移动箱式收运车

牵挂式收运车

自卸式收运车

压缩式收运车

图3-13　垃圾收运车辆

1. 人力车和电瓶车

人力车包括手推车、三轮车等靠人力驱动的车辆，人力车在发达国家已不再使用，但在我国尤其是小城镇、农村、大中城市街道比较狭窄的区域，仍发挥着重要的作用。

2. 移动箱式收运车

这种收运车的车箱作为活动敞开式贮存容器，平时放置在垃圾收运点，作为垃圾投放的容器。牵引车定期把装满垃圾的活动斗运至中转站或处理场地，卸空后再把活动斗放回原收运点，用于下一次垃圾的贮存和收运。因车箱可以移动、且容量大，适宜贮存装载大量垃圾或大件垃圾，常用于移动容器收运法作业。

3. 牵挂式收运车

牵挂式收运车的特点是带有一个牵挂装置，但其本身并不带有垃圾装载容器，一般用于收运已装载垃圾的垃圾箱。装载时，在液压杆的作用下，车上的牵挂钩把整个垃圾箱牵引到车上，然后运往垃圾处理厂；在处理厂卸载时，也是通过牵引钩把垃圾箱从车上卸下来的。和移动箱式收运车一样，它也常用于移动容器收运法作业。

4. 自卸式收运车

这是目前国内最常用的收运车之一，自卸式收运车一般是在普通货车底盘上加装液压倾卸机构和装料箱后改装而成。通过液压倾卸机构可使整个装料箱体翻转，进行垃圾的自动卸料。自卸式收运车密闭性比较好，吊装和卸料都可实现自动操作，使用简单方便，但装料箱一般没有压缩功能，装载量小，收运成本比较高。

5. 压缩式收运车

根据垃圾的装填位置，分为前装式、侧装式和后装式三种类型，其中后装式密闭压缩收运车使用较多。这种车是在车箱后部开设投料口，并在此部位装配有一压缩推板装置。装载垃圾时，在液压油缸的驱动下，推板将投料口的垃圾推入车厢内，同时，将垃圾向前推压，起到压缩垃圾的作用。此过程具备了装载垃圾和压缩垃圾的双重功能，从而有效地提高了收运车的装载能力和效率。

由于这种车具有压缩能力强、装载容积大、作业效率高、对垃圾的适应性强等特点，近年来，在我国各城市得到了越来越多的使用。

6. 地下管道收集

地下管道收集系统是一种比较先进的垃圾收集系统（图 3-14），由瑞典某公司于 1961年发明，最早用于医院垃圾收集，从 1967 年开始在住宅区和办公区使用。它主要适用于高层公寓楼房、现代化住宅密集区、商业密集区及一些对环境要求较高的地区。已推广至美国、日本、德国、中国等三十多个国家与地区，国内的上海世博园等单位也采用了该系统。

地下管道垃圾收集系统主要由投放系统、负压管道收集系统和中央收集站三部分组成。垃圾由办公楼或者居民楼的投料口投入密闭管道中；在收集站装有引风设备，当风机运转时，整个系统内部形成负压，投入管道中的垃圾被吸入输送管道，被负压空气输送至中央收集站的分离器中；在分离器中，垃圾与空气分离，分离出的垃圾由卸料器卸出，并被压缩到垃圾收运箱中，然后运至处理厂进行处理，空气则被送到空气净化器和除臭装置进行处理后排放。

该系统的特点是：垃圾流密封、隐蔽、和人流完全分离，有效地杜绝了收集过程中的二次污染，优化了环卫工人劳动环境；无需垃圾的人工收集，显著降低垃圾收集劳动强度，提高收集效率；收运车无需进入垃圾产生区域，避免了垃圾运输车辆穿行于高密度居住区和办公区，减轻区域交通压力；垃圾收集、压缩可以全天候自动运行，不受不良天气的影响和限制；但一次性投资大，对系统的维护和管理要求较高。

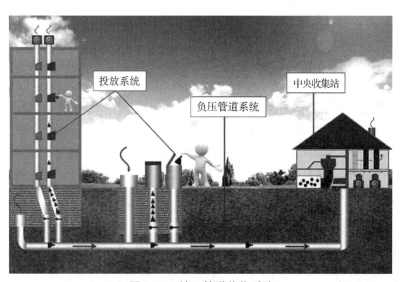

图 3-14　地下管道收集系统

四、收运计划

由于垃圾分布在不同的区域和地点，要把它们收集起来、并运送到中转站或者处理厂，就需要制定详细的收运计划。收运计划包括配备收运车、收运人员和确定收运时间、收运次数、收运路线等。收运计划的制定应视当地实际情况，如当地经济、气候、垃圾产量与性质、收运方法、道路交通、居民生活、习俗等而确定，不能一成不变，其基本原则是：保证在及时、卫生和低成本的情况下达到垃圾收运的目的。

1. 收运车数量配备

收运车数量配备是否得当，关系到收运效率和收运费用。不同区域、不同种类的垃圾、不同大小的收集箱、不同的收集次数，收运车的配备都不相同。其基本原则是：配备的收运车数量要能够保证把存放点的垃圾按计划及时收运走。表 3-1 是北京某居民区密闭式清洁站收运车数量配备方案。

表 3-1 北京某居民区密闭式清洁站收运车数量配备方案

收集箱名称	收运次数/(次/天)	服务对象	配备车辆数量/辆
$8m^3$ 收集箱	1	8 桶 120 L 厨余垃圾	1~2
		8 桶 240 L 其它垃圾	2
$8m^3$ 收集箱	2	8 桶 120 L 厨余垃圾	3~4
		8 桶 240 L 其它垃圾	4

2. 收运车劳力配备

每辆收运车所需配备收运工人的数量受多方面因素的影响，如车辆型号与大小、机械化作业程度、垃圾容器放置地点与容器类型等。依据这些因素初步确定人数后，在实际操作过程中可根据需要作调整，直至既满足需要又使人数最少为止。例如，居民小区内的垃圾一般由物业人员用小车收集，根据小区大小，需要配备多名工作人员；对大型收运车辆，一般情况下，除司机外，还需配备 1~2 名收运工人。在发达国家和地区，劳动力价格昂贵，垃圾收运车配备的人数很少，在许多情况下，只有司机一人，司机兼收运工人的职责。

3. 收运次数

对居民小区垃圾桶，一般采用电瓶车、三轮车先把垃圾收集起来，运往密闭式清洁站，或者由后装式压缩车直接收运走，一般是 1 天收运 1~2 次。而密闭式清洁站，基本上要求 1 天收运 1 次，即"日产日清"；对垃圾产生量大、环境要求高的区域，也可能需要 1 天收运 2 次；对废旧家用电器、家具等大件垃圾则可能 1~2 月收运 1 次（表 3-1）。

4. 收运时间

垃圾收运时间大致可分昼间、晚间和黎明三种。住宅区最好在昼间收运，晚间可能影响居民休息；商业区则宜在晚间收运，此时车辆行人稀少，可增加收运速度；黎明收运则兼有白昼和晚间收运的优点，但集装操作不便。北京居民小区垃圾收运时间一般定为上午 6：30~10：30 和下午 14：00~17：00。

5. 收运路线

在城市生活垃圾收运方法、收运车辆类型、收运劳力、收运次数和收运时间确定以后，就可着手设计收运路线，以便有效使用车辆和劳力。收运路线的合理性对整个垃圾收运水平、收运费用等都有重要的影响。

一条完整的垃圾收运路线实际上由"收集路线"和"运输路线"组成。前者是指收集车辆把各存放点的垃圾搬运到收集车上所遵循的路线；后者是指运输车辆（也可能是收集车）把收集来的垃圾运往中转站或处理处置场所走过的路线。收运路线的设计应遵循如下原则：

① 每个作业日每条路线限制在一个地区，尽可能紧凑，没有断续或重复的线路；
② 工作量平衡，使每个作业、每条路线的收运和运输时间都大致相等；
③ 收运路线的出发点从车库开始，要考虑交通繁忙和单行街道的因素；
④ 在交通拥挤时间，应避免在繁忙的街道上收运垃圾。

五、收运系统信息化

近年来，随着信息化的发展，垃圾收运也开始走向信息化。图 3-15 所示是一个完整的垃圾收运信息化管理系统。在该系统中，在垃圾桶上安装有 RFID 卡，当垃圾收运车辆到达垃圾桶边上时，通过收运车上的读卡器，就可以自动识别出该垃圾桶的用户和位置信息；垃圾桶被挂上收运车开始卸料时，收运车上的称重装置会自动计量该桶垃圾的重量；此外，在收运车上还安装有 GPS 跟踪仪和基于互联网的无线传输装置，可以把垃圾来源、垃圾重量、车辆运行轨迹、到厂卸载时间和总装载量等信息实时上传到监控中心，从而实现对垃圾整个收运系统的信息化管理，显著提高了收运系统的管理水平。

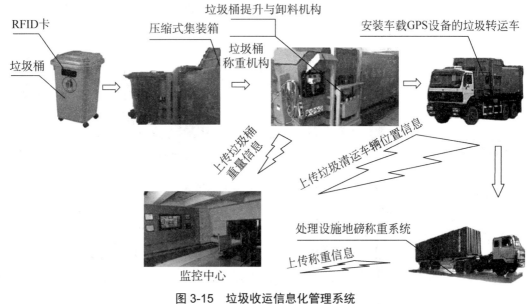

图 3-15　垃圾收运信息化管理系统

第三节

城市生活垃圾的转运

一、转运站的设置

1. 设置目的

垃圾的转运有时也称垃圾的中转（即中转运输），它是指通过转运站把收运车辆分散收运来的垃圾转载到大型运输工具上，并运往最终处理处置场所的过程。

设置转运站的目的如下：

① 降低运输成本。因为长距离运输时，大吨位运输工具的运行费用比小吨位的要低，运输距离越长，设立中转站越合算。

② 提高运输效率。中转站大多设有压缩设备，可对分散收运来的垃圾进行压缩处理，压缩后的垃圾的密度明显提高，可以大大提高载运工具的装载效率，明显降低垃圾运输费用。

③ 对垃圾进行预处理。中转站除了用于垃圾的转运之外，还常具有部分垃圾预处理功能，如破碎、分选、压缩等，可以提高后续资源回收水平和分类处理的效率。

运输距离的长短是决定是否设立垃圾中转站的主要依据。当垃圾的运输距离较近时，一般无需设置垃圾转运站，通常由收运车把收运来的垃圾直接运往垃圾处理处置场所。只有在垃圾的运输距离较远时，才有设置转运站的必要。一般来说，当垃圾运输距离超过 20 km 时，应设置大、中型转运站，因此，小城市一般不设置垃圾转运站，大、中城市设置垃圾转运站的比较多。图 3-16 为设有转运站的分类垃圾收运系统。其中，厨余垃圾和其它垃圾产生量大，需要通过转运站；可回收物和有害垃圾一般不需要转运，直接运往处理厂（场）。

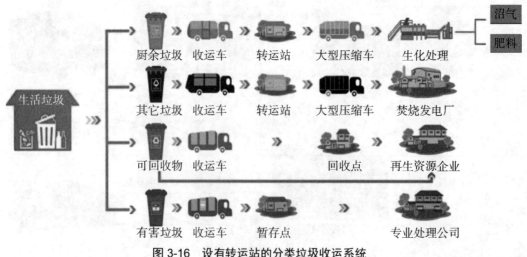

图 3-16　设有转运站的分类垃圾收运系统

2. 分类

按转运能力，可把转运站分为大型（$q \geqslant 450$ t/d）、中型（150 t/d$\leqslant q < 450$ t/d）和小型（$q < 150$ t/d）三大类，每类又分 $1 \sim 2$ 个小类，因此，一共有 5 小类。相应地，不同规模的转运站，需要的占地面积也不一样（表 3-2）。

表 3-2 转运站分类和用地要求

类型		设计转运量/(t/d)	用地面积/m²	与相邻建筑间隔/m
大型	I 类	$\geqslant 1000$，$\leqslant 3000$	$\geqslant 15000$，$\leqslant 30000$	$\geqslant 30$
	II 类	$\geqslant 450$，< 1000	$\geqslant 10000$，< 15000	$\geqslant 20$
中型	III 类	$\geqslant 150$，< 450	$\geqslant 4000$，< 10000	$\geqslant 15$
小型	IV 类	$\geqslant 50$，< 150	$\geqslant 1000$，< 4000	$\geqslant 10$
	V 类	< 50	$\geqslant 500$，< 1000	$\geqslant 8$

3. 规模确定

转运站规模的确定，应以一定时间和一定服务范围接收的垃圾量为基础，并综合考虑城乡区域特征和社会经济发展水平等多种因素。

转运站的设计规模可按下式计算：

$$Q_d = K_s \cdot Q_c$$

式中，Q_d 为转运站设计规模（转运量），t/d；K_s 为垃圾排放季节性波动系数，指年度最大月产生量与平均月产生量的比值，应按当地实测值选用，无实测值时，K_s 可取 $1.3 \sim 1.5$；Q_c 为垃圾清运量（年平均值），t/d。有实测值时，按实测值计算；无实测值时，可按下式计算：

$$Q_c = n \cdot q / 1000$$

式中，n 为服务区服务人数，人；q 为服务区内人均垃圾排放量，kg/(人·d)，城镇地区可按 $0.8 \sim 1.0$ kg/(人·d)，农村地区可按 $0.5 \sim 0.7$ kg/(人·d)。对实行垃圾分类收集的地区，应扣除分类收集后未进入转运站的垃圾量。

4. 服务半径确定

采用人力方式收运垃圾时，收集服务半径宜小于 0.4 km，最大不超过 1.0 km；

采用小型机动车收运垃圾时，收集服务半径宜在 3.0 km 以内，城镇范围内最大不应超过 5.0 km，农村地区可合理增大运距；

采用中型机动车收运垃圾时，可根据实际情况扩大服务半径。

转运站的主要建筑物需采用密闭结构，四周设置防护带，以防止飘尘污染周围的大气环境，转运站内还应安装除尘、消音和消防设备，并应经常对站内各种设备和设施进行消毒。图 3-17 是带有垃圾压缩功能的大型垃圾转运站。

二、转运方式

垃圾转运主要有三种方式，即直接倾卸式、贮存待装式和组合式（直接倾卸与贮存待装）。它们的设备组成和工作过程分述如下。

图 3-17　大型垃圾转运站

1. 直接倾卸式

直接倾卸式就是把垃圾从收运车直接倾卸到大型拖挂车上，它分无压缩和有压缩两种形式。无压缩时，垃圾直接倾倒到拖挂车里，对垃圾没有压缩处理（图 3-18）。有压缩时，垃圾由收运车倾卸到卸料斗里，然后，液压式压实机对料斗里的垃圾进行压缩，并把垃圾推入大型装载容器里（大型垃圾箱），装满压缩垃圾的大型垃圾箱再被转放到运输车上运走（图 3-19）。

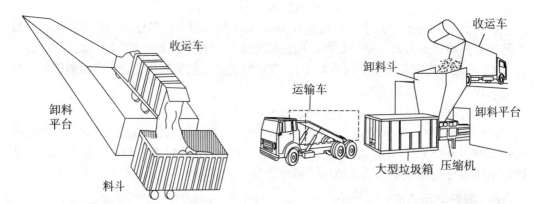

图 3-18　直接倾卸转运方式（无压缩）　　　图 3-19　直接倾卸转运方式（有压缩）

2. 贮存待装式

该种垃圾转运站设有贮料坑，其转运方式如图 3-20 所示。垃圾收运车先在高货位的卸料台上把垃圾卸下，倾入低货位的大料槽中储存，然后，推料装置（如装载机）将垃圾推入到压缩机的漏斗中，压缩机再将垃圾封闭压入大载重量的运输工具内，满载后运走。有些垃圾中转站还具有部分垃圾加工功能，可对垃圾进行分离、破碎、去铁等预处理，然后再压入大型运输车中。

3. 组合式

所谓组合式是指在同一转运站既设有直接倾卸设施，也设有贮存待装设施（图 3-21）。垃圾既可直接由收运车卸载到拖挂车里运走，也可暂时投放在贮料坑内，随后再由装载机装入拖挂车里转运。它的优点是操作比较灵活，对垃圾数量变化的适应性较强。

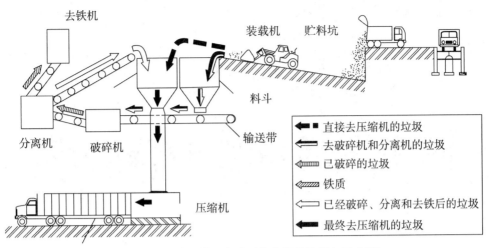

图 3-20　贮存待装转运方式（具有部分垃圾加工功能）

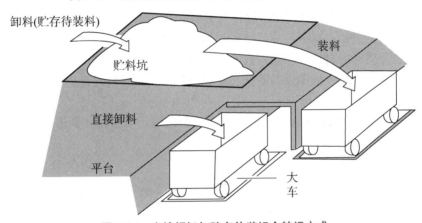

图 3-21　直接倾卸与贮存待装组合转运方式

习题

1. 城市生活垃圾收运的原则是什么?

2. 为什么要推行城市生活垃圾的分类投放? 垃圾可以分几类进行投放?

3. 城市生活垃圾存放容器（设施）有哪些?

4. 城市生活垃圾收运车辆有哪些型式?

5. 地下管道收集系统是如何工作的? 有何特点?

6. 垃圾信息化收运系统是如何工作的? 有何特点?

7. 城市生活垃圾收运计划包括哪些内容?

8. 什么是城市生活垃圾的转运（中转）? 设立转运站的依据和目的是什么?

9. 城市生活垃圾的转运有哪几种方式?

第四章

城市生活垃圾的预处理

固体废物种类很多、成分复杂多样，其形状、大小、组成及性质有很大的区别。在贮存、收集、运输、回收、再利用、处理与处置等各环节，都需要对其进行一定的预处理。预处理的目的包括：减小尺寸、体积和增加密度，便于贮存、收运和降低成本，减少填埋占地；分离有用材料和物质，去除有毒有害物质；改善物料性质，提高后续处理效率和质量，避免对后续处理设备的损坏；对回收物质和材料进行进一步的纯化，提高其利用价值等。

预处理技术主要包括压缩（压实）、破碎、分选等，本章将分别进行介绍。

第一节

压缩

一、压缩作用与分类

压缩又称压实，它是通过机械压力的作用，减小物料的体积和增加其容重，以提高物料的密实程度。

垃圾压缩的作用是：增大容重和减小体积，以便于装卸和运输、降低运输成本、减少填埋占地和利于后续处理利用。例如，纸张、塑料和包装物的密度很小，体积很大，必须经过压缩，才能有效地增大运输量，减少运输费用。一般垃圾经多次压缩后，其密度可达 $1380\,kg/m^3$，体积比压缩前可减少一半以上，因而可大大提高运输车辆的装载效率。建筑垃圾经压缩成块后，可直接用作地基或填海造地的材料等。

压缩设备常用于高层住宅、收集站、转运站、回收站等，现在的垃圾收集车也常安装有压缩设备，如后装式垃圾收集车。

二、压缩设备与工作原理

1. 压缩设备分类

压缩设备的功能是将垃圾压缩装入垃圾集装箱内，其主要由受料腔、压头、压缩腔、液压油缸和动力驱动等设备构成。受料腔用于接受废物，压头表面与垃圾接触并通过液压油缸驱动对垃圾进行压缩，压缩腔是用于对垃圾进行压缩的腔体。

固体废物压缩机有多种型式，可按如下进行分类：按布置方式，分垂直式和水平式；按压缩箱的型式，分直接压入集装箱式和预压缩集装箱式；按压缩机是否移动，分固定式和移动式。

2. 压缩设备工作原理

（1）水平式压缩机

水平式压缩机是用水平移动的压头，将垃圾从水平方向压缩装入垃圾集装箱的一种压缩设备，其工作过程如图 4-1 所示。

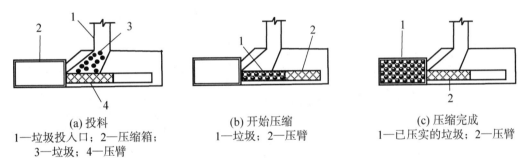

(a) 投料
1—垃圾投入口；2—压缩箱；
3—垃圾；4—压臂

(b) 开始压缩
1—垃圾；2—压臂

(c) 压缩完成
1—已压实的垃圾；2—压臂

图 4-1　水平式压缩机工作过程

压缩机先通过投料斗把垃圾加入装料室中，然后启动压头把垃圾推入压缩箱中，并施压进行压缩，之后，压头退出压缩箱，然后，重复下一个操作过程，直到垃圾压满整个压缩箱。压缩垃圾可以随压缩箱一起运走，也可以从压缩箱中推入收运车辆后运走。这种压缩具有压实处理量大、压实效果好、自动化程度高等特点。图 4-2 是小型移动式水平式压缩机，图 4-3 是经水平压缩机压缩后的废纸。

图 4-2　小型移动式水平式压缩机

图 4-3　经水平压缩机压缩后的废纸

常见的大型水平式压缩机有如下两种型式。

直接压入集装箱式压缩机：这种压缩装置在集装箱前面配置有一个垃圾接收料斗，压头把料斗中的垃圾推入集装箱内，并在集装箱内进行压缩。料斗是受料腔，集装箱是压缩腔（图4-4）。

这种压缩装置的压缩机和集装箱是分体的，一个集装箱装满后运走，再进行下一个集装箱的压缩，压缩方式运行比较灵活，处理能力和效率高，常用于收集站、大中型垃圾转运站等，但因集装箱要承受压缩时的压力，对集装箱的结构和强度要求比较高。

预压缩集装箱式压缩机：这种压缩装置是垃圾先在压缩腔中完成压缩，之后，把压缩好的垃圾再推入集装箱中。压缩腔一般是大型的箱体，带有水平压头和动力装置，通过压头不断把垃圾推入压缩腔内，并反复压缩垃圾。在压缩腔中的垃圾完成压缩后，垃圾被推出压缩腔、推入集装箱，然后运走（图4-5）。

图4-4　直接压入集装箱式压缩机

图4-5　预压缩集装箱式压缩机

（2）垂直式压缩机

垂直式压缩机是用上下移动的压头，将垃圾从垂直方向压缩装入垃圾集装箱的一种压缩设备（图4-6和图4-7）。

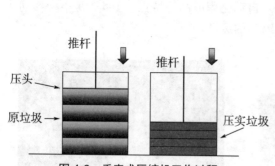

图4-6　垂直式压缩机工作过程

图4-7　转运站中的垂直式压缩机

先将垃圾投入压实箱中，然后启动垂直压头，对压实箱中的垃圾施压，之后，压头退出压实箱，投入下一批垃圾，重复上述压实操作过程，直到把垃圾压满整个压实箱。压实箱一般是可移动式的，压实时处于直立状态，压满垃圾后转为水平状态，并放置在运输车上，运往处理场所。这种压实器常用于垃圾中转站的移动式压实操作，具有压实能力强、压实效果好、占地面积小等特点。

这种压缩装置处理能力大、效率高，对集装箱的要求不高，但对压缩腔箱体结构和强度要求比较高，常用于大型垃圾转运站。

三、压缩设备性能评价

压缩设备的性能如何需要有指标来评价，常用的技术评价指标有：压缩机生产率、压缩循环时间、作业循环时间、压缩比、压缩密度等。

① 压缩机生产率：在标准测试工况下，单台压缩机单位时间压缩处理的生活垃圾量，常用单位为吨每小时（t/h）。

② 压缩循环时间：压缩装置完成一次由启动、压缩直至复位的压缩循环过程所需要的时间（s）。

③ 作业循环时间：完成一次由换箱、机箱对接及锁紧、压缩装箱、机箱解锁及分离，直至各机构复位到起始状态的作业循环过程所需要的时间（min）。

④ 压缩比：是指固体废物压实前后的体积之比。压缩比越大，压缩效果越好。

⑤ 压缩密度：压缩后的垃圾的密度（kg/m³）。

表 4-1 是水平式直接压入集装箱式压缩机主要技术参数和指标。压缩机生产率、压缩循环时间、作业循环时间等主要体现了压缩机的生产能力和生产效率；压缩后垃圾密度则是压缩机压缩效果的直接衡量指标，压缩密度越大，表明压缩机的压缩效果越好。

表 4-1　水平式直接压入集装箱式压缩机主要技术参数和指标

项目	指标		
压缩机生产率/(t/h)	<60	60~100	>100
压缩循环时间/s	27~70	38~70	42~95
作用循环时间/min	18~30	≤12	7~14
受料腔容积/m³	1.6~4.5	3.0~6.0	7.2~8.0
压缩头尺寸/mm			
宽	1760~1950	1800~1950	1800~1950
高	500~1050	800~1050	880~1050
最大压缩力/kN	270~680	380~700	650~1300
匹配集装箱容积/m³	10~28	13~35	20~40
压缩后垃圾密度/(kg/m³)	500~900	500~900	650~900
额定工作电压/V	380	380	380
总功率/kW	10~40	30~60	90~120
行走机构速度/(m/s)	0~0.1	0~0.1	0.05~0.1

第二节

破碎

一、破碎作用

破碎是指通过外力的作用，使大块固体废物分裂成小块的过程。使小块固体废物颗粒分裂成细粉的过程称为磨碎。对固体废物而言，破碎是使用最多的预处理方式之一。破碎处理具有如下作用。

① 使废物均匀化。破碎使原来不均匀的废物均匀一致，可提高焚烧、热解、熔烧、压缩等作业的稳定性和处理效率。

② 增加废物容重、减小废物体积。可便于垃圾的压缩、运输、贮存，节约填埋用地和降低运输成本。

③ 便于材料的分离回收。破碎可使原来连结在一起的异种材料等单体分离出来，有利于从中分选、拣选、回收有价值的物质和材料。

④ 防止粗大、锋利的废物损坏分选、焚烧、热解等处理处置设备。

在破碎过程当中，原废物粒度与破碎产物粒度的比值称为破碎比。破碎比表示废物粒度在破碎过程中减少的倍数，主要用于表征废物被破碎的程度。破碎机的能量消耗和处理能力都和破碎比有关。通常采用废物破碎前的平均粒度（D_{cp}）与破碎后的平均粒度（d_{cp}）之比来计算破碎比 i，即：

$$i=D_{cp}/d_{cp}$$

一般破碎机的平均破碎比在 3～30 之间，磨碎机破碎比可达 40～400。

二、破碎方法

根据固体废物破碎原理，破碎方法可分为压碎、剪切、折断、磨削、冲击和劈裂等（图 4-8）。

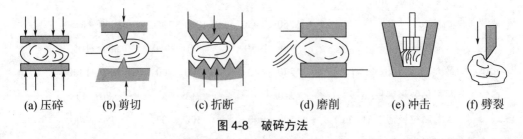

(a) 压碎　　(b) 剪切　　(c) 折断　　(d) 磨削　　(e) 冲击　　(f) 劈裂

图 4-8　破碎方法

选择破碎方法时，需视固体废物的机械强度特别是废物的硬度而定。对于脆硬性废物，如各种废石和废渣等，宜采用挤压、劈裂、冲击和磨削破碎；对于柔性废物，如废纸、废塑料等，宜采用剪切式破碎等。近年来，低温冷冻粉碎、湿式破碎等一些特殊的破碎方法也得到了越来越多的应用，如利用低温冷冻粉碎法粉碎废塑料、废橡胶、废电线等。

三、破碎设备

基于上述破碎原理和破碎方法，人们设计出了各种破碎设备。常用的固体废物破碎机有冲击式、剪切式、压辊式等破碎机，此外，还有冷冻和湿式破碎等特殊的破碎设备。

1. 冲击式破碎机

冲击式破碎机通过冲击力的作用进行废物的破碎处理。在固体废物破碎方面，应用较多的是锤式破碎机和反击式破碎机（图4-9和图4-10）

锤式破碎机的工作过程是：固体废物自上部给料口送入机内，即受到高速旋转的锤片的打击、冲击而被破碎。电动机带动锤片高速旋转，锤片以铰链方式安装在圆盘的销轴上，可以在销轴上摆动。在锤片的下部设有筛板，破碎物料中小于筛孔尺寸的细粒通过筛孔排出，大于筛孔尺寸的粗粒则被阻流在筛板上，继续受到锤片的打击和研磨，直到达到筛孔大小的颗粒时，才通过筛孔排出。锤片是破碎机最重要的工作机件，通常用高强钢或合金钢等制成。

反击式破碎机是另一种冲击式破碎设备。该机装有两块冲撞板，其上装有两个固定刀，机腔中心装有一个旋转打击刀。进入机内的废物，首先受到旋转刀的打击，然后受到两个固定刀的二次打击，废物于是被打碎，破碎的废物由底部排出。该机具有破碎比大、适应性强、构造简单、易于维护等优点，适合破碎家具、器具、电视机、草垫等多种大型固体废物。

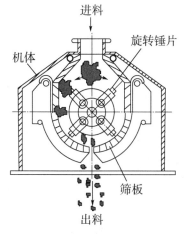

图4-9　锤式破碎机结构示意图

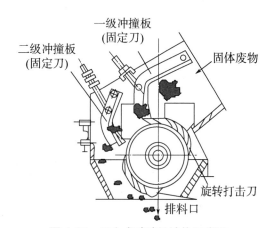

图4-10　反击式破碎机结构示意图

2. 剪切式破碎机

剪切式破碎机主要通过刀刃对物料的剪切作用进行破碎处理。常用的有双轴旋转剪切式、往复剪切式和旋转式剪切机等。

双轴旋转式剪切机是最常用的剪切机（图 4-11）。它主要由配置在机体中心的两组动刀齿片和固定在机体内壁的若干固定刀片组成。工作时，电机带动两个转动轴高速旋转，通过两组锐利的齿片的相对运动，对物料进行剪切、撕裂，从而完成对物料的破碎。定刀片也有一定的锐利度，和动刀片配合使用，起到辅助剪切作用。

这种破碎机结构比较简单，处理能力大，破碎效率高，此外，对物料的适应性比较强，可用于多种不同废物的切碎处理（如废纸、废塑料、园林废物等）；如果配置高强材料的刀片，还可以用于金属废物的破碎。图 4-12 中展示的是经过剪切式破碎后的废物。

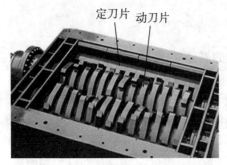

图 4-11　双轴旋转式剪切机

图 4-12　多种经过剪切式破碎后的废物

图 4-13 是专用于废旧金属破碎的一种旋转剪切式破碎机。该机由固定在旋转盘上的一组旋转刀片、筛条和驱动装置等组成。旋转刀刃呈钩形，废旧金属投入后，被锐利的旋转刀刃切削而破碎成金属碎屑，直到被破碎到小于筛条间隔尺寸时排出机腔外。

该机主要通过锐利的旋转刀片对金属的切削作用实现金属破碎，其对旋转刀刃的材料有特别的要求，不仅要强度高，还要具有高耐磨性，否则，破碎强度比较高的金属时，刀刃很容易损坏，无法长期使用。经该机破碎后，金属的密实度可以提高 3～8 倍，从而大大方便了运输和冶炼厂再利用。

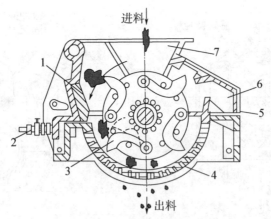

图 4-13　旋转剪切式金属破碎机结构
1—内衬；2—支撑弹簧；3—旋转刀；4—筛条；5—视孔；6—未碎物收集区；7—进料口

3. 压辊式破碎机

压辊式破碎机又称对辊式破碎机，它主要依靠两个轧辊之间产生的挤压力对废物进行破碎。

双辊式破碎机由辊子、调整装置、弹簧保险装置、传动装置和机架等组成（图 4-14）。旋转的轧辊借助摩擦力将投放到它上面的物料块拉入两个轧辊之间，使之受到挤压和磨剥作用而破碎，破碎的废物由轧辊带出破碎腔排出。

按辊子表面的构造，可分为光滑辊面和非光滑辊面（齿辊或沟槽辊）两类。轴承机座一般都采用可活动式的，这样可以防止不同大小的物料通过或有异物卡在两个轧辊之间时，不会对轴承和轧辊等造成损坏。若按两个辊子的转速，又可分为快速的（4～5 m/s）、慢速的（2～3 m/s）和差速的三种。其中，快速的生产率高，用得比较多。

辊式破碎机具有结构简单、紧凑、轻便、工作可靠、价格低廉等优点，广泛用于处理脆硬性物料，一般作为中、细碎之用。

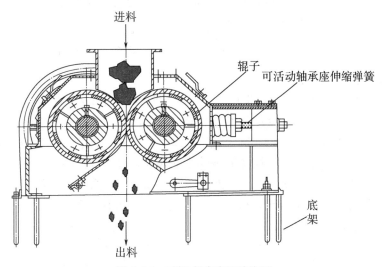

图 4-14　对辊式破碎机结构图

4. 湿式破碎机

对在水中能浆化的物料，可以采用湿式破碎。图 4-15 为一用于含纸垃圾破碎的湿式破碎机。含纸垃圾通过传送带送入湿式破碎机后，在刀片转子的作用下，与水一起激烈回旋，废纸被打击破碎成浆状，通过筛孔落入筛下，然后由底部排出，作为再生纸用浆。难以破碎的筛上物（如塑料、金属等）则从破碎机侧口排出，再用斗式提升机送至装有磁选器的皮带运输机，将铁与非铁物质分离开来。

湿式破碎的特点是：可以很好地破碎和分离易浆化废物；不会产生大的噪声、发热和爆炸的危险性；但是，用水量大，会产生废水，有可能导致二次污染等。

5. 低温冷冻破碎

对于常温下难以破碎的固体废物，可利用其低温变脆的性能进行破碎，亦可利用不同物质脆化温度的差异进行选择性破碎，这就是所谓的低温冷冻破碎技术。

低温冷冻破碎通常采用液氮作制冷剂。液氮具有制冷温度低、无毒、无爆炸危险等优点，但制取液氮需要耗用大量能源，故低温破碎一般用于常温难破碎的废物（如废旧轮胎和废塑料）和一些特殊的废物。

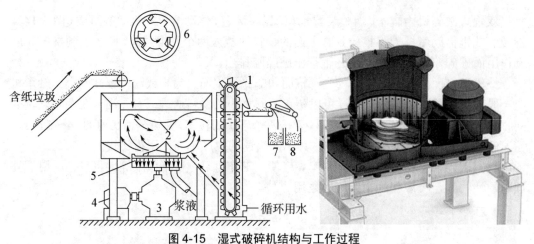

图 4-15　湿式破碎机结构与工作过程
1—提升斗；2—刀片转子；3—减速机；4—电机；5—筛网；6—转子转盘；7—废铁；8—非铁废物

（1）废旧轮胎低温冷冻破碎

如图 4-16 所示，由皮带运输机送来的废旧轮胎经穿孔机穿孔后，首先在预冷装置中进行预冷，然后送入浸没式冷却装置进行液氮深度冷却。深冷后变脆的轮胎通过高速冲击式破碎机进行破碎，破碎物实际上是"金属"和"非金属"的混合物。前者主要是轮胎含有的钢丝，后者主要是已被冷冻破碎了的橡胶、衬布和衬丝等。破碎混合物被送至装有磁选机的皮带运输上进行磁选，把金属物（钢丝）分离出来，其它组分通过筛分、风选和静电分离进行进一步分选，得到不同粒度的橡胶颗粒和其它材料。

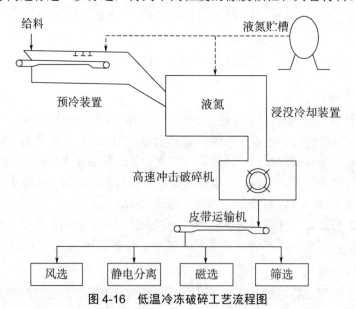

图 4-16　低温冷冻破碎工艺流程图

（2）废旧塑料低温冷冻破碎

利用不同塑料脆化温度的差异，通过对塑料进行分段低温破碎，可以实现不同塑料的分离。首先要确定不同塑料的脆化点，然后进行分段冷冻处理。当温度降到某个脆化点时，开始进行破碎处理，此时，处于该脆化点的塑料会被粉碎，其它塑料还没有脆化，不会发生碎裂，这时通过简单的筛分就可以把粉碎了的塑料分离出来。之后，再把温度降低到另一个塑料的脆点温度，并重复上述过程，这样，具有不同脆点温度的塑料就会被完全分离开来。通常是让塑料在冷却槽内移动，同时，从槽顶喷入液氮，常见塑料的脆化点温度是：PVC（聚氯乙烯）-5~-20℃，PE（聚乙烯）-95~-135℃，PP（聚丙烯）0~-20℃。

第三节

分选

分选是指通过各种方法，把垃圾中可回收利用的或不符合后续处理、处置工艺要求的物料分离出来的过程。这是固体废物处理工程中主要的处理环节之一。依据废物物理和化学性质的不同，可选择不同的分选方法，这些性质包括粒度、密度、磁性、电性、光电性、摩擦性和弹性等。相应的分选方法有筛选（分）、风力分选、磁力分选、电力分选、光电分选、涡电流分选。

一、筛分

1. 筛分原理及筛分效率

筛分是利用筛子使物料中小于筛孔的细粒物料透过筛面，而大于筛孔的粗粒物料滞留在筛面上，从而完成粗、细料分离的过程。该分离过程可看作是物料分层和细粒透筛两个阶段组成的。物料分层是完成分离的条件，细粒透筛是分离的目的。

由于筛分过程较复杂，影响筛分质量的因素也多种多样，通常用筛分效率来描述筛分过程的优劣。筛分效率（E）是指筛分时实际得到的筛下物的重量与原料中所含粒度小于筛孔尺寸的物料的重量之比，可用下式表示：

$$E = \frac{Q}{Q_0 a} \times 100\%$$

式中，Q 为筛下物质量，kg；Q_0 为入筛原料质量，kg；a 为原料中小于筛孔尺寸的颗粒所占的质量百分比。

影响筛分效率的因素很多，主要有：入筛物料的性质，包括物料的粒度状态、含水率和含泥量及颗粒形状；筛分设备的运动特征；筛面结构，包括筛网类型及筛网的有效面积、筛面倾角；筛分设备防堵挂、缠绕及使物料沿筛面均匀分布的性能；筛分操作条件，包括连续均匀给料、及时清理与维修筛面等。

2. 筛分设备

在固体废物处理中，常用的筛分机械有振动筛、滚筒筛、惯性振动筛等，其中滚筒筛使用最为普遍。

滚筒筛筛面为带孔的圆柱形筒体,在传动装置带动下,筛筒绕轴缓缓旋转。为使废物在筒内沿轴线方向前进,筛筒的轴线应倾斜3°～5°安装。固体废物由筛筒一端给入,被旋转的筒体带起,当达到一定高度后因重力作用自行落下,如此不断地做起落运动,小于筛孔尺寸的细粒透过筛孔,而筛上物则逐渐移到筛的另一端排出(图4-17)。筛筒的转动速度很慢,一般为10～15 r/min,因此不需要很大的动力,滚筒筛的另一个优点是不容易堵塞。通过在滚筒筛长度方向上设置不同的孔径,可以实现大、中、小粒径废物的分选。

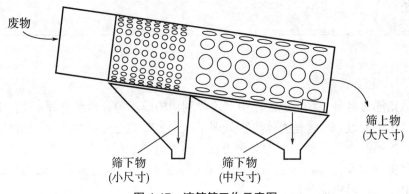

图 4-17 滚筒筛工作示意图

通过滚筒筛可以把大小尺寸不同的废物组分分离开来,在固废处理中有着非常广泛的应用。在垃圾处理中,常用于混合垃圾中"有机物"和其它"杂物"的分离。国内外的研究都发现,垃圾中"杂物"组分的尺寸通常较大,而"有机物"组分的尺寸一般较小,因此,可以通过滚筒筛把尺寸大的"杂物"组分筛分出来,这样就可以大大降低有机物中杂物的含量。图4-18是德国的研究结果,可以看出,在尺寸小于25 mm和在25～50 mm之间的垃圾组分中,有机物含量占到71%,杂物含量只有14%;而在尺寸在50～80 mm之间和大于80 mm垃圾组分中,有机物组分含量只有13%和16%,杂物含量则变成12%和74%了。因此,如果能够把尺寸小于50 mm的垃圾组分分离处理,就意味着大部分的有机组分(71%)可以分离出来;如果再能够把尺寸在50～80 mm之间的有机物组分筛分出来,则意味着84%的有机组分能够被分离出来。据此研究结果,可以把滚筒筛设计成大孔、中孔、小孔三段,分别用于分离尺寸大于80 mm、50～80 mm之间、25～50 mm之间和小于25 mm的垃圾组分,从而把有机物大部分分离出来(图4-19)。

二、风力分选

重力分选是根据固体废物在介质中的密度差进行分选的一种方法。它利用不同物质颗粒间的密度差异,在运动介质中受到重力、介质动力和机械力的作用,使颗粒群产生松散分层和迁移分离,从而得到不同密度的产品。按介质不同,固体废物的重力分选可分为风力分选、重介质分选、跳汰分选等。其中,风力分选在固体废物处理中应用最为广泛。

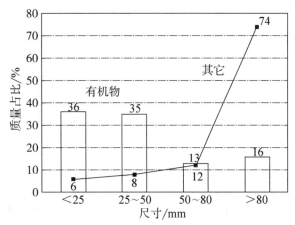

图 4-18　混合垃圾中有机物/其它（杂物）占比与尺寸的关系

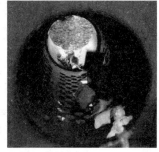

图 4-19　用于垃圾分选的滚筒筛和筛分情况

　　风力分选简称风选，又称气流分选，是以空气为风选介质，在气流作用下，使固体废物颗粒按密度和粒度大小进行分离的过程。风力分选过程是以各种固体颗粒在空气中的沉降规律为基础的。风力分选装置在固体废物处理系统中应用非常广泛，其型式多种多样。按工作气流主流向的不同，可将它们分为水平、垂直等类型。

1. 水平气流风选机

　　水平气流风选机的基本原理是：进入风选机的物料受水平吹入的空气的吹送，重质组分由于质量大，吹送距离近，先行降落下来，而轻质组分由于质量小，会被吹送到较远的地方才能落下，从而实现重质组分和轻质组分的分离（图 4-20）。

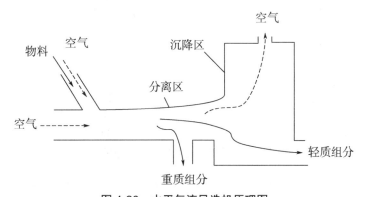

图 4-20　水平气流风选机原理图

图 4-21 是某水平气流风选机工作过程。废物经破碎机 2 破碎后落入风选机内，风机 4 从水平方向向风选机内吹入气流。气流使重质组分（如金属物）和轻质组分（如废纸、塑料等）分别落入出料口和输送带 9 和 8，并被出料口下的输送带即时带出，更轻质的组分会被吹得更远而进入气流带入管 5。在气流带入管 5 的侧边配置有第二个风机，风机吹入空气进行二次风选，通过控制风量和风速，把最轻质的组分吹出风选机，而较重的废物组分则回落到出料口 7 中。此种分选机工作室内没有活动部件，结构简单、紧凑，风选精度和分选效率都比较高。

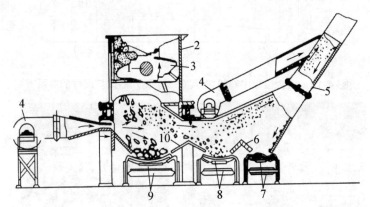

图 4-21　水平气流风选机工作过程

1—电机轴；2—破碎机；3—破碎转子；4—风机；5—气流带入管；6,10—导料板；7,8,9—出料口和输送带

2. 垂直气流风选机

垂直气流风选机常见的有两种结构形式，其主要区别在于垂直风道的型式，一为直筒形，一为曲折形（图 4-22）。

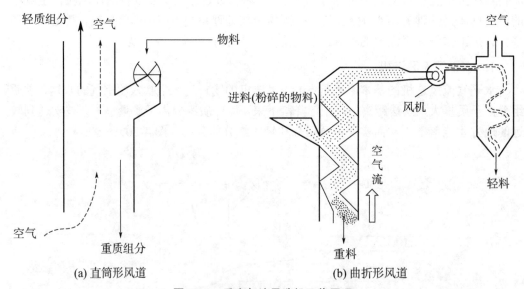

(a) 直筒形风道　　　　　　　　　　(b) 曲折形风道

图 4-22　垂直气流风选机工作原理

在直筒形风选机的风道里，物料由上向下降落，空气则由底部向上运动，物料中的轻质组分被上升的气流带出风道，重质组分则由于重量较大而降落到底部，从而实现组分的

分离。曲折形风选机的风道呈弯曲状，气流和物料的运动轨迹是曲线形的，有利于物料的分散和气流与物料的混合搅动，运动时间也比较长，有利于充分的分选，分选效果比较好。

三、磁力分选

固体废物的磁力分选（简称磁选）是借助磁选设备产生的磁场使铁磁物质组分分离的一种方法。在固体废物的处理系统中，磁选主要用作回收或富集黑色金属，或是在某些工艺中用以排除物料中的铁质物质。

固体废物可依磁性分为强磁性、中磁性、弱磁性和非磁性等组分。这些不同磁性的组分通过磁场时，磁性较强的颗粒（通常为黑色金属）就会被吸附到产生磁场的磁选设备上，而磁性弱和非磁性颗粒就会被输送设备带走或受自身重力（或离心力）的作用掉落到预定的区域内，从而完成磁选过程。

固体废物颗粒通过磁选机的磁场时，同时受到磁力和机械力（包括重力、离心力、介质阻力、摩擦力等）的作用。磁性颗粒分离的必要条件是磁性颗粒所受的磁力必须大于其它方向相反的机械力的合力，即：

$$f_{磁} > \sum f_{机}$$

式中，$f_{磁}$为磁性颗粒所受的磁力；$\sum f_{机}$为与磁力方向相反的机械力的合力。

在废物处理系统中，最常用的磁选设备就是滚筒式磁选机和带式磁选机。

1. 滚筒式磁选机

滚筒式磁选机工作原理如图 4-23 所示。磁选机主要由磁力滚筒和输送带组成，磁力滚筒是其关键部件。磁力滚筒有永磁和电磁两类，应用得较多的是永磁滚筒。永磁滚筒由一个回转圆筒和多极磁系组成。永磁滚筒安装在皮带运输机的一端，代替传动滚筒以带动皮带输送机转动。当皮带上的混合废物通过磁力滚筒时，非磁性物质在重力及惯性力的作用下，被抛落到滚筒的前方，而铁磁性物质则在永磁滚筒磁力作用下被吸附在皮带上，并随皮带一起继续向前运动。当铁磁物质随皮带向下方转动，并逐渐远离磁力滚筒时，磁力就会逐渐减小和消失，这时，铁磁物质就会在重力和惯性力的作用下脱离皮带，并落入预定的收集区。

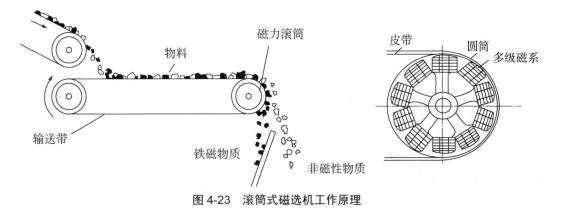

图 4-23 滚筒式磁选机工作原理

2. 带式磁选机

图 4-24 为带式磁选机的工作原理图。输送带上的废物随输送带以与书面垂直的方向缓慢向前运动。在输送带的上方，悬挂一固定磁铁，并配有一传送带。当输送带上的物料通过固定磁铁的下方时，由于磁力的作用，输送带上的铁磁物质就会被吸附到位于磁铁下部磁性区段的传送带上，并随传送带一起向一端移动。当传送带离开磁性区时，磁力消失，铁磁物质就会在重力的作用下脱落下来，从而实现铁磁物质的分离。需要注意的是，磁选机下通过的物料输送皮带的速度不能太大，一般不应超过 1.2 m/s，且磁铁与物料之间的高度通常应小于 500 mm。

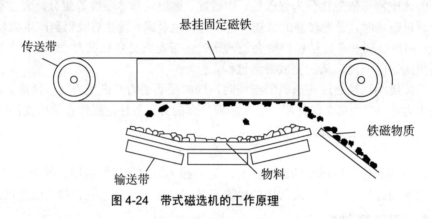

图 4-24　带式磁选机的工作原理

四、电力分选

电力分选简称电选，它是利用固体废物中不同组分在高压电场中电性的差异实现分选的一种方法。

电选分离过程是在电选设备中进行的，物料在电晕-静电复合电场中的分离过程如图 4-25 所示。给料斗把物料均匀给入滚筒上，物料随着滚筒的旋转进入电晕电场区。由于电晕电极的放电作用，电场区空间带有大量的电荷，使得通过的导体、半导体和非导体颗粒都获得负电荷。当物料颗粒随滚筒旋转离开电晕电场区而进入静电场区时，导体颗粒从滚筒（接地电极）上得到正电荷，很快放电完毕，在电排斥力、离心力和重力的综合作用下，导体颗粒偏离滚筒，在滚筒前方落下。而半导体和非导体颗粒由于放电较慢，带有较多的剩余负电荷，会继续吸附在滚筒上，随滚筒的转动被携带到滚筒后方，并分别完成放电而落下或被毛刷强制刷下，从而实现不同颗粒的分离。

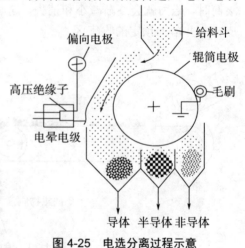

图 4-25　电选分离过程示意

五、光电分选

光电分选是利用物质表面光反射特性的不同进行分离的一种方法。这种方法可用于不同颜色的废物组分的分选，如玻璃、塑料分选等。

图 4-26 是利用光电分选方法分离玻璃的工作原理图。首先，料斗中的各色玻璃混合物通过振动溜槽落入进料皮带上，然后被均匀地送入光检箱中。光检箱中设有标准色板，在标准色板上预先选定一种标准色，当某玻璃颗粒在光检箱内下落的途中反射与标准色不同的光时，光电子元件就会改变光电放大管的输出电压，再经电子放大装置，给压缩空气喷管一个信号，让喷管瞬间喷射出高速气流，将该异色玻璃颗粒从混合物中吹出来，而其它颜色玻璃依靠重力自然落下，从而实现不同颜色玻璃的分离。

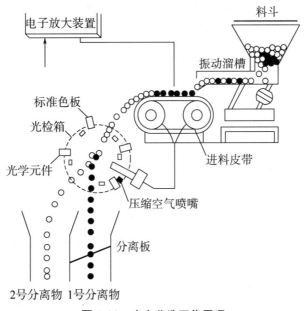

图 4-26　光电分选工作原理

六、涡电流分选

当含有非磁性导体金属的废物以一定的速度通过一个交变磁场时，这些非磁性导体金属中会产生感应涡电流，磁场就会对产生涡流的金属片块产生推力，推力的方向与磁场方向及废物流的方向均呈 90°。利用此原理可将一些非磁性导体金属从混合废物中分离出来，是分选有色金属的一种有效的方法。

图 4-27 是一个利用涡电流分选有色金属的装置。图中 1 为感应器，由三相交流电在其绕组中产生一交变的磁场，磁场方向与输送机皮带 3 的运动方向垂直。当皮带 3 上的物料从感应器 1 下通过时，混合废物中的有色金属会产生涡电流，从而产生侧向推力，把有色金属推入侧边的集料斗 2 中，而其它非金属组分不会产生涡电流和侧向推力，会随输送带继续向前移动，从而实现有色金属的分离。

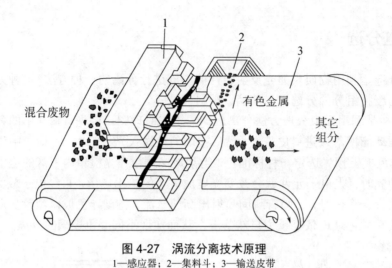

图 4-27 涡流分离技术原理
1—感应器；2—集料斗；3—输送皮带

习题

1. 压缩的目的是什么？压缩设备有哪些类型？

2. 破碎的目的是什么？破碎方法有哪些？都适合用于什么性质固体废物的破碎？

3. 分选的目的是什么？分选方法主要有哪些？

4. 冲击式破碎设备有哪些类型？分别适用于什么性质固体废物的破碎？

5. 双轴旋转剪切式破碎机有何特点？适用于什么性质固体废物的破碎？

6. 压辊式破碎机有何特点？适用于什么性质固体废物的破碎？

7. 湿式破碎机有何特点？适用于什么性质固体废物的破碎？

8. 低温冷冻破碎有何特点？适用于什么性质固体废物的破碎？

9. 滚筒筛的分选原理是什么？它是如何用于混合垃圾分选的？

10. 风力分选的原理是什么？它是如何实现不同组分废物的分选的？

11. 磁力分选的原理是什么？它可以用来分选哪些种类的固体废物？

12. 电力分选的原理是什么？它可以用来分选哪些种类的固体废物？

13. 光电分选的原理是什么？它可以用来分选哪些种类的固体废物？

14. 涡电流分选的原理是什么？它可以用来分选哪些种类的固体废物？

第五章

城市生活垃圾的好氧堆肥

好氧堆肥是指利用自然界中广泛存在的好氧微生物,通过人为调节和控制,促进可生物降解有机物向稳定的腐殖质转化的生物化学过程。好氧堆肥(aerobic composting)的产物称为堆肥(compost),但有时也把好氧堆肥简单地称作堆肥。

通过好氧堆肥处理,可以将有机废物转变成有机肥料或土壤调节剂等,实现废物的资源化和无害化。好氧堆肥具有机械化程度高、处理能力大、投资较少、运行管理简单等优点,在有机废物处理方面得到了广泛的应用。

第一节

好氧堆肥原理

一、好氧堆肥物质转化

在好氧条件下,有机废物中的可溶性有机物质透过微生物的细胞壁和细胞膜被微生物所吸收;不溶性的固体和胶体有机物质则先附着在微生物体外,然后在微生物所分泌的胞外酶的作用下分解为可溶性物质,再渗入细胞内部进行转化。微生物通过自身的生命活动一氧化还原和生物合成过程,把一部分被吸收的有机物氧化成简单的物质组分,并放出能量供微生物生长活动所需;把另一部分有机物合成新的细胞物质,使微生物生长繁殖。通过该生物学过程,可以实现有机废物的分解和稳定化。

好氧堆肥过程包括有机物氧化和细胞物质合成与氧化三个反应过程(图 5-1):

① 有机物的氧化

$$C_aH_bN_cO_d \cdot eH_2O + fO_2 \longrightarrow C_wH_xN_yO_z \cdot gH_2O + hH_2O \text{(气)} + iH_2O \text{(水)} + jCO_2 + kNH_3 + 能量$$

② 细胞物质的合成(以 NH_3 为氮源)

$$nC_aH_bO_c + NH_3 + (na + nb/4 - nc/2 - 5)O_2 \longrightarrow C_5H_7NO_2(细胞物质) + (na - 5)CO_2 +$$
$$1/2(nb - 4)H_2O + 能量$$

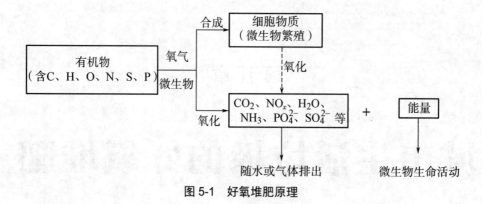

图 5-1　好氧堆肥原理

③ 细胞物质的氧化

$$C_5H_7NO_2(细胞物质)+5O_2 \longrightarrow 5CO_2+2H_2O+NH_3+能量$$

设有机物的化学组成式为 $C_aH_bN_cO_d$，合成的新细胞物质和产生的硫酸根离子等忽略不计，$C_wH_xN_yO_z$ 为残留有机物的化学组成式，则有机废物好氧分解总化学反应式可表示为：

$$C_aH_bN_cO_d+0.5(nz+2s+r-d)O_2 \longrightarrow nC_wH_xN_yO_z+rH_2O+sCO_2+(c-ny)NH_3$$

式中，$r=0.5[b-nx-3(c-ny)]$；$s=a-nw$。

通过上述堆肥化过程，有机物最终被转化为堆肥产品。堆肥产品实际上是多种产物的混合物，包括残留的未被转化的有机物、新旧细胞物质以及 NH_3、NO_x、PO_4^{2-}、SO_4^{2-}等。

二、好氧堆肥微生物

堆肥过程有许多不同种类的微生物参与，其来源主要有两个方面：一是有机废物自身带有的大量微生物，包括各类细菌、真菌、古细菌以及原生动物等；二是人工加入的特殊菌种，这些菌种在一定条件下对某些有机废物有较强的分解能力，具有活性强、繁殖快、分解有机物迅速等特点，能加速堆肥反应的进程，缩短堆肥反应的时间。

堆肥中发挥作用的微生物主要是细菌、放线菌和真菌，以及一些原生动物等。细菌是堆肥中形体最小数量最多的微生物，它们能够分解大部分的有机物并产生热量。放线菌能够分解复杂有机物如纤维素、木质素、蛋白质等，在高温阶段是分解纤维素的优势菌群。真菌可以利用堆肥底物中所有的木质素，在堆肥后期当水分逐步减少时发挥着重要作用。此外微型生物如轮虫、线虫、跳虫、潮虫、甲虫和蚯蚓等则通过在堆肥中移动和吞食作用，不仅能消纳部分有机废物，还能增大有机废物的表面积，促进微生物的生命活动。

在堆肥化过程中，随着有机物的逐步降解，堆肥微生物的种群和数量也随之发生变化。

不同时期，发挥主导作用的微生物的种群有明显的不同，大致可分为如下三个阶段：升温段、高温段和降温段。

（1）升温段

升温段（堆温<50℃）主要以氨化细菌、糖分解菌等无芽孢细菌为主，对简单有机成分、糖分等水溶性有机物以及蛋白质类进行分解，称为"糖分解期"。此时细菌是主要作用菌群，对发酵升温起主要作用。

（2）高温段

当温度升高到 50～70℃ 的高温阶段，嗜热性半纤维素、纤维素分解菌占优势，除继续分解易降解的有机物质外，主要分解半纤维素、纤维素等复杂有机物，因此常称为"纤维素分解期"。此时，嗜热细菌和放线菌是主要作用菌群。

（3）降温段

当温度由高温段降至 50℃ 以下，高温分解菌活动受到抑制，嗜温性微生物菌群数量显著增加，主要分解残留下来的纤维素、半纤维素和木质素等物质，称为"木质素分解期"。此时，嗜温细菌和真菌发挥着重要作用。

不同时期，发挥主导作用的微生物的数量也有明显的不同，如表 5-1 所示。

表 5-1　不同堆肥时期微生物菌群数量的变化

单位：个数/每克湿堆肥

微生物	升温阶段（堆温<50℃）	高温阶段（50～70℃）	降温阶段（70℃降到常温）
嗜温细菌	10^8	10^6	10^{11}
嗜热细菌	10^4	10^9	10^7
嗜热放线菌	10^4	10^8	10^5
嗜温霉菌	10^6	10^3	10^5
嗜热霉菌	10^3	10^7	10^6

堆肥是微生物作用的过程，因此如何通过各种手段，满足微生物的生长需要就成为堆肥工程的核心。不仅如此，堆肥是一项复杂的工程，它的热力学原理、动力学原理目前也正在研究中。堆肥原理的研究，有利于找出堆肥化过程的最佳条件，使堆肥工艺过程进入科学化的轨道，逐步由定性向定量方向发展。

第二节

好氧堆肥工艺

一、基本工艺流程

一个完整的现代化好氧堆肥工艺通常由预处理、一次发酵、二次发酵、后处理、脱臭和贮存等六道工序组成（图 5-2）。其中一次发酵最为重要，它是整个堆肥过程成功的关键。

1. 预处理

固体废物成分非常复杂，尤其是我国的垃圾大都未经分类处理，预处理就显得尤为重要。预处理过程包括破碎、分选、筛分、混合以及养分、水分、物理性状调整等。预处理的作用主要有三点：①去除不可或不宜堆肥物。当以城市生活垃圾为堆肥原料时，由于垃圾中往往含有粗大垃圾和不可堆肥化物质，如石块、塑料、金属物等，这些物质的存在会影响垃圾处理机械的正常运行，且会增加堆肥发酵仓的容积，影响堆肥产品的质量。因此，需要在堆肥前，对原料进行分选除杂。②原料水分和养分调节。堆肥化处理是一个好氧微生物的发酵过程，微生物的生长需要充足和均衡的养分和水分。当养分和水分不合适时，就需要对原料的有机物含量、碳氮比（C/N 比）和含水率等进行人为的调节。③物料性状调理。为了保证良好的通风供氧，好氧发酵对原料的尺寸、空隙度、均匀性等物理性状也有一定的要求。固体废物组分复杂，性质差异很大，一般都无法满足这些要求，常常需要通过粉碎、增加调理剂等进行调节，以满足好氧发酵的要求，获得高效的堆肥化过程和高质量的堆肥产品。

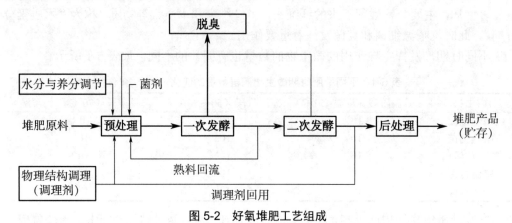

图 5-2　好氧堆肥工艺组成

此外，有时也会投加专门研发的菌剂或者回流富含好氧微生物的"熟料"，以增加原料中好氧微生物的数量，提高堆肥速率和效率。

2. 一次发酵

一次发酵也称主发酵，即从发酵初期开始，经升温、高温，然后开始降温的整个过程。在主发酵阶段，物料中大部分主要组分得到分解，产生热量较多，温度明显上升并能保持一定的时间。一次发酵的作用是使堆肥物料中大部分可降解组分得到分解，物料达到初步稳定化，这是整个堆肥过程的核心和关键。

根据温度的变化情况，可以将堆肥主发酵过程分为三个阶段：升温阶段、高温阶段和降温阶段，如图 5-3 所示。

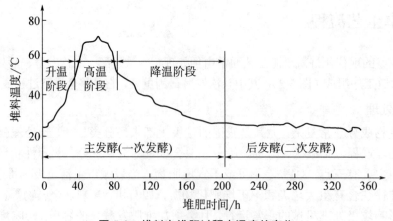

图 5-3　堆料在堆肥过程中温度的变化

（1）升温阶段

堆肥初期，嗜温菌为主导微生物，它们利用堆肥原料中易降解有机物组分进行大量繁殖。它们在转化和利用化学能的过程中，有一部分变成热能，堆料温度因此开始不断上升。

（2）高温阶段

当堆料温度升到50℃以上时，堆肥即进入高温阶段。在此阶段，嗜温性微生物受到抑制甚至死亡，嗜热性微生物逐渐上升成为主导微生物，堆肥原料中未消化完的和新形成的有机物质继续分解转化，复杂的有机化合物（如脂肪、半纤维素、纤维素等）开始被强烈分解并放出热量，从而维持较高的温度。通常，在高温段进行活动的主要是嗜热性的细菌和放线菌；当温度升到70℃以上时，大多数嗜热性微生物也难以适应，微生物大量死亡或进入休眠状态。现代化堆肥高温温度一般控制在55℃左右，这是因为大多数微生物在该温度范围内最活跃，分解有机物的能力最强。此外，由于高温作用，此阶段的病原菌和寄生虫大多数可被杀死。

（3）降温阶段

在高温阶段微生物活性经历了对数生长期、减速生长期后，开始进入内源呼吸期。此时，堆料中只剩下部分难分解的有机物和新形成的腐殖质，堆料降解难度增大，降解速度变慢，微生物活性下降，发热量减少，温度开始下降，嗜温微生物又开始占据优势。此时，堆肥逐步进入降温状态，并逐渐趋于稳定化。

3. 二次发酵

二次发酵也称后发酵或者腐熟化。在主发酵工序，可分解的有机物并非都能完全分解并达到稳定化状态，因此，完成主发酵的堆料还需要进行进一步的发酵，也即二次发酵，以使有机物进一步分解，最终达到完全腐熟。当堆体温度接近环境温度时，即表明堆料已经达到完全的腐熟化，整个发酵过程就可以结束了。

在此阶段，堆料更难降解，降解速度降低，耗氧量明显下降，完全腐熟所需时间也更长。二次发酵可在封闭的反应器内进行，但在敞开的场地、车间内进行的较多，通常采用条堆或静态堆肥的方式。二次发酵有时还需要进行翻堆或通风，但和主发酵相比，需氧量大大降低。

4. 后处理

经过二次发酵后，堆料的物料性质会发生很大的变化。完全腐熟的堆肥的含水率会大大降低，一般在35%以下，颗粒比较松散和均匀，体积也明显减小了。但是，堆料中还存在预处理时未完全去除掉的塑料、玻璃、陶瓷、金属、小石块等小杂物，因此，还需要通过后处理（如筛分、磁选等）加以去除，以保证产品品质和可使用性。此外，为了提高堆肥产品的质量和商业化水平，还需加入N、P和K等养分增加肥效，并进行研磨、压实造粒、打包装袋等。

5. 脱臭

在整个堆肥过程中，因微生物的分解，会产生有味的气体，也就是通常所说的臭气。常见的臭味气体有氨气、硫化氢、甲基硫醇、胺类等。为保护环境，需要对产生的臭气进行脱臭处理。去除臭气的方法有：

① 工艺优化法，通过添加辅料或调理剂，调节 C/N 比、含水率和堆体孔隙度等，确保堆体处于好氧状态，减少臭气产生；

② 微生物处理法，通过在发酵前期和发酵过程中添加微生物除臭菌剂，控制和减少臭气产生；

③ 收集处理法，通过在原料预处理区和发酵区设置臭气收集装置，将堆肥过程中产生的臭气进行收集并集中处理，处理方法有生物滤床、沸石吸附、化学洗涤等。

6. 贮存

堆肥一般在春播、秋种时使用，冬、夏两季生产的堆肥常需要贮存一段时间。因此，一般的堆肥厂都需要建立一个可贮存几个月生产量的仓库。堆肥可直接贮存在二次发酵仓中，也可贮存在包装袋中。要求贮存在干燥、通风的地方，密闭或受潮会影响堆肥产品的质量。

二、好氧堆肥实例

图 5-4 是日本某堆肥厂的处理工艺流程图，该堆肥工艺主要由前处理、一次发酵、二次发酵、后处理、除臭和贮存六个部分组成。生活垃圾首先经由破袋机、磁选机、破碎机和筛分机等进行前处理，去除金属及其它杂质；然后将经前处理后的垃圾与调理剂等相混合，并调整水分、C/N 比后投入一次发酵设备中，一次发酵采用链板翻堆式发酵池；一次发酵结束后，对堆料进行二次筛分，把细小的杂物尽可能的去除掉；筛分后的堆料以静态条垛的方式进行二次发酵；二次发酵结束后进行第三次筛分，并将筛分后的堆料与 N、P、K 等化肥进行配比和混合造粒，经打包后运至贮藏仓库以待销售。各工艺环节产生的臭气经管道收集后，在除臭装置中进行脱臭处理，净化后的气体达标排放。

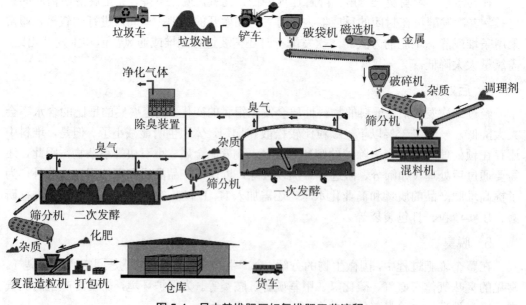

图 5-4　日本某堆肥厂好氧堆肥工艺流程

第三节

好氧堆肥影响因素

影响好氧堆肥过程的因素很多，它们决定着微生物的代谢活动能力，从而影响好氧堆肥的效率和产品质量，这些因素归纳起来主要有如下几个方面。

一、有机物含量

好氧堆肥是一个生物转化过程，只能用于有机废物的处理，因此，要求堆肥原料含有合适的有机物含量。当堆料有机物含量过低时，堆肥过程产生的热量不足以提高和保持堆层的温度，无法实现堆肥的无害化处理，此外，也不利于堆体中高温分解菌的繁殖，堆体中微生物的活性低，好氧堆肥效率低，产品质量差。当堆料有机物含量过高时，物料的松散度和空隙度变差，均匀通风供氧难度大，堆体中达不到完全的好氧状态，从而影响好氧堆肥的顺利进行，并容易产生臭味气体。

对可用于好氧堆肥废物的有机物含量并没有统一的规定，一般认为原料的有机物含量大于 50%时，才比较适合好氧堆肥。如果有机物含量低于该值，就不适宜堆肥了，可考虑采取其它方法进行处理。

二、通风供氧量

通风供氧的作用主要有三个：①为好氧微生物提供氧气。好氧微生物氧化有机物（C）需要消耗 O_2 生成 CO_2。如果堆体内的 O_2 含量不足，微生物处于厌氧状态，不仅降解速度减慢，还会产生 H_2S 等臭气，同时产生热量少，堆体温度上不去。如果供氧量过大的话，能耗又会变高。因此，保持供给适量的氧气是十分重要的。②调节温度。堆肥过程中会产生热量，使得堆料温度升高，当堆料温度过高时，就需要通过强制通风来降低温度，使得好氧微生物不会因高温而被灭杀，保证其能够正常生长。当堆体温度高于 65℃ 时，应通过增加通风（或者翻堆）来降低温度。③散发水分。在堆肥过程中，随着堆肥温度的升高和废气的产生，堆料中的水分会随之排出，堆料的含水率会因此而不断降低。对堆肥产品来说，含水率越低越好，以利于后期贮存，一般要求堆肥产品的含水率不高于 35%。通过控制堆肥过程尤其是堆肥后期的通风量，可以控制堆肥产品的含水率在尽可能低的范围；否则，则需要进行烘干处理，进而增加生产成本。

通风供氧量要根据堆肥原料有机物含量、含水率、可降解率、堆层形状和大小、颗粒尺寸等因素来确定。一般要求堆体内部氧气浓度不应小于 5%，通风量宜为 0.05～0.2 m^3/min（以每立方米物料为基准）。针对不同情况，通常需要通过试验确定合适的通风供氧量。

【例 5-1】用一种成分为 $C_{30}H_{50}O_{25}$ 的堆肥原料 1000 kg 进行好氧堆肥试验，完成堆肥后剩下 400 kg，测定其堆肥产品成分为 $C_{12}H_{20}O_{10}$。试求该原料好氧堆肥的理论需氧量。

解：

（1）求初始堆肥原料和堆肥产品的摩尔数。

堆肥原料：
$$\frac{1000}{30\times12+50\times1+25\times16}=1.23 \text{（kmol）}$$

堆肥产品：
$$\frac{400}{12\times12+20\times1+10\times16}=1.23 \text{（kmol）}$$

（2）确定堆肥前后原料和产品的摩尔比。
$$n=1.23/1.23=1.0$$

（3）确定 a、b、c、d、w、x、y、z，并根据前面的化学反应式

$C_aH_bN_cO_d+0.5(nz+2s+r-d)O_2 \longrightarrow nC_wH_xN_yO_z+rH_2O+sCO_2+(c-ny)NH_3$ 计算出 r 和 s。

已知：$a=30$，$b=50$，$c=0$，$d=25$，$w=12$，$x=20$，$y=0$，$z=10$，则
$$r=0.5[b-nx-3(c-ny)]=0.5(50-1\times20-0)=15；\quad s=a-nw=30-1\times12=18$$

（4）求出理论需氧量。

化学反应式 $C_aH_bN_cO_d+0.5(nz+2s+r-d)O_2 \longrightarrow nC_wH_xN_yO_z+rH_2O+sCO_2+(c-ny)NH_3$ 中，O_2 的系数$=0.5(nz+2s+r-d)=0.5(1\times10+2\times18+15-25)=18$，则
$$\text{理论需氧量}=18\times1.23\times32=708 \text{ (kg)}$$

（5）物料衡算如下表。

阶段	物质	重量/kg
输入	堆肥原料	1000
	氧气	708
	合计	1708
输出	堆肥产品	400
	CO_2	(1.23×18×44)=974
	H_2O	(1.23×15×18)=332
	合计	1706

实际的堆肥化系统必须提供超出计算需氧量的空气量（通常在两倍以上），以保证充分的好氧条件。一次发酵期强制通风的经验数据如下：静态堆肥取 $0.05\sim0.2$ $\text{m}^3/(\text{min}\cdot\text{m}^3)$ 堆料，动态堆肥则依生产性试验确定。常用的通风方式有：①通过自然通风供氧；②通过堆内预埋的管道强制通风供氧；③利用翻堆机翻堆通风。后两者是现代化堆肥厂采用的主要方式，在有些情况下，两者也可配合起来使用。

工厂化堆肥时，一般通过自动控制装置反馈来控制通风量。由于供氧量和温度密切相关，故可利用堆肥过程中堆温的变化进行通风量的自动控制；也可利用耗氧速率与有机物分解程度之间的关系，通过测定排气中氧的含量（或 CO_2 含量）来进行控制（适宜的氧体积浓度值 14%～17%）；也可通过控制堆体内部氧气浓度（不应小于 5%）进行反馈控制。

三、含水率

在堆肥过程中，水分是一个重要的因素，主要作用在于：①为微生物新陈代谢提供必须的水分；②通过水分蒸发带走热量，起调节堆肥温度的作用。水分的多少，直接影响好氧堆肥反应速度的快慢和堆肥的质量，甚至关系到好氧堆肥工艺的成败，因此，水分的控制十分重要。

一般要求堆肥原料的含水率为45%～65%，最好在50%～60%之间。水分超过70%，温度难以上升，分解速度明显降低。因为水分过多，堆料颗粒之间充满水分子，有碍于通风供氧，造成局部厌氧状态，不利于好氧微生物生长，并产生H_2S等恶臭气体，会减慢降解速度，延长堆肥时间。如果水分低于40%，微生物活性会明显降低，有机物难以分解；若堆体中含水率过低，微生物将停止活动。

实际生产中，可通过加水、添加含水率低的物料（如干秸秆）或者回流部分堆肥熟料以调节进料水分。

四、温度

温度是堆肥得以顺利进行的重要因素，温度的作用主要是影响微生物的生长、有害致病菌和野草籽的灭杀。当嗜热细菌大量繁殖和温度明显提高时，堆肥发酵由中温阶段进入高温阶段，并在高温度范围内稳定一段时间。在高温段，大量有机物被快速分解，对堆肥原料的腐殖化和稳定化起重要作用。此外，高温还可以杀死堆料中的寄生虫、病原菌和野草籽等，对保证堆肥产品的安全性有重要影响。例如，我国在粪便堆肥无害化标准中规定，堆肥温度在55℃以上的时间应维持在5～7天（依不同堆肥工艺而不同）。但发酵温度不宜过高，以免灭杀有益好氧微生物。

在好氧堆肥中，温度一般是通过控制通风量或翻堆来调节和控制。不同种类微生物的生长对温度具有不同的要求。一般而言，嗜温菌最适合的温度为30～40℃，嗜热菌发酵最适温度是45～60℃。高温堆肥时，温度上升超过65℃即进入孢子形成阶段，这个阶段对堆肥是不利的，因为孢子呈不活动状态，使分解速度相应变慢。因此，堆肥高温段应控制在50～60℃范围。当堆肥温度超过65℃时，就需要通过加大通风量、强化翻堆等方法进行调节。

五、C/N 比

在微生物分解所需的各种元素中，碳和氮是最重要的。碳提供能源和组成微生物细胞约50%的物质，氮则是构成蛋白质、核酸、氨基酸、酶等细胞生长必须物质的重要元素。在堆肥过程中，碳源被消耗，转化为二氧化碳和腐殖质，氮则以氨气的形式散失，或变为硝酸盐和亚硝酸盐，或被生物体同化吸收。因此，碳和氮的变化是堆肥的基本特征之一。

C/N 比在堆肥过程中直接影响温度和有机物的分解速度。C/N 比高，碳素多，氮素养料相对缺乏，细菌和其它微生物的生长受到限制，有机物的分解速度减缓、发酵过程变长。当 C/N 比高于 35 时，微生物必须经过多次生命循环，氧化掉过量的碳，才能达到一个合适的 C/N 比供其进行新陈代谢，从而降低有机物的分解速度。如果 C/N 比低于 20，可供消耗的碳素变少，氮素养料相对过剩，则氮将会变成 NH_3 而挥发，导致氮元素大量损失而降低堆肥产品的肥效，同时，产生刺激性的有味气体。

由于微生物每利用 30 份的碳就需要 1 份氮，故从理论上讲初始物料的最适 C/N 比是 30，但由于实际情况的复杂性，适宜范围可以扩大到 20～40 之间。当初始原料的 C/N 比过高时，可加入低 C/N 比的废物（如粪便、餐厨垃圾等）调节；当初始原料的 C/N 比过低时，可加入高 C/N 比的废物（如秸秆、木屑、稻壳等）调节。

【例 5-2】 为了使好氧堆肥原料的 C/N 比达到 25，现将 C/N 比为 50 的树叶和 C/N 比为 6.3 的废水污泥进行混合，试确定树叶和污泥的混合比。已知污泥的含水率为 75%，树叶的含水率为 50%，污泥的含氮量为 5.6%，树叶的含氮量为 0.7%。

解：

（1）确定树叶和污泥的组成。

组成	1kg 树叶	1kg 污泥
水/kg	1×50%=0.5	1×75%=0.75
干物质/kg	1-0.5=0.5	1-0.75=0.25
N/kg	0.5×0.7%=0.0035	0.25×5.6%=0.014
C/kg	0.0035×50=0.175	0.014×6.3=0.0882

（2）求出 1kg 树叶中污泥的添加量 $x$kg。

(C/N 比)$_{混合废物}$=(C$_{树叶}$+C$_{污泥}$)/(N$_{树叶}$+N$_{污泥}$)

=(1kg 树叶中的 C+$x$kg 污泥中的 C)/(1kg 树叶中的 N+$x$kg 污泥中的 N)

=(0.175+0.0882x)/(0.0035+0.014x)=25

解得：x=0.33 kg，即树叶与污泥混合比为 1∶0.33。

（3）验算混合废物中的 C/N 比和含水率。

组成	0.33 kg 污泥	0.33 kg 污泥+1 kg 树叶
水/kg	0.33×0.75=0.25	0.25+0.5=0.75
干物质/kg	0.33×0.25=0.08	0.08+0.5=0.58
N/kg	0.33×0.014=0.00462	0.00462+0.0035=0.00812
C/kg	0.33×0.0882=0.0291	0.0291+0.175=0.2041

C/N 比=0.2041/0.00812=25.1，满足所求 C/N 比的要求。

含水率=0.75/(0.33+1)×100%=56.4%，满足一般堆肥要求。

六、pH 值

pH 值也是微生物生长的重要影响因素之一。对好氧堆肥微生物来说，适宜的 pH

值在 7.0～8.5 之间，pH 值太高或太低都会影响堆肥过程和产品质量。如果 pH 值降至 4.5，将严重限制微生物的活性；而过高的 pH 值不仅会影响微生物的活性，还会影响氮的损失，导致部分氮以氨气的形式逸入大气。如果原料的 pH 值不合适，就需要通过添加其它物料或者投加碳酸钙、石灰等进行调节。例如，当用污泥作堆肥原料时，由于污泥经调节压滤成饼后 pH 值比较高，可以通过投加一定量的餐厨垃圾对其 pH 值进行调整。

七、颗粒度

堆肥过程中供给的氧气是通过颗粒间的空隙分布到物料内部的，颗粒尺寸亦即颗粒度的大小对均匀的通风供氧有重要影响，因此，对堆肥原料颗粒尺寸有一定的要求。适宜的粒径随原料物理特性而变化，如纸张、纸板等的粒度尺寸可以在 3.8～5.0 cm 之间；材质比较坚硬的废物粒度要求小些，在 0.5～1.0 cm 之间；食品垃圾的粒度尺寸要求大一些，以免碎成浆状物料，妨碍好氧发酵。适宜的颗粒尺寸应能够保证足够的空隙度，使得氧气能够均匀分布到整个堆体中。如果不能保证，可以通过在原料中添加调理剂加以解决，常见的调理剂有锯末、锯削、小木块、粉碎的秸秆等。

第四节

好氧堆肥方法与设备

一、好氧堆肥方法与设备分类

堆肥方法多种多样，堆肥设备也就有很大的不同。考虑到好氧堆肥是一个生物化学过程，从反应工程的角度出发，可以把堆肥方法分成"非反应器型"堆肥和"反应器型"堆肥两大类。

非反应器型堆肥是指物料并不包含在容器中、工程控制措施较少的"开放式"堆肥方法。非反应器型堆肥一般在开放的场地进行，有时还辅以一些机械活动。由于其工程控制措施少，受环境的影响大，很难满足微生物的最适生长要求，因而，有机物降解速率慢、堆肥效率低、受自然条件的影响大，属慢速或半快速堆肥，其典型的工艺有露天条堆、静态堆肥等。但其投资少、对人员和设备的要求低，在场地容易保证、恶臭影响不大的地方，常使用这种堆肥方法。

反应器型堆肥是指物料包含在反应容器中、工程控制措施较多的"封闭式"堆肥。反应器型堆肥的有机物降解速率快、堆肥效率高、时间短、不受时间和空间的限制，可实现快速工业化生产，在国内外都得到了普遍的应用，是主流的好氧堆肥方法。

各种堆肥方法都有相对应的堆肥发酵设备，其种类繁多。非反应器型堆肥，主要有翻堆式条堆和静态条堆；反应器型堆肥，可大致分为池槽式（卧式）、塔仓式（立式）和滚筒式（回转式）三大类（图5-5）。本节侧重介绍几种常用的堆肥发酵方法、设备特点和工作过程。

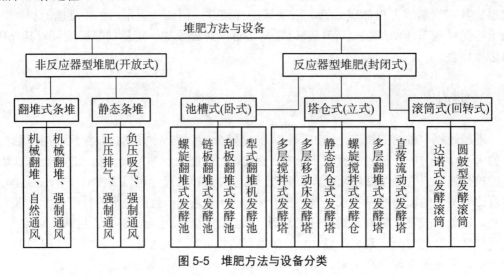

图5-5　堆肥方法与设备分类

二、非反应器型堆肥方法与设备

1. 静态条堆法

静态条堆法是一种开放式堆肥方法。通风供氧系统是静态条堆法的核心，它由高压风机、通风管道和布气装置组成。根据是正压还是负压通风，可把强制通风系统分成正压排气式和负压吸气式两种（图5-6）。

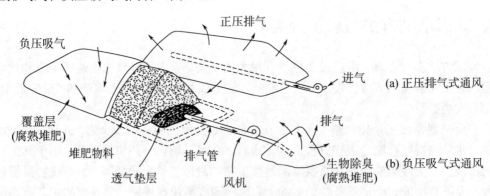

图5-6　静态条堆法工作示意图

正压通风时，空气由风机加压后，通过管道被输送到透气垫层，然后再通过透气垫层分布到物料中。透气垫层可用锯末、成品堆肥等作材料，其作用是把空气均匀地散布到物料中。负压通风时，空气的流动情况正好相反。静态条堆法可以设置覆盖层，以保持发酵温度和水分，但在环境要求不高的地方，没有覆盖层的敞开式露天堆肥也比较常见[图5-7(a)]。

(a) 露天静态条堆

(b) 室内螺旋翻堆式条堆

图 5-7　条堆现场

需要特别强调的是，由于堆肥物料空隙度对空气的输送影响很大，因此，静态条堆法对物料的尺寸和空隙大小有一定的要求。一般情况下都需要添加蓬松剂加以调节，最常用的蓬松剂是小木块，它既可以增加物料的空隙度，还可吸收和保持水分。堆肥结束后，通过筛分可把小木块分离出来，再循环使用。由于该堆肥过程受自然条件的影响很大，堆肥的停留时间比较长，通常需要几个月的时间。发酵结束后，反应堆被拆除，物料经筛分等后处理工序处理后，得到最终的堆肥产品。

此外，由于开放式堆肥过程中要产生臭气，在环境要求严格时，条堆后一般都要设置除臭装置。把臭气引入腐熟的堆肥中，利用堆肥吸附过滤臭气是一种简单有效的方法。

条堆堆肥的翻堆次数宜为每天 1 次，也可根据堆体温度情况进行实时调整。

2. 翻堆式条堆法

翻堆式条堆法通过翻堆机对物料进行翻转搅动，使空气与物料充分接触而获得氧气。除了通风供氧之外，机械翻搅还对物料有破碎和混合作用，有利于产生均匀、细碎的堆肥产品。在翻堆式条堆过程中，堆肥物料被堆积成长条状，并平行排列起来[图 5-8(a)]。根据堆肥物料的特性和使用的翻堆设备，可把条堆堆成梯形或三角形等形式。翻堆机是其关键设备，常见的有链板式和螺旋式两种[图 5-8(b)]。料堆高度一般为 2～4 m，宽度为 3～6 m，长度可达 120 m。一般每天搅拌 1 次为宜，在翻堆过程中可以根据需要向堆内补充水分以保持物料的水分含量。条堆可以在室外、也可以在室内进行。近年来，随着环保要求的提高，大多采用室内翻堆式条堆进行堆肥，因而可在各种气候条件下运行[图 5-7(b)]。翻堆式条堆发酵过程比较慢，堆肥时间比较长，一般需要一个多月的时间堆肥过程才能结束，但要求维持堆体 55℃ 以上温度的时间不得少于 7 天。

该种方法投资少、运行成本低、管理容易，对不同物料的适应性强，但易受气候环境的影响、占地面积大、堆肥时间长、效率低，且会产生臭气。该法比较适合场地不受限制、对环境要求不太高的地区。

(a) 翻堆式条堆与机械翻堆过程   (b) 链板式和螺旋式翻堆机

图 5-8　翻堆过程和翻堆机示意

三、反应器型堆肥方法与设备

1. 螺旋翻堆式发酵池

　　该种发酵方法主要由一个长条形的发酵池和一个螺旋翻堆机组成，此外，还有一些诸如进出料装置、供气装置等附属设备。翻堆机包括行走装置和螺旋翻堆搅拌器两大部分。工作时，行走装置在池两边的轨道上牵引螺旋搅拌器向前移动，搅拌器也在同时动作，对物料进行翻动、搅拌、混合和破碎，并把物料向出料端输送（图 5-9）。该种堆肥方式一般设计成多个发酵池平行排列，当一个发酵池的翻堆操作完成后，由专门的移动装置把翻堆机移至下一个发酵池继续工作。除了有螺旋搅拌器之外，常见的搅拌器还有水平螺旋耙齿式和垂直旋转桨式。物料在翻搅过程中获得氧气，有时也在底部铺设带有小孔的缝隙地板进行强制通风，以提高供氧能力。另外，还可装配洒水及排水设施以调节物料水分。一次发酵时间通常在 8～12 天之间。

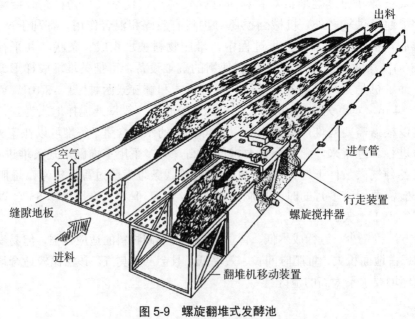

图 5-9　螺旋翻堆式发酵池

这种形式的翻堆机可以根据发酵工艺的需要,定期对物料进行翻搅,运用灵活,机械化程度高,处理量大,生产效率高,在实际中应用比较广泛。但占地面积较大,且由于发酵池是敞开的,气味问题比较严重。

2. 链板翻堆式发酵池

该法与螺旋翻堆式发酵池的工作原理和工作过程基本相同,不同之处在于翻堆机。前者的翻堆机是螺旋搅拌器,而该法的翻堆机是可转动的环状链板(图 5-10)。

链板式翻堆机由牵引行车和环状链板组成,牵引行车安装在发酵池(槽)两边的轨道上,并能够在轨道上往复行走。在牵引行车向前行走的同时,带有刮板的环状链板围绕自身转动,其上刮板把物料抄起、带到链板顶部后再靠自重落下。在此过程中,物料与空气接触而获得氧气。同时,物料被链板向后传送,一步步由入料端向出料端移动,最后由排料机卸出。当完成一次翻堆后,链板车在牵引行车上向左移动一个板距后,抬起并返回到前端,并从头开始进行下一次翻堆过程。为了强化通风供氧,还常在发酵池的底部铺设带有缝隙的地板或铺设带有小空的管道,通过风机强化空气的供给。发酵时间和翻堆次数根据物料的具体情况而定,一般情况下,一天翻堆一次,发酵时间通常为 7～10 天。翻堆机行走速度宜在 0～0.4 m/s 可调,最大翻堆深度应不小于 1.6 m,处理能力宜大于 40 m³/h。

该法机械化程度较高,翻搅效果较好,通气阻气小,动力消耗小,此外,链板翻堆机可以做横向移动,池宽不受限制,设备比较紧凑,是比较常用的一种发酵方式。但占地面积大,且由于发酵池是敞开的,气味问题比较严重。

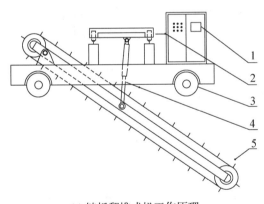

(a) 链板翻堆式机工作原理

1—控制系统;2—横向行走机构;3—纵向行走机构;
4—链板机升降机构;5—翻堆链板

(b) 链板翻堆式发酵池现场

图 5-10 链板翻堆式发酵池

3. 多层发酵塔

多层发酵塔是立式发酵设备之一,它主要有多层搅拌式发酵塔和多层移动床式发酵塔两种(图 5-11)。

多层搅拌式发酵塔由若干层组成,物料从仓顶加入,在最上层,内拨旋转搅拌耙边搅拌翻料、边把物料向中心移动,然后从中央落料口下落到第二层。在第二层的物料则靠外拨旋转搅拌耙的作用,从中心向外移动,并从周边的落料口下落到第三层,以下依此类推。可从各层之间的空间强制鼓风送气，也可不设强制通风，而靠排气管的抽力自然通风。塔内温度从上层到下层逐渐升高。前二、三层物料受发酵热作用升温，嗜温菌起主要作用。到第四、五层进入高温发酵阶段，嗜热菌起主要作用。通常全塔分 5～8 层，塔内每层上物料可被搅拌器耙成垄沟形，可增加表面积，提高通风供氧效果，促进微生物氧化分解活动。一般发酵周期为 5～8 天。可添加特殊菌种作为发酵促进剂，使堆肥发酵时间缩短到 2～5 天。这种发酵仓的优点在于结构紧，占地面积小，搅拌充分，但旋转轴扭矩大，动力费用比较高。

　　除了通过旋转搅拌耙搅拌、输送物料外，也可通过输送带等进行物料的传送，利用物料自身重力向下散落，实现物料和氧气的混合。图 5-11(b)所示是多层移动床式发酵塔，其工作过程与多层搅拌式发酵塔基本相同，不同的是物料是在水平输送带上传送的。水平输送带就像一个"移动床"，且是立式多层的，所以，称之为移动床式发酵塔。

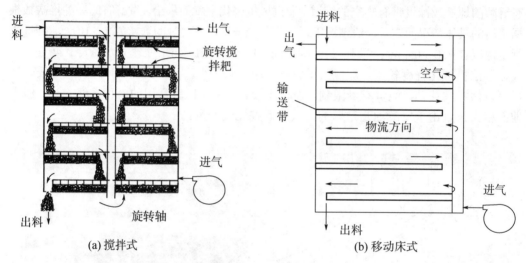

(a) 搅拌式　　　　　　　　　　　　　(b) 移动床式

图 5-11　多层发酵塔

4. 螺旋搅拌式发酵仓

　　螺旋搅拌式发酵仓如图 5-12 所示，它是立式筒仓式发酵的一种形式。经预处理的物料被输送带送到仓中心的上方，然后经输送带均匀地送向仓壁内侧。天桥绕筒仓圆周作"公转"，吊装在天桥下部的多个螺旋搅拌器同时作"自转"。螺旋自下而上提升物料使物料被翻搅，并使物料掺和到正在发酵的物料层中；同时，把物料由仓壁内侧缓慢地向仓的中心移动，并最终由仓中心的出料口排出。物料的移动速度及在仓内的停留时间可用公转速度大小来调节。空气由设在仓底的环状布气管供给。靠近仓壁附近的物料水分蒸发量及氧消耗量较多，因此该处布气管应供给较多的空气，靠近仓中心处的物料可供给较少的空气。仓内温度通常为 60～70℃，停留时间约 5 天。

　　螺旋搅拌式发酵仓结构比较紧凑，占地面积相对较小；由于翻搅发生在发酵物料内部，发酵热的损失较少，物料升温快、发酵效率高；发酵在密闭的仓室内进行，臭味较轻。但内部有运动的部件，维修不方便；物料易结块、通气性能较差等。

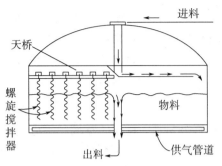

图 5-12 螺旋搅拌式发酵仓

5. 达诺式发酵滚筒

达诺（Dano）式滚筒发酵是回转式发酵方式之一，它的工作过程是：滚筒在齿轮驱动装置的带动下以一定的速度转动，滚筒内的物料在滚筒转动和筒内抄板的带动下被反复抄起、升高、跌落，使物料的温度、水分均匀化，同时获得氧气，以完成物料的发酵处理。此外，筒体安装有一定角度的倾斜，当沿旋转方向提升的物料靠自重下落时，物料会从滚筒的进料段（高端）逐渐向筒体出口端（低端）移动，并最终从滚筒内排出（图 5-13）。达诺滚筒的主要参数为：滚筒直径 2.5~4.5m、长度 20~40m、旋转速度 0.2~3 r/min。通常为连续操作，通风量为 0.1m³ / (m³·min)。若仅为一次发酵，时间只需 36~48 h；若全程发酵，则需 2~5 d 的发酵时间。滚筒填充率（筒内废物量 / 筒容量）小于 80%。

达诺滚筒的主要优点是结构简单、运行管理方便；对不同物料的适应性强、预处理要求低；发酵速度快、生产效率高；可与其它发酵设备组合起来进行大规模自动化生产，是比较广泛采用的好氧发酵设备之一。缺点是物料滞留时间短、发酵不充分，易产生压实现象，通风性能差，产品不易均质化等。达诺式滚筒发酵常用于一次发酵（主发酵）。

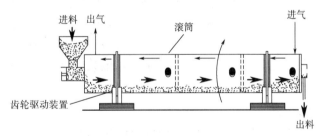

图 5-13 达诺式发酵滚筒

第五节

堆肥腐熟度及堆肥质量要求

一、堆肥腐熟度的评价指标

堆肥腐熟度是指堆肥中的有机质经过矿化、腐殖化过程达到的稳定化的程度。它包含两方面的含义：①通过微生物的作用，堆肥的产品要达到稳定化、无害化，亦即不对环境产生不良影响；②堆肥产品的使用不影响作物的生长。腐熟度是国际上衡量堆肥反应进行程度的一个概念性参数。用于腐熟度评价的指标和方法有很多，其中较常用的有如下几种。

1. 物理评价指标

物理评价指标亦称为感官分析法，直观感觉堆肥不再进行激烈的分解、堆放中的成品温度不再升高、呈茶褐色或黑色、不产生恶臭、手感松软易碎等。该方法具有较强的实际应用性，但需要评价者具有一定的经验，另外该法难以进行定量分析。

2. C/N 比

C/N 比是一种传统的方法，是评价腐熟度的一个常用参数。好氧堆肥过程中，有机物会被大量分解，堆肥中 C 和 N 的含量都会降低，但由于 C 的分解远远大于 N 的转化利用，因此，堆肥结束时，堆肥产品的 C/N 比会明显小于原料的 C/N 比，且该比值越小，说明有机物被转化的更完全，堆肥也就更稳定，腐熟度也就更好。一般认为，C/N 比从初始的 25～35 降低到 15～20，表示堆肥已腐熟，达到了稳定的程度。

3. 挥发性固体

挥发性固体（VS）是指物料中挥发性固体的含量，它反映了物料中有机物含量的大小。在堆肥过程中，由于有机物的降解，物料中 C 的含量会明显降低，堆肥效果越好，被转化掉的 C 就越多。因而，可用 VS 来反映堆肥有机物降解和稳定化的程度，堆肥产品 VS 含量越低，表明其腐熟度越高。

4. 耗氧速率和 CO_2 生成速率

在好氧堆肥化过程中，好氧微生物分解有机物需要消耗 O_2，同时产生 CO_2。好氧堆肥分解的有机物越多，氧消耗的速率就越快[mg O_2/(g·min)]、CO_2 生成的速率也就越大[mg CO_2/(g·min)]。如果堆肥产品腐熟度高，说明有机物已趋于稳定化，就不会再消耗多少 O_2，相应地，也就不会产生多少 CO_2 了。因此，以耗氧速率或 CO_2 生成速率作为腐熟标准是符合生物学原理的。

5. 种子发芽指数

堆肥产品多应用于农业领域，考虑到堆肥腐熟度的实际意义，植物生长试验应是评价堆肥腐熟度的最终和最具说服力的方法。未腐熟的堆肥含有不利于植物生长的成分，甚至毒性物质，对植物的生长产生抑制作用，而腐熟的堆肥含有有利于植物生长的成分，对植物生长能够起到促进作用。利用种子发芽指数不但能检验堆肥产品的肥料品质，而且还能够检验堆肥对植物有无毒性。对堆肥产品，一般要求种子发芽指数 GI 要大于 70%。

种子发芽指数（germination index，GI）是以黄瓜或萝卜种子作为试验材料，用堆肥浸提液进行发芽率试验。GI 计算公式如下：

$$GI = \frac{A_1 \times A_2}{B_1 \times B_2} \times 100\%$$

式中，A_1 为堆肥浸提液的种子发芽率，%；A_2 为堆肥浸提液培养种子的平均根长，mm；B_1 为去离子水的种子发芽率，%；B_2 为去离子水培养种子的平均根长，mm。

除了上述指标之外，腐殖质含量（HS）、水溶性化学成分、化学需氧量（COD）、生物需氧量（BOD₅）、氮素成分变化、阳离子交换量（CEC）、生物可降解指数（BI）、呼吸作用以及波谱分析等指标和方法也可用于堆肥腐熟度的评价，但使用并不普遍。

二、堆肥产品质量要求

腐熟的堆肥产品有多种用途，主要有：用作有机肥或者有机-无机复合肥的生产原料；作为土壤调节剂，用于提高土壤的有机质含量，改善土壤的物理性状，提高其空隙度和持水保水能力等；作为营养土，用于园林绿化的林木和花卉栽培或者水稻育秧基质等。

不论作何用途，堆肥产品都需要符合相关标准。表 5-2 是《畜禽粪便堆肥技术规范》（NY/T 3442—2019）规定的堆肥产品需要达到的标准。

表 5-2　堆肥产品质量要求

技术指标	限值	技术指标	限值
有机质含量（以干基计）/%	≥30	总砷（As）（以干基计）/（mg/kg）	≤15
水分含量/%	≤45	总汞（Hg）（以干基计）/（mg/kg）	≤2
种子发芽指数（GI）/%	≥70	总铅（Pb）（以干基计）/（mg/kg）	≤50
蛔虫卵死亡率/%	≥95	总镉（Cd）（以干基计）/（mg/kg）	≤3
粪大肠菌群数/（个/g）	≤100	总铬（Cr）（以干基计）/（mg/kg）	≤150

如果以堆肥为原料生产商品有机肥料，成品有机肥料必须达到农业农村部标准 NY/T 525—2021。该标准包括与肥料质量有关的"技术指标"（表 5-3）和与卫生安全有关的"限量指标"（表 5-4）两个部分。

表 5-3　有机肥料技术指标

技术指标	限值
有机质的质量分数（以烘干基计）/%	≥30
总养分 N+P₂O₅+K₂O 的质量分数（以烘干基计）/%	≥4.0
水分（鲜样）的质量分数/%	≤30
酸碱度 pH	5.5～8.5
种子发芽指数 GI/%	≥70
机械杂质的质量分数/%	≤0.5

表 5-4　有机肥料限量指标

限量指标	限值
总砷（As）/（mg/kg）	≤15
总汞（Hg）/（mg/kg）	≤2
总铅（Pb）/（mg/kg）	≤50
总镉（Cd）/（mg/kg）	≤3
总铬（Cr）/（mg/kg）	≤150
粪大肠菌群数/（个/g）	≤100
蛔虫卵死亡率/%	≥95
氯离子的质量分数/%	—
杂草种子活性/（株/kg）	—

1. 简述好氧堆肥的定义和基本原理。

2. 简述好氧堆肥过程中三个温度段微生物群落特征及其对物质组分降解的影响。

3. 一个完整的好氧堆肥工艺包括哪几个部分？各部分的作用是什么？

4. 影响好氧堆肥的因素有哪些？它们是如何确定和控制的？

5. 简述静态条堆和翻堆条堆法的工作过程和特点。

6. 简述螺旋翻堆式、链板翻堆式发酵池和 Dano 滚筒式好氧堆肥的工作过程，并对三种方法的特点进行比较。

7. 用一种成分为 $C_{31}H_{50}NO_{26}$ 的堆肥物料进行实验室规模的好氧堆肥化试验，试验结果，每 1000 kg 堆料在完成堆肥化后剩下 200 kg，测定产品成分为 $C_{11}H_{14}NO_4$，试求每 1000 kg 物料堆肥的理论需氧量。

8. 已知：某生活垃圾的含水率为 25%，化学组成为 $C_{31}H_{50}NO_{26}$，可降解挥发性固体（BVS）占总固体（TS）的比例为 60%，假设可降解挥发性固体全部得到了好氧分解；堆肥时间 4 d，这 4 d 中每天需氧量占总需氧量的比例分别为 20%、45%、30%、5%，在堆肥过程中产生的氨气全部进入大气，空气中氧气的质量百分比为 23%，空气的密度为 1.29 kg/m^3，通风装置的安全系数为 2，采用全密闭反应器型堆肥法。试计算：每吨生活垃圾好氧堆肥所需的理论通风量（m^3）和通风装置所需的实际供气能力（m^3/min）。

9. 为了使好氧堆肥原料的 C/N 比达到 25，现将 C/N 比为 200 的木屑和 C/N 比为 6.3 的污泥进行混合，已知污泥的含水率为 80%，木屑的含水率为 15%，污泥的含氮量为 5.6%，木屑的含氮量为 0.1%。试确定两种废物的混合比例。

第六章

城市生活垃圾的厌氧消化

从总体上讲，固体废物可分为有机固废和无机固废两大部分。其中，有机固体废物具有产生量大、环境污染危害更为严重的特点。典型的有机固废有生活垃圾、居民粪便、果蔬和园林废物、市政污泥、畜禽养殖粪便和病死动物、作物秸秆、各类酒糟、醋糟和药渣等。有机固体废物的共同特点是：有机成分含量高、组分复杂、含水率高、容易腐烂变质，产生高浓度的渗滤液并散发臭气，严重污染地下水、地表水和空气，有些有机废物（如人畜粪便）还携带有大量有害致病菌，会传播疾病等。因此有机固废成为我国环境污染治理的关注重点之一。

有机固体废物的有机组分含量高，因此，特别适合采用厌氧生物消化的方法进行处理和利用。通过厌氧消化，可以把有机废物转化成生物能源——沼气，消化残余物可用于生产有机肥料和营养土等，具有污染物处理、可再生能源和有机肥料生产的三重功能。早在1630年，欧洲早期科学家海尔曼就发现了"有机物腐烂过程中可以产生一种可燃气体"。进入20世纪后，科学家成功地分离出了产甲烷的厌氧菌，人们开始逐步认识到有机物厌氧消化产沼气的微生物学机理，并开展了大量的工程应用方面的研究和实践。厌氧消化技术在减少废弃物的环境污染和开发新能源方面正在起着越来越重要的作用。

第一节

厌氧消化原理

一、厌氧消化基本理论

厌氧消化是指有机物在无氧条件下被厌氧微生物转化成沼气（CH_4和CO_2等）的生物转化过程。

由于厌氧消化的原料来源复杂，参加反应的微生物种类繁多，使得厌氧消化过程变得非常复杂。学者们对厌氧消化过程中物质的代谢、转化和各类菌群的作用等进行了大量的研究，但仍有许多问题有待进一步探讨。目前，对厌氧消化的生化转化过程主要有三种见解，即两阶段理论、三阶段理论和四阶段理论。

1. 两阶段理论

该理论是由 Thumm、Reichie（1914 年）和 Imhoff（1916 年）提出、经 Buswell 和 Neave 完善而成的。两阶段理论将厌氧消化过程分成酸性发酵和碱性发酵两个阶段（图 6-1）。在分解初期，产酸菌的活动占主导地位，有机物被分解成有机酸、醇、二氧化碳、氨气、硫化氢等，由于有机酸的大量积累，pH 值随之下降，故把这一阶段称作酸性发酵阶段。之后，产甲烷菌占主导作用，在酸性发酵阶段产生的有机酸和醇等被甲烷菌分解利用，产生甲烷和二氧化碳等。由于有机酸等的分解和所产生的氨的中和作用，使得 pH 值上升，发酵从而进入第二阶段——碱性发酵阶段。到碱性发酵后期，可降解有机物大都已被分解，消化过程趋于完成。

需要特别强调的是，两阶段理论将厌氧消化过程分成酸性发酵和碱性发酵前后两个阶段，只是为了便于理解。实际上，在正常的厌氧消化过程中，酸性发酵的产物会即时被产甲烷菌利用生成沼气，酸性发酵和碱性发酵两个过程实际上是同步进行的（除非人为地分开，如"两相"厌氧消化），通过两者的协同作用完成整个厌氧消化过程。

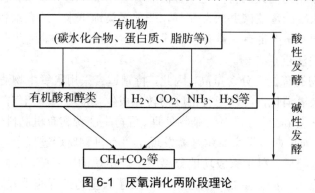

图 6-1　厌氧消化两阶段理论

2. 三阶段理论

厌氧消化三阶段理论是 Bryant 等人于 1979 年提出的（图 6-2）。三阶段理论认为，厌氧消化过程分为水解发酵、产氢产乙酸和产甲烷三个阶段。

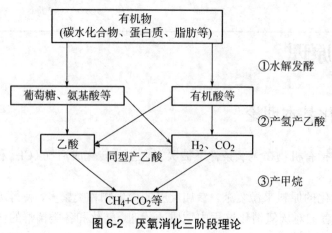

图 6-2　厌氧消化三阶段理论

首先，有机物通过水解发酵被转化成挥发性脂肪酸、醇类、氨基酸、糖类等中间产物；然后，产氢产乙酸菌把水解发酵产物进一步转化为乙酸、氢气和二氧化碳等；最后，产甲烷菌利用乙酸、氢气等生成甲烷和二氧化碳，从而完成整个厌氧消化过程。

相比两阶段理论，三阶段理论对厌氧生物转化过程进行了更为深入的分析，使人们对物质转化途径、微生物学特性有了更进一步的了解。

3. 四阶段理论

四阶段理论是在三阶段理论基础上发展起来的，它对厌氧消化过程中物质组分的转化和微生物特性进行了更为深入的分析。经过这些年来多位研究者的不断完善，形成了四阶段理论的基本框架（图 6-3）。

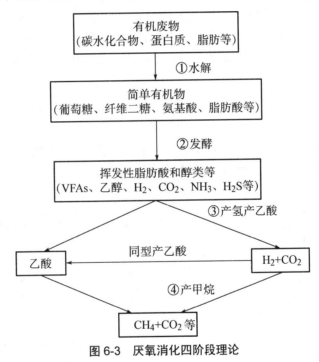

图 6-3　厌氧消化四阶段理论

四阶段理论将厌氧消化过程分为水解、发酵、产氢产乙酸和产甲烷四个阶段，相应的厌氧微生物包括水解菌、发酵菌、产酸菌、产氢产乙酸菌、同型产乙酸菌、互营乙酸氧化菌、乙酸营养型产甲烷菌和氢营养型产甲烷菌等。多种微生物菌群组成了一个复杂的微生物生态系统，它们既相互影响又相互制约，通过多种微生物的协同作用，完成整个厌氧消化过程。

第 I 阶段——水解

水解是复杂的非溶解性聚合物被转化为简单的溶解性单体或二聚体的过程。高分子有机物（如淀粉、蛋白质和纤维素等）因分子质量大，不能透过细胞膜，因此不可能为细菌直接利用。它们需要首先在细胞外酶的作用下水解成小分子物质，这些小分子的水解产物能够溶解于水，并透过细胞膜为微生物所利用。

有机物的组成成分非常复杂，不同组分的水解过程和产物也不一样，如下重点介绍几个最主要的废物组分的水解过程。

（1）淀粉[(C$_6$H$_{10}$O$_5$)$_n$]

在城市生活垃圾、食品加工等废物中常含有大量的淀粉，淀粉是易被微生物降解的组分。淀粉先通过淀粉酶水解成麦芽糖，麦芽糖再在麦芽糖酶的作用下水解成葡萄糖。

$$2(C_6H_{10}O_5)_n + nH_2O \xrightarrow{\text{淀粉酶}} nC_{12}H_{22}O_{11}$$
$$\text{淀粉} \qquad\qquad\qquad\qquad \text{麦芽糖}$$

$$C_{12}H_{22}O_{11} + H_2O \xrightarrow{\text{麦芽糖酶}} 2C_6H_{12}O_6$$
$$\text{麦芽糖} \qquad\qquad\qquad \text{葡萄糖}$$

（2）蛋白质

蛋白质是由二十余种氨基酸脱水缩合得到的，水解反应就是它的逆反应。蛋白质不能直接进入细胞，必须先分解成氨基酸，才能被微生物吸收利用和用于细胞物质的合成。蛋白质水解由蛋白酶和肽酶联合催化完成。蛋白质典型一级结构（化学键）就是肽键（—CO—NH—）。在水解过程中，首先由内肽酶作用于蛋白质大分子内部的肽键上，使其逐步水解断裂，直至形成小片段的多肽；然后由外肽酶作用于多肽的外端肽键，每次断裂释放一个氨基酸。

$$\text{蛋白质} \xrightarrow{\text{蛋白酶（内肽酶）}} \text{蛋白胨} \xrightarrow{\text{蛋白酶（内肽酶）}} \text{多肽} \xrightarrow{\text{肽酶（外肽酶）}} \text{氨基酸}$$

（3）脂肪

脂肪是比较稳定的有机物，但能被厌氧微生物分解。厌氧微生物依靠脂肪酶分解脂肪。在脂肪酶的催化作用下，脂肪水解成甘油和脂肪酸。

脂肪   甘油   脂肪酸

（4）纤维素[(C$_6$H$_{10}$O$_5$)$_n$]

纤维素广泛存在于植物中，纤维素是 B、D-葡萄糖基通过 1,4-糖苷键连接而成的线状高分子化合物。植物原始结构中的纤维素分子含 1400～10000 个葡萄糖基，分子量可能超过 100 万。固体废物如玉米秸、稻草、麦秸、垃圾、糟渣等都含有大量的纤维素。纤维素的水解反应分两步进行：纤维素在纤维素酶的作用下转化成纤维二糖，纤维二糖在纤维二糖酶的作用下转化成葡萄糖。

$$2(C_6H_{10}O_5)_n + nH_2O \xrightarrow{\text{纤维素酶}} nC_{12}H_{22}O_{11}$$
$$\text{纤维素} \qquad\qquad\qquad\qquad \text{纤维二糖}$$

$$C_{12}H_{22}O_{11} + H_2O \xrightarrow{\text{纤维二糖酶}} 2C_6H_{12}O_6$$
$$\text{纤维二糖} \qquad\qquad\qquad \text{葡萄糖}$$

第Ⅱ阶段——发酵

有机化合物同时作为电子受体和电子供体的生物降解过程称为发酵。在此过程中，水解阶段产生的小分子化合物在发酵微生物细胞内转化为以挥发性脂肪酸（VFAs）为主的产物，并分泌到细胞外。这一阶段的末端产物主要有VFAs、醇类、CO_2、H_2、NH_3和H_2S等。由于不同种类微生物对氧化还原平衡和能量需求的要求不同，从而形成了不同的发酵途径和发酵类型，如乙醇型发酵、丙酸型发酵、丁酸型发酵等。

乙醇型发酵是比较有代表性的，其发酵途径如图6-4所示：第I阶段水解产生的葡萄糖通过糖酵解（EMP）途径降解为丙酮酸；在脱氢酶的催化作用下，丙酮酸脱羧生成乙醛，此外，中间还会有H_2和CO_2的产生；乙醛发生歧化反应生成乙醇和乙酸。可以看出，乙醇型发酵的主要产物是乙醇和乙酸，这也是该发酵被称为乙醇型发酵的原因。乙醇型发酵的主要优势菌群为酵母菌属（*Saccharomyces*）和发酵单胞菌属（*Zumomonas*）。

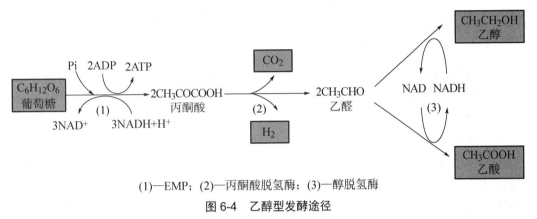

(1)—EMP；(2)—丙酮酸脱氢酶；(3)—醇脱氢酶

图6-4　乙醇型发酵途径

第Ⅲ阶段——产氢产乙酸

在此阶段，发酵阶段产生的各种有机酸和醇等都被转化为乙酸、H_2和CO_2等。由于该过程的主要产物是乙酸和H_2，因此，该阶段也被称为"产氢产乙酸"阶段。该转化过程包括两个途径：一是有机酸和醇等被转化为乙酸、H_2和CO_2等，二是同型产乙酸菌把H_2和CO_2转化成乙酸。其中，主要的产氢产乙酸反应过程如下。

乙醇产氢产乙酸：$CH_3CH_2OH + H_2O \longrightarrow CH_3COOH + 2H_2$

丙酸产氢产乙酸：$CH_3CH_2COOH + 3H_2O \longrightarrow CH_3COOH + CO_2 + H_2O + 3H_2$

乳酸产氢产乙酸：$CH_3CHOHCOOH + H_2O \longrightarrow CH_3COOH + 2H_2 + CO_2$

丁酸产氢产乙酸：$CH_3CH_2CH_2COOH + 2H_2O \longrightarrow 2CH_3COOH + 2H_2$

同型产氢产乙酸：$2CO_2 + 4H_2 \longrightarrow CH_3COOH + 2H_2O$

互营乙酸氧化：$CH_3COOH + 2H_2O \longrightarrow 2CO_2 + 4H_2$

在此过程中，参与活动的主要是产氢产乙酸菌和同型产乙酸菌。产氢产乙酸菌能把各种挥发性脂肪酸等转化为乙酸、H_2和CO_2，主要包括互营单胞菌属（*Syntrophomonas*）、互营杆菌属（*Syntrophobacter*）、梭菌属（*Clostridium*）、暗杆菌属（*Pelobacter*）等。同型产乙酸菌能把H_2和CO_2转化为乙酸，它多为中温菌，如威林格乙酸杆菌（*Acetobacterium willinger*）、伍迪乙酸杆菌（*Acetobacterium woody*）和乙酸梭菌（*Clostridium acetate*）等。

第Ⅳ阶段——产甲烷

在此阶段，甲烷菌利用第三阶段产生的乙酸、H_2和CO_2产甲烷。产甲烷主要通过乙酸营养型和氢营养型两种途径：一是利用乙酸生成CH_4；二是利用H_2和CO_2生成CH_4。

其中，乙酸营养型途径是主要的产甲烷途径，一般情况下，乙酸营养型途径能产生大约70%的甲烷，氢营养型能产生大约30%的甲烷。

乙酸营养型产甲烷途径：

$$CH_3COOH \longrightarrow CH_4 + CO_2$$

氢营养型产甲烷途径：

$$CO_2 + 4H_2 \longrightarrow CH_4 + 2H_2O$$

产甲烷菌菌群包括多种产甲烷菌，主要有产甲烷球状菌属（*Methanosphaera*）、产甲烷杆菌属（*Methanobacterium*）、产甲烷短杆菌属（*Methanobrevibacter*）、和产甲烷八叠菌属（*Methanosarcina*）等。

二、厌氧消化产物

厌氧消化过程中，有机物在微生物的作用下被分解，其中一部分被转化为甲烷、二氧化碳等，并以气体形式释放出来，即人们常说的沼气；另一部分是未消化产物，也就是我们通常所说的沼渣沼液。

1. 沼气

沼气的主要成分是甲烷和二氧化碳，此外还含有微量氮气、一氧化碳、氢气、硫化氢等。沼气中甲烷的含量一般在50%~65%，二氧化碳在35%~50%。沼气的发热量在23000 kJ/m³ 左右，是一种很好的清洁燃料，可用来发电、供热和生产车用燃料。甲烷对人体有麻醉和窒息作用，遇明火会发生燃烧或爆炸。沼气中含有少量硫化氢气体，所以常会有臭鸡蛋的气味。

沼气产量的多少对一个厌氧消化工程具有重要的意义。沼气产生量的计算有多种方法，主要有 COD 法、Buswell 和 Mualler 法和产气潜力试验法（Biochemical Methane Potential，BMP）。

（1）COD 法

在实际中，常采用 COD 来表示有机物的含量，而不去测定具体的有机物成分，因为用 COD 指标代表有机物含量更为方便。因此，常以 COD 为参数计算沼气产量。

COD 法首先需要确定 1kg COD 完全厌氧转化时能够产生多少 CH_4，如果再知道某有机物通过厌氧消化去除了多少 COD，就可以计算出该有机物厌氧消化的甲烷和沼气产量了。

以葡萄糖为例，1kg 葡萄糖完全氧化所需的 COD 量可按下式计算：

$$C_6H_{12}O_6 + 6O_2 \longrightarrow 6CO_2 + 6H_2O \qquad (1)$$
$$180 \qquad 192 \qquad\qquad 264 \qquad 108$$

假定不考虑厌氧菌的细胞合成所需的有机物，1kg 葡萄糖 $C_6H_{12}O_6$ 通过厌氧消化被完全转化时，产生的甲烷量可按下式计算：

$$C_6H_{12}O_6 \xrightarrow{\text{厌氧菌}} 3CH_4 + 3CO_2 \qquad (2)$$
$$180 \qquad\qquad\quad 48 \qquad 132$$

由式（1）可计算出氧化 1kg 葡萄糖需要 192/180=1.067kg 氧，即 1kg 葡萄糖相当于 1.067kg COD；而根据式（2），1kg 葡萄糖完全厌氧转化时可产 48/180=0.267kg 甲烷。

据此，就可以计算出 1kg COD 当量完全厌氧消化时产生的 CH_4 质量，即：

$$\frac{CH_4(kg)/C_6H_{12}O_6(kg)}{COD(kg)/C_6H_{12}O_6(kg)} = \frac{48/180}{192/180} = 0.25kg\ CH_4/kg\ COD$$

也即，去除 1kg COD 可产生 0.25kg CH_4，在标准状况下，其体积为：

$$\frac{250}{16} \times 22.4 = 350L$$

由此可以得出：1kg COD 完全厌氧转化可产生 350L 的 CH_4，同理，可得 1kg COD 完全厌氧消化可产生 350L CO_2。因此 1kg COD 完全厌氧转化时，可得到沼气量（$CH_4 + CO_2$）为 700L。

虽然这里是以葡萄糖为例，但从上面的计算可以看出，1kg COD 完全厌氧转化可产生的甲烷和沼气量与具体物质没有关系。也就是说，不论是什么物质，只要去除 1kg COD 的量，理论上就可以产生 350L 的甲烷或者 700L 的沼气。

据此，只要知道某厌氧消化过程中，原料 COD 的去除量，就可以计算出其完全厌氧转化时甲烷和沼气的产生量。

（2）Buswell 和 Mualler 法

厌氧消化总的生化反应式为：

$$C_nH_aO_bN_d + \left[n - \frac{a}{4} - \frac{b}{2} + \frac{3d}{4}\right]H_2O \longrightarrow \left[\frac{n}{2} + \frac{a}{8} - \frac{b}{4} - \frac{3d}{8}\right]CH_4 + \left[\frac{n}{2} - \frac{a}{8} + \frac{b}{4} + \frac{3d}{8}\right]CO_2 + dNH_3 + 能量$$

以葡萄糖为例，分子式各元素下标代入上式可得：

$$C_6H_{12}O_6 + (6 - 3 - 3)H_2O \longrightarrow (3 + 1.5 - 1.5)CH_4 + (3 - 1.5 + 1.5)CO_2$$

$$C_6H_{12}O_6 \longrightarrow 3CH_4 + 3CO_2$$

可以看出，由总反应式推出的反应式和 COD 法中的式（2）是相同的。当然，该反应式也未考虑细菌细胞合成所消耗的有机物量，只反映有机物厌氧消化全部转化为甲烷和二氧化碳的理论值。因此，只要知道某有机物 $C_nH_aO_bN_d$ 的分子式，就可求出该有机物厌氧消化时 CH_4 和 CO_2 的理论产气量。常见的几种物质完全消化时的产气量情况如表 6-1 所列。

表 6-1　几种典型有机物完全消化时 CH_4 及沼气产量

有机物种类	成分（质量分数）/%		CH_4 和沼气产量/(m^3/kg)	
	CH_4	CO_2	沼气	CH_4
糖类	27	73	0.75	0.375
脂类	48	52	1.44	1.04
蛋白质	27	73	0.98	0.49

注：气体体积是在标准状况下（25℃，101.33kPa）计算的。

（3）BMP 试验法

BMP（Biochemical Methane Potential）是指通过厌氧消化试验确定原料可能的甲烷或沼气产气潜力的一种方法。这种方法最早由 Owen（1979 年）等人提出，后经一些研究者的修正完善，形成了现在被普遍采用的方法。BMP 试验通常采用实验室小型试验装置，在一定条件下，对某一物料进行厌氧消化试验，直到物料完全不产气为止，然后，依据总产气量和投加的物料量，计算出单位干物质的产甲烷量或者产沼气量。该值越大，表明该物料的产气潜力越大。表 6-2 是几种常见废物的产沼气潜力，可供试验研究和工程设计时参考。

表 6-2　几种常见废物的产沼气潜力（BMP）

发酵原料	猪粪	鸡粪	牛粪	马粪	人粪	厨余
产气能力/(m³/kg·TS)	0.42	0.48	0.30	0.34	0.43	0.38
发酵原料	餐厨	果蔬	稻草	麦秸	玉米秸	青草
产气能力/(m³/kg·TS)	0.51	0.42	0.40	0.45	0.50	0.44

2. 沼渣沼液

沼渣沼液含有大量的有机质、N、P、K、腐殖酸和其它微量元素等，是很好的肥料生产原料。通常，从厌氧消化反应器排放出的未消化产物先要进行固液分离，固体部分称沼渣，液体部分就是沼液。沼渣常用作生产有机肥料或者有机-无机复合肥料的原料，也可以加工成土壤调理剂或者基质等；沼液可以直接浇灌到田地里，也可以经过浓缩加工成液态肥料。这样，沼渣、沼液都得到了利用，从而实现废物完全的处理和循环利用。表 6-3 是几种常见废物厌氧消化后沼渣沼液的肥料养分。

表 6-3　厌氧消化沼渣沼液肥料养分

	沼　渣					沼　液			
原料	有机质/%	全氮/%	全磷/%	全钾/%	原料	有机质/(g/L)	全氮/(g/L)	全磷/(g/L)	全钾/(g/L)
猪粪	47.40	2.62	1.99	0.48	猪粪	2.80	2.20	0.04	0.35
猪粪	41.80	2.70	1.93	0.62	猪粪	1.15	0.75	0.03	0.26
鸭粪	53.37	3.41	1.36	0.49	猪粪	1.12	1.45	0.26	0.59
牛粪	55.46	1.62	0.77	1.38	鸡粪	1.29	2.90	0.31	0.31
秸秆	60.30	1.94	0.06	0.23	鸡粪	2.30	5.71	0.12	1.75
牛粪+秸秆	49.53	2.11	1.92	1.85	秸秆	2.72	0.29	0.24	2.93

第二节

厌氧消化影响因素

影响厌氧消化过程的因素有很多，其中主要有接种物、营养元素、消化温度、有机负荷、消化时间、pH 值和碱度、搅拌、有害物质等。

一、接种物

微生物是废物生物处理的根本，只有拥有优质菌种，才能通过匹配相应的工艺和设备，集成高效的生物处理系统。应用于废物厌氧发酵处理的菌种主要通过两个途径获取：①从自然界筛选、驯化和培养获得。例如，从河湖底泥、沼泽地、温泉底泥等处获取厌氧发酵菌种，然后在实验室或者在工程中进行进一步的培养、驯化、扩增，获得可工业化应用的菌种。②从现有厌氧发酵设施中获取。例如，从正常运行的厌氧反应器中取料，或者用其排放出的沼渣沼液培养、驯化。

二、营养元素

厌氧发酵本质上是污染物成分被厌氧微生物作为营养物质利用的过程。微生物细胞的化学组成是了解微生物营养需要的基础，常用通式 $C_5H_7O_2N$ 来表示。这个通式一方面说明在细胞组成上 C、H、O、N 具有主导地位，另一方面也说明这四种化学元素之间存在特定的比例关系。此外，微生物细胞还含有 P、S 和微量化学元素等。对厌氧消化而言，除了需要保持足够的营养量之外，还需要保持各营养成分之间合适的比例，进而为微生物提供"足量"且"平衡"的养分。

碳（C）和氮（N）是微生物生长代谢最主要的营养元素，除了构成细胞物质外，还是主要的能量来源。对微生物的生命活动来说，并不是 C 和 N 含量越高越有利，而是需要维持一定的 C/N 比平衡。厌氧消化过程中，微生物生长代谢最适的 C/N 比在 20～30 之间，C/N 比过高则缺乏 N 元素，且易造成 VFAs 积累，C/N 比过低易导致氨氮抑制等。此外，磷元素（P）也在厌氧消化过程中起重要作用。研究表明，P 可加速厌氧消化过程，使产甲烷出峰时间提前 7～10 天，厌氧消化适宜的 C/P 比为 50～100。

微量元素参与厌氧消化微生物细胞合成代谢和酶的分泌过程，对提高厌氧消化效率、维持系统的稳定也很重要，常见的微量元素是 Fe、Ni、Co、Zn、Se 等。微量元素是多种产甲烷菌的组成成分，不仅参与甲烷合成过程辅酶的合成及酶的分泌过程，还会充当甲烷生产过程中某些氧化还原反应的电子载体。例如，Fe 不仅参与氧化酶及细胞色素的合成，还作为电子载体参与产甲烷过程。研究发现，添加 Fe、Ni 和 Co 可使玉米秸秆厌氧消化的沼气产量提高 35%以上。微量元素缺乏可能会导致 VFAs 积累、pH 值下降等一系列问题，从而影响消化系统的效率和稳定性，但添加过量则会毒害微生物，产生抑制作用。

厌氧消化营养元素是由原料提供的。在实际工程中，不是所有的原料都能够提供合适的 C/N 比、C/P 比和需要的微量元素。当有机废物的某些养分不够或比例失调时，就需要额外添加养分进行调节。例如，当原料中的 N、P 含量不足时，可以考虑添加铵态氮、磷酸盐等加以补充，也可以通过添加其它原料或进行多原料混合厌氧消化等方法加以解决。例如，以 C/N 比、C/P 比高的稻草、麦秸为原料时，可以通过添加 N、P 和微量元素含量高的畜禽粪便进行调节。

三、消化温度

温度是影响微生物生命活动最重要的因素之一，温度对厌氧微生物的生长速率与动力学性能有显著的影响。尽管研究表明厌氧消化可以在一个广泛的温度范围（4～65℃）内运行，但是，厌氧消化并不是温度越高越好。研究发现，厌氧消化产甲烷菌有两个高效率的温度段，即中温段和高温段（图 6-5），由图可以看出，在消化温度由 20℃ 逐渐提升至 45℃ 的过程中，产甲烷菌活性经历了一个由低到高、然后逐渐下降的过程，在 38℃ 温度附近，产甲烷菌活性达到最高；之后，当温度继续升高到 60℃ 过程中，产甲烷菌活性又经历了一个由低到高、然后逐渐下降的过程，并在 55℃ 温度附近，产甲烷菌活性再次达到最高点；在 40℃ 至 50℃ 交会处出现了一个低效厌氧消化区。基于厌氧微生物的这一温度特性，一般的厌氧消化都选择在两个高活性温度段进行，即中温 38℃ 和高温 55℃。

中温和高温厌氧消化各有其优缺点，具体作何选择需要根据具体情况而定。一般来说，由于中温厌氧消化具有热需求量低、操作简便、运行稳定、系统综合能源转化效率较高等特点，目前国内外多数工程都选择中温运行。但对灭菌消毒要求较高或者原料本身温度较高（如酒精发酵废液，温度可高达 60～70℃）的情况下，高温厌氧消化也是很好的选择。

此外，还需要注意，产甲烷菌对温度的急剧变化非常敏感，温度上升过快或出现很大温差时，会对产气量产生不良影响。因此，厌氧消化过程还要求温度相对稳定，一天内的温度变化应保持在 ±2℃ 内为宜。

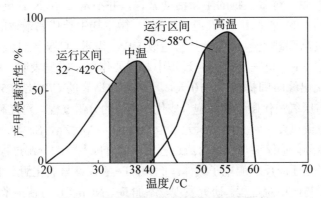

图 6-5　消化温度对产甲烷菌活性的影响

四、有机负荷

加载到一个反应器内的有机物的量一般用有机负荷表示。有机负荷率是指单位时间、单位反应器体积加载的有机物的量，常用 COD 或者 VS 表示，单位为 $kg/(m^3 \cdot d)$。

可加载的有机物的量越大，表示反应器的处理能力和转化效率就越高。过低的有机负荷率会导致厌氧消化系统生产能力降低，但过高的有机负荷率会使微生物难以及时消化，导致系统不能稳定生产、甚至完全停止运行。有机负荷率与消化温度、有机物投加量、有机物生物降解性和消化时间等因素有关，最佳的有机负荷率实际上是由各因素平衡来确定的。厌氧消化有机负荷率的范围变化很大，对一般固体物料，COD 可达 5～10 $kg/(m^3 \cdot d)$、VS 可达 4～6$kg/(m^3 \cdot d)$，甚至更高；对一些易降解的高浓度有机污水，COD 甚至可高达 50 $kg/(m^3 \cdot d)$。有机负荷率是设计厌氧消化反应器的重要参数之一，它既确定了一个反应器的处理能力，也是反应器有效容积设计的主要依据。

根据已知条件,可以通过以下两种计算方法计算出某个反应器的有机负荷率。但是,在原料、反应器型式和工艺等确定的情况下,某个反应器可采用的有机负荷率通常是确定的,此时,就可根据有机负荷率计算厌氧反应器的总有效容积（如例6-1）。

（1）以反应器去除有机物的能力为计算依据,可按下式计算:

$$U_R=(S_O-S_C)Q/V$$

式中,U_R 为反应器的有机负荷率,以 kg COD_{Cr}/(m^3·d) 或 kg VS/(m^3·d)表示;S_O 为进料有机物浓度,以 kg COD_{Cr}/m^3 或 kgVS/m^3 表示;S_C 为出料有机物浓度,以 kg COD_{Cr}/m^3 或 kgVS/m^3 表示;Q 为反应器的设计流量或进料体积量,m^3/d;V 为反应器总有效容积,m^3。

（2）以反应器可投加的有机物的量为计算依据,可按下式计算:

$$U_L=S_OQ/V$$

式中,U_L 为反应器的有机负荷率,以 kg COD_{Cr}/(m^3·d) 或 kg VS/(m^3·d)表示;S_O 为进料有机物浓度,以 kg COD_{Cr}/m^3 或 kgVS/m^3 表示;Q 为反应器的设计流量或进料体积量,m^3/d;V 为反应器总有效容积,m^3。

式中 U_R 能够真实反映反应器的物质转化能力,U_L 能够直接反映反应器的处理能力。在实际工程设计中,使用哪种计算方法需要根据具体情况而定。在设计前,如果已经知道了出料有机物浓度 S_C,可以采用前一种方法,否则,可采用后者。U_R 和 U_L 的确定受多种因素的影响,包括厌氧工艺、物料性质、消化时间和消化温度等,一般需要通过试验或者根据工程经验综合考虑而确定。其中,U_R 常用于高浓度有机废水厌氧消化,U_L 主要用于有机固体废物的厌氧消化。

五、消化时间

厌氧消化时间一般用水力停留时间（hydraulic retention time,HRT）表示。HRT 是指投入反应器的物料在反应器内的平均停留时间,它反映了物料被厌氧微生物消化的平均时间。

一般来说,消化时间越长,物料消化越完全,但所需反应器的有效体积就越大,系统的处理能力就会降低;消化时间短,所需反应器的有效体积就小,但物料消化就会不完全,物料损失就会变大。对不同的物料,消化时间变化范围很大,可以从几个小时到几十天。消化时间受多种因素的影响,但主要取决于物料的生物降解性能。对容易消化的物料,需要的消化时间短。例如,对易降解的高浓度有机污水,只需几个小时即可;而对难以消化的物料,需要的消化时间就要长些,例如,牛粪消化时间一般在 25～30 天,而麦秸、稻草的消化时间可达 60 天。

对某一具体的废物,消化时间一般通过实验室的产气性能试验确定。工程上,实际采用的消化时间还需要与采用的有机负荷率、温度等参数综合考虑。例如,采用中温厌氧消化时,消化时间可以长些,采用高温厌氧消化时,消化时间就可以短些;有机负荷率低时,消化时间可以短些,有机负荷率高时,就需要更长的消化时间。

水力停留时间 HRT 的计算公式如下:

$$HRT=V/Q$$

式中，HRT 为厌氧反应器的水力停留时间，d；V 为厌氧反应器的总有效容积，m^3；Q 为厌氧反应器的设计流量或进料体积量，m^3/d。

需要特别注意的是，HRT 是物料在反应器内的"平均"停留时间，并不是一定是物料的实际停留时间。例如，全混合反应器（CSTR）中，HRT 和物料的实际停留时间就不相同。

六、pH 值与碱度

厌氧消化是一个复杂的微生物生态系统，多种微生物的协同作用才能完成整个厌氧消化过程。研究表明，在一个复杂的厌氧消化系统中，各种厌氧菌群的数量可能达到上百种。不同微生物都有各自最适生长、最低和最高生长 pH 值，因此，如何保持厌氧消化系统合适的 pH 环境，同时满足多种微生物的生长需要是非常重要的。

在复杂有机物的厌氧消化中，产酸阶段可积累挥发性脂肪酸（volatile fatty acids, VFAs），使发酵液酸化、pH 值降低；但随着产甲烷阶段的进行，VFAs 被转化成 CH_4、CO_2 等，可使发酵液重新碱化、pH 值开始升高。通过酸化和甲烷化协同作用，使得厌氧消化系统达到并维持稳定的 pH 值。一般来说，产酸菌能适应较宽的 pH 值范围（3～10），最适生长 pH 值为 5.5～6.5，在此 pH 值范围内，产酸菌活性较强。产甲烷菌能适应的 pH 值范围较窄（6.5～8.2），最适生长 pH 值为 6.8～7.2，在此 pH 值范围内，产甲烷菌活性较高。对一个包含多种酸化和甲烷化菌群的厌氧消化系统，一般认为，最适 pH 值为 6.6～7.5，超过这个范围，厌氧消化效率和稳定性将会受到影响。

在一定的 pH 值波动范围内，厌氧消化系统可以通过自身的碱度进行自我调控。碱度是发酵水溶液中和酸的能力，它包括 HCO_3^- 和 CO_3^{2-} 等。发酵料碱度的高低主要受 VFAs 的产生与消耗、CO_2 的溶解与释放等因素的影响。由于碱度的存在，厌氧消化系统会具有一定的自我调节 pH 值的缓冲能力。

例如，当厌氧反应器超负荷运行或受不良条件冲击时，会造成 VFAs 的积累，导致系统 H^+ 浓度升高和 pH 值降低；此时，厌氧缓冲体系中的 HCO_3^- 和 CO_3^{2-} 就会与 H^+ 反应，转变成 CO_2，系统 H^+ 浓度降低、pH 值就会升高。一旦 VFAs 被产甲烷菌利用并被转化成 CH_4 和 CO_2，碱度即可重新形成。

$$2H^+ + CO_3^{2-} \longleftrightarrow H^+ + HCO_3^- \longleftrightarrow CO_2 + H_2O$$

如果厌氧消化系统中没有足够的 HCO_3^- 和 CO_3^{2-} 的存在，缓冲能力不够，VFAs 就容易积累，系统就容易产生"酸化"现象。一旦系统出现了"酸化"，受破坏的厌氧消化体系需要很长的时间才能恢复，严重时系统会完全"崩溃"而无法运行。因此，当 pH 值变化过大、超过系统自身缓冲能力时，就需要通过添加酸性或碱性物质加以人为调节，常用的 pH 值调节剂有石灰、酸等。

七、搅拌

搅拌是影响厌氧消化过程和效率的因素之一。搅拌的作用是多方面的，包括：使反应器内物料浓度分布均匀，物料与厌氧微生物充分接触，形成良好的传质条件；阻止反应器内物料的沉淀和浮渣层的形成；改善热量传递，使得反应器内的温度均匀，保证厌氧微生物的活性稳定；及时排出厌氧消化产生的硫化氢、氢气等对产甲烷菌生长活动有害的气体，保证产甲烷菌的健康生长。

搅拌涉及搅拌器的结构型式设计和不同型式反应器的配置、搅拌参数设置等。对不同型式的反应器、不同性质和固体含量的物料，都需要采用不同的搅拌器和不同的配置；搅拌参数涉及搅拌速度、时间和频率等，这些需要通过模拟或者试验台进行专门的研究。通过搅拌能有效提高产气量及消化效率，同时缩短反应周期。研究表明，不同搅拌转速、搅拌时间和频率对稻草厌氧消化产气性能都有影响，例如，搅拌转速为 80 r/min 时获得最高单位 VS 产气量（430.6 mL/g），并显示出较高的微生物活性与系统稳定性；不同有机负荷率条件下，搅拌间隔为 2～10 小时有利于防止漂浮层的形成并提高厌氧消化能量转化效率；每 10 小时搅拌 2 小时的运行方式能同时兼顾浓缩污泥厌氧消化的处理效果和搅拌的能耗。

对流动性好的均相物料（如高浓度有机废水），搅拌相对容易，一般问题不大；但对固体含量高、流动性不好的非均相复杂物料（如垃圾、秸秆、粪便等），搅拌就会困难许多，且搅拌会显得更加重要。

八、有害物质

固体废物中含有多种物质组分、成分非常复杂，其中含有一些对微生物有毒性或对其生长活动有抑制作用的物质。这些毒性物质的存在会对厌氧消化产生不利的影响，严重时可导致厌氧消化系统无法运行。例如，生活垃圾尤其是未分类收集的垃圾，其中就混杂有毒有害物质，如汞、甲酚、废弃药品等，畜禽粪便也常含有抗生素和重金属等，这些对厌氧微生物都有毒性作用。如果某种废物含大量的有害物质，就不适宜采用厌氧消化的方法进行处理了，或者只有把有害物质去除后，才可进行厌氧消化。

【例 6-1】某养猪场计划建设一个利用猪粪和玉米秸为原料的联合厌氧消化工程，采用的是全混合厌氧消化反应器（CSTR）。需要日处理 300 吨猪粪和 100 吨秸秆，其中，猪粪含水率 85%，VS/TS 比 60%；玉米秸含水率 10%，VS/TS 比 90%。试计算：①如果采用 15%TS 的进料浓度，混合料需要补充多少吨的水？②如果采用 3.0 kgVS/(m³·d) 有机负荷率（OLR），则需要的 CSTR 反应器有效体积是多少？水力停留时间（HRT）应该是多少？③如果厌氧消化的 VS 去除率是 60%，去除单位 VS 的产气率是 450 m³/t VS，则该工程每日可产多少沼气？

解：①设需要补充 X 吨水，根据 TS 计算公式可列出

$$\frac{300\times(1-85\%)+100\times(1-10\%)}{300+100+X}=15\%$$

得 X=500 吨，亦即需要补充 500 吨的水。

② 设反应器有效容积为 $V(\text{m}^3)$，则根据公式 $U_\text{L} = S_0 Q / V$

$$3 = \frac{[(1-85\%) \times 60\% \times 300 + (1-10\%) \times 90\% \times 100] \times 1000}{V}$$

得 $V = 36000 \text{ m}^3$。

根据公式 $\text{HRT} = V / Q$，则

$$\text{HRT} = \frac{36000}{300+500} = 45\,(\text{d})$$

因此 CSTR 反应器需要的有效体积为 36000m³，水力停留时间为 45d。注意：这里假设秸秆完全浸入水中，没有考虑其所占体积。

③ 沼气产量计算

$$[300 \times (1-85\%) \times 60\% + 100 \times (1-10\%) \times 90\%] \times 60\% \times 450 = 29160\,(\text{m}^3)$$

因此每日可产沼气 29160m³。

第三节

厌氧消化工艺与反应器

一、厌氧消化工艺

根据物料的物理性状、厌氧消化温度、进料方式、相分离等，可将厌氧消化工艺划分为多种形式。

1. 物理性状

根据消化物料的物理性状，可将厌氧消化分为湿式厌氧消化和干式厌氧消化。

湿式厌氧消化是指物料含水率高、有充分流动水情况下的厌氧消化。湿式厌氧消化主要用于含水率比较高的废物，如泔水、水冲粪、污泥、发酵废液等。在湿式厌氧消化情况下，物料呈比较充分的流动状态，具有比较好的传质传热性能、输送性能和抗抑制性能，消化效率比较高，是最为常用的厌氧消化方式，但存在大量沼液排放问题。根据物料 TS，可把湿式厌氧消化分为低固（低于 5%）、中固（6%～10%）和高固（大于 10%）厌氧消化。

干式厌氧消化是指物料含固率高、无流动水情况下的厌氧消化。干式厌氧消化物料的固含量一般在 20%～40% 之间。在该含固量情况下，物料中无流动的自由水，物料呈堆积、非流动状态。干式厌氧消化的优点是：反应器体积小、容积产气率高，没有沼液或者只有少量的沼液产生，解决了湿式厌氧消化大量沼液的排放和可能的二次污染问题。它比较适合于含固率比较高的有机废物的处理，如厨余垃圾、各类糟渣、秸秆、养殖场的干清粪等。

但是，干法厌氧消化传质传热性能差、容易产生酸化抑制、进出料和输送比较困难。研究表明，对大多数物料，TS 含量在 20%～30% 左右较为适宜；当物料 TS 含量超过

30%时，产气量则明显下降。因为当物料含水过低，底物浓度就会很高，在消化过程中产生的有机酸因得不到稀释而大量积累，常导致 pH 值严重下降，使消化料酸化，严重时导致干消化失败。为了防止酸化现象的产生，常通过大量循环已发酵物料（熟料）来中和有机酸或者通过增加接种量来解决。熟料循环量一般为进料量的 3 倍以上，这会明显降低干发酵系统的实际处理能力和生产效率。

2. 厌氧消化温度

根据消化温度，可将厌氧消化工艺分为常温消化、中温消化和高温消化。

通常所说的常温消化并没有一个严格的温度范围，一般是指常规自然环境温度下的消化。它可从 10℃ 到 20℃ 以上，随自然环境气温变化，无人为的温度控制。常温消化的温度变化大、沼气产量不稳定、转化效率低，因此，主要用于自然气温较高的南方地区的农村户用小沼气，在寒冷的北方地区不会采用，也不会用于规模化的大中型沼气工程。

中温消化的温度一般控制在 38℃ 左右，由于温度较高，转化效率高，沼气产量稳定，同时，维持中温所需的能量又不是很多，能量的投入/产出比较好，因此，在大中型沼气工程得到了比较普遍的应用，是目前采用最多的消化工艺。

高温消化温度一般控制在 55℃ 左右，其优点是消化效率高、处理时间短、产气量高，并能有效灭杀有害病原菌，但维持高温所需的能量多，能量的投入/产出比不是很好，因此，一般只用于需要消毒灭菌、卫生要求比较高的厌氧消化（如粪便），或者原料本身温度较高（如发酵废液）的情况。

3. 进料方式

根据进料方式，可把厌氧消化分成批式、半连续式和连续式消化三种。

① 批式消化是指物料一次投入反应器、消化完成后一次排出，然后再重新换入新的物料进行下个批次的消化。这种消化方式比较简单，但生产不连续、产气不均衡、生产效率比较低。常用于测定物料产气潜力、观察消化产气规律的实验研究或小型沼气工程。

② 半连续式消化是按照一定的时间间隔，定期向反应器投放一定量的原料、并同时排出消化料，以保证反应器内可消化物料的稳定和比较均衡的产气，常用于垃圾、污泥、粪便等固体含量高物料的大中型沼气工程。

③ 连续式消化是指按一定的负荷量连续进料和出料。该工艺可以更加稳定地为反应器提供消化原料，使产气更加稳定、连续和均衡，生产效率较高。常用于高浓度有机废水厌氧处理方面。

4. 相分离

根据厌氧消化两阶段理论，厌氧消化过程由酸化与甲烷化两个阶段组成（图 6-6）。各阶段起主导作用的微生物是不同的。在酸化阶段，起主导作用的是水解酸化菌，水解酸化菌繁殖速度较快，并需要酸性条件。在甲烷化阶段，起主导作用的是产甲烷菌，产甲烷菌繁殖速度较慢，并需要中性条件。通常的厌氧消化采用的都是单个反应器（单相），把两种生长速率、环境条件要求完全不同的微生物限制在同一个反应器中，是不可能同时满足两者的最适生长需要的，因而会影响系统的厌氧消化效率。基于此，研究开发出了两相厌氧消化法，它是将酸化过程和甲烷化过程分开在两个反应器内进行，以使两类微生物都能在各自最适条件下生长。两相厌氧消化系统由两个厌氧反应器串联组成,有机物先在第一个反应器内进行水解酸化,形成的产物再进入第二个反应器进行甲烷化,两者结合完成整个厌氧消化过程。

两相厌氧消化可采用较高的有机负荷率,对负荷波动、pH 值、毒性物质等的抗冲击能力较强,运行稳定可靠,沼气产量和沼气中甲烷含量较高;但也有设备较多、工艺流程和操作相对复杂等缺点。

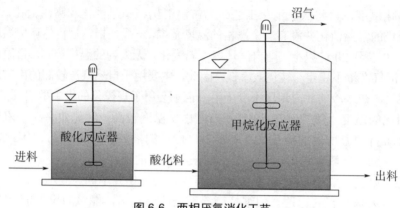

图 6-6　两相厌氧消化工艺

二、厌氧消化反应器

厌氧消化反应器有多种型式,反应器的选择主要依据消化物料的理化和生物学性质来定。对高浓度有机废水、畜禽粪便等流动性较好的均相物料,可选择的反应器种类较多;但对生活垃圾等固体含量高、流动性差的多相复杂物料来说,反应器的选择受到的限制就比较多,因为它不仅要考虑厌氧消化本身问题,还需要考虑进料、出料和搅拌等方面的问题。这里仅介绍几种主要用于固体物料和高浓度有机废水的厌氧消化反应器。

1. 户用沼气池

户用沼气池(household small digester)是最简单的小型厌氧反应器,它有多种型式,最常见的是椭球形的。它可以用钢筋混凝土浇筑,可以砖砌,也可以是高分子材料成型的。图 6-7 是典型的"水压式"椭球形沼气池,由玻璃钢材料预制而成。该沼气池主要由发酵间、进料管、出料间、导气管等几个部分组成,它们相互联接,组成一体。

户用水压式沼气池的工作原理如图 6-8 所示。当投入的物料开始厌氧发酵时,池内便产生沼气。随着发酵间(同时也是储气间)内的沼气不断增多,压力不断增高,沼气池内的液面开始下降,一部分料液会被压到出料间并排出。当用户打开炉灶开关用气时,通过发酵间存在的压力,就会把沼气输送到沼气灶;同时,发酵池内的压力会由于沼气量的减少而逐渐下降,水压间料液不断流回发酵池内,液面差逐步减少,压力也逐步减小,并达到新的平衡。之后,随着不断的进料和用气,上述过程会重复进行。

这种沼气池由于通过压力排料和输送沼气,因此,也称"水压式"沼气池。水压式沼气池的优点是:建造成本低,运行简单,运行管理简便,可以消化多种物料。但是它没有加热装置,依靠自然温度发酵,发酵和产气不稳定;也没有搅拌装置,物料难以破碎，池内浮渣容易结壳，发酵效率不高。因此，一般只用于农村户用沼气的生产，在我国农村地区推广应用非常广泛。

图 6-7　成型的户用玻璃钢沼气池

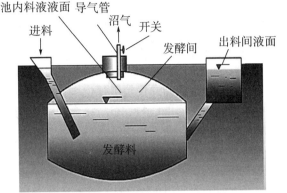

图 6-8　户用水压式沼气池工作原理

2. 升流式固体床反应器

升流式固体床反应器（upflow solid bed reactor，USR）（图 6-9 和图 6-10）的下部是含有高浓度厌氧微生物的固体床，上部设置挡渣板。发酵原料通过反应器底部的布水系统进入，依靠进料和所产沼气的上升动力按一定的速度向上升流。为强化传质效果，有时也配有中心和侧搅拌装置。物料通过高浓度厌氧微生物固体床时，有机物被厌氧消化分解产生沼气，上清液从反应器上部溢出，排出反应器。在上部挡渣板的作用下，未消化的颗粒物料和发酵微生物靠自然沉降，并滞留于反应器下部。这样，可以得到比水力滞留期（HRT）高得多的固体滞留期（SRT）和微生物滞留期（MRT），从而提高了固体有机物的分解率和消化效率。

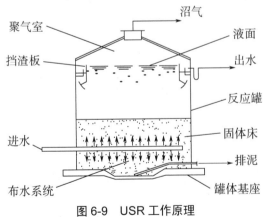

图 6-9　USR 工作原理

图 6-10　USR 工程应用

这种反应器的优点是：在重力的作用下，密度较大的固体与微生物靠自然沉降作用积累在反应器下部，使反应器内能够始终保持较高的固体量和生物量，具有较长的 SRT 和 MRT，因此，USR 在较高负荷条件下也能稳定运行；由于 SRT 较长，物料能够得到较为彻底的消化，悬浮固体（SS）去除率在 60%～70%，消化效率和产气效率高。缺点是：进料固体含量不能太高，TS 一般不能高于 5%～6%，否则，大量未消化物会滞留在反应器的底部，占用有效发酵空间，并会导致布水管堵塞等问题；此外，含纤维素较高的物料（如秸秆和牛粪等），还会产生较多的浮渣，表面容易结壳等。

USR 适用于处理 TS 不太高的物料，在我国畜禽养殖行业粪便、粪水处理方面有比较多的应用；也适合于大中沼气工程，国内最大的 USR 单体反应器体积达到了 8000m³。

3. 完全混合式反应器

完全混合式反应器（completely stirred tank reactor，CSTR）（图 6-11 和图 6-12）的主要特点是在反应器内设置了强化搅拌装置。通过其搅拌作用，使得反应器中的液体、固体和微生物始终保持均匀混合与接触，消化物料始终处于动平衡状态，因而具有如下优点：反应器内物料和微生物能够充分混合，增加了物料与微生物的接触机会和传质效率，消化效率高；反应器内温度分布均匀，有利于微生物均衡生长；迅速分散原料和反应过程中产生的抑制物质，避免其对微生物的不利影响；对不同物料的适应性强，是高固体含量物料和多原料混合（如生活垃圾、畜禽粪便、秸秆等）厌氧消化最为常用的反应器。缺点主要是：能量消耗较高、大型反应器难以做到完全混合；存在物料"短流"问题，也即当天的出料含有昨天以及之前投入的未消化完全的物料，物料损失比较大。

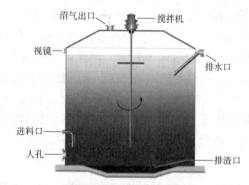

图 6-11　CSTR 工作原理

图 6-12　CSTR 工程应用

4. 推流式反应器

推流式反应器（plug flow reactor，PFR）（图 6-13）是一种卧式长方形或圆筒形的反应器。发酵原料从反应器的一端进入，呈"活塞式"推移状态向反应器另一端推进，在此过程中进行厌氧消化。反应器分为两种类型，一种是不带搅拌器的，依靠反应器内沼气提供垂直的搅拌作用，物料在反应器内无纵向混合，发酵料借助于进料的推动作用向前推动；一种是带搅拌器的，物料依靠搅拌器进行混合，同时向前推送物料直至出料段。搅拌器可以是轴向布置的（一般是一个长轴搅拌器）、也可以是径向布置的（一般是多个短轴搅拌器组合）。PFR 进料端呈现较强的水解酸化作用，甲烷的产生随着向出料方向的流动而增强。瑞士 KOMPOGAS 反应器是一种典型的推流式反应器（图 6-14）。

这种反应器的结构简单，容易建造，运行方便；对物料的适应性强，能够消化固体含量比较高的物料；能较好地保证原料在沼气池内的滞留时间。但其前后段物料不平衡，进料端负荷大，越往后负荷越小，导致反应器长度方向发酵不均衡，从而降低整体消化效率；进料端缺乏接种物，所以一般要设置物料回流系统，以使整个长度方向上都能够进行相对均匀的厌氧发酵；部分固体物料可能沉集于底部，影响反应器的有效体积。

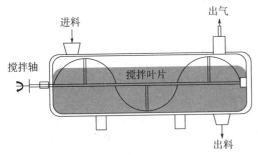

图 6-13　PFR 工作原理　　　　　　　图 6-14　KOMPOGAS 推流式反应器

5. 升流式厌氧污泥床反应器

升流式厌氧污泥床反应器（upflow anaerobic sludge blanket reactor，UASB）是由荷兰 Lettinga 教授等在 1972 年研制成功的。UASB 由底部的配水系统、颗粒污泥床、悬浮污泥床、气-液-固三相分离器、出气口和出水堰等组成（图 6-15 和图 6-16）。

物料通过底部的配水系统进入反应器，然后自下而上地通过颗粒污泥床和悬浮污泥床，大部分的有机物在这里通过厌氧消化被转化为沼气；沼气附着在颗粒污泥和未消化的物料上，形成气、液、固三相混合物，一起向上运动，当到达反应器上部时，通过三相分离器的作用，完成气、液、固三相的分离。被分离的沼气从上部导出，出水从出水堰流出反应器，颗粒污泥则依靠自身重力的作用向下沉降。一部分颗粒污泥由于沼气的搅动和气泡粘附，形成了悬浮污泥区；其余部分污泥则沉降到反应器的底部，形成固定的颗粒污泥区。可以看出，该反应器主要依靠颗粒污泥区和悬浮污泥区中的微生物对物料进行厌氧消化，因此，如何保持颗粒污泥区和悬浮污泥区的微生物量和微生物活性至关重要。

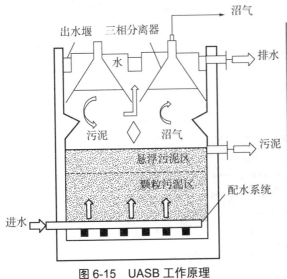

图 6-15　UASB 工作原理　　　　　　　图 6-16　UASB 工程应用

UASB 的主要优点是：有机负荷率高、消化效率高、无需搅拌、抗冲击载荷能力强、能适应温度和 pH 值等的变化。对一般的高浓度物料，当水温在 30℃ 左右时，负荷率可达 10～20kg COD/(m³·d)。但这种反应器需要物料有较好的流动性，且不能含有较高的悬浮固体（一般控制在 1000mg/L 以下）。如果进料中悬浮固体含量较高，会造成无生物活性固体在污泥床区的积累，从而大幅度降低污泥活性并使污泥床层受到破坏。因此，UASB 不适合固体含量高的废物（如垃圾、秸秆等）的厌氧消化，在国内外主要用于高浓度有机废水的厌氧消化。

6. 干发酵反应器

干发酵反应器（dry fermenter）有多种型式，有卧式和立式的，有批式、半连续式和连续式的。这里重点介绍在国内外使用比较普遍的两种型式：车库式和 DRANCO 干发酵反应器。

车库式干发酵反应器是一种批式反应器。它通常由若干个发酵间组成，因发酵间型式如车库，因此，常称"车库式"厌氧发酵。每个发酵间实际就是一个厌氧反应器，采用批式进料和出料（图 6-17 和图 6-18）。一批物料发酵结束后，用铲车把发酵料从车库中铲出，再开始下一批进料和发酵。若干个发酵间按顺序循环进、出料，可以实现废物的分批处理和相对稳定的沼气产出。

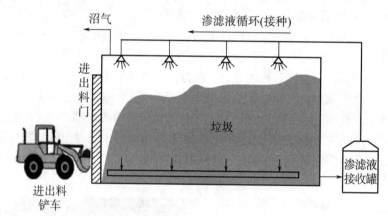

图 6-17　车库式干发酵工作原理

图 6-18　车库式干发酵工程应用

工作过程是：首先，在发酵间外把原料的养分和水分调节好，然后用铲车把物料加入发酵间，关闭好密封大门，使发酵间的物料处于厌氧状态，开始干发酵过程。发酵过程中产生的渗滤液被循环到顶部，通过喷洒装置喷洒到发酵间内的物料上。渗滤液循环既可以保证车库内物料水分的均匀分布，同时，又起到不断接种发酵微生物的作用。

车库式干发酵反应器结构简单、建造费用低；生产工艺简单、运行成本低；无需复杂的预处理、适合于多种废物的处理；反应器内没有运动部件、维修简单等。它既可以用于中小规模的废物处理，也可以用于大规模的废物处理。但是，进料为批式，不适合用于需要连续处理的废物，此外，沼气产出不连续、不均衡，对后续沼气的使用会有一定影响。

DRANCO 反应器（图 6-19 和图 6-20）是一种筒仓式的立式干发酵反应器，可以连续或半连续式进、出料。其工作过程如下："原料"（原生垃圾）经筛分除杂后，有机组分与从反应器内排出的"出料"（亦即"熟料"）按一定的比例在混合器内充分混合和接种，调节含水率，并经蒸汽加热后，通过高压泵打到反应器的顶部；通过顶部的布料器把混合料均匀分散到反应器内的顶层；发酵完成的物料从底部不断排出，顶部的物料依靠重力相应地向下移动，直至移动到反应器底部被排出。物料在反应器内的水力停留时间大约 20 天，甲烷产率在 60～100m³/t 原料。

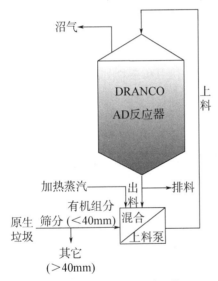

图 6-19　DRANCO 干发酵工作原理

图 6-20　DRANCO 干发酵工程应用

该工艺的特点是：对物料的适应性强，适用于生活垃圾、餐厨垃圾和城市污泥等多种有机废物的处理；可以在含固率 25%～40%条件下稳定运行，残余沼液产生量较少或不产生；反应器内没有搅拌器等运动部件，不易产生故障问题，能耗也比较低；发酵温度可选择中温（38℃），也可以是高温（55℃）。但是，送入反应器内的物料本身并不含有微生物菌种，反应器内也没有搅拌装置，高固体含量的物料送入反应器后，很快就会产生大量有机酸，导致有机酸的积累。因此，通常需要通过在反应器外循环大量"出料"以解决接种和酸化问题。

在发酵原料进入反应器前，足够量的"返料"（亦即"熟料"）和"原料"在混合装置中进行混合，然后再送入反应器顶部。"返料"和"原料"的混合比例也称"返料比"，在此工艺中，"返料比"最高可达 3～6。也就是说，投加 1 吨"原料"需要混合 3～6吨的"返料"，这会导致系统的处理能力明显降低，这是该工艺的主要缺点。

由于DRANCO反应器一般是筒仓式的，单体反应器的体积可以很大，并且可以进行连续式或半连续式进出料，处理能力比较大，因此，一般用于大规模的固体含量高的有机固废（如城市垃圾）的处理，该工艺在欧洲有着比较广泛的应用。

第四节

厌氧消化技术工程应用

一、餐厨垃圾湿式厌氧消化

餐厨垃圾也称餐饮垃圾，是指餐馆、饭店、单位食堂等产生的剩饭剩菜等。餐厨垃圾具有含水率高（80%～90%），蛋白质、动植物油脂和碳水化合物等占比高，易生化降解等特点。因此，特别适合采用湿法厌氧消化进行处理。

图6-21是国内一个典型的餐厨垃圾湿式厌氧消化工艺。整个工艺流程包括预处理、湿式厌氧消化、沼气利用、油脂利用、沼渣沼液处理利用和杂物处理等。

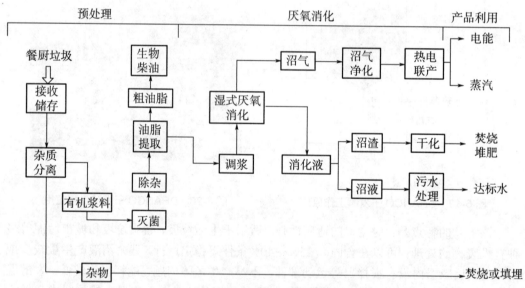

图6-21　餐厨垃圾湿式厌氧消化工艺

（1）预处理

预处理环节包括杂物分离、打浆、高温灭菌、油脂分离、调浆等。

首先通过分离，去除大尺寸杂物，如纸质和塑料类杯子、餐盘、一次性筷子、大骨头等，然后通过打浆获得有机浆料。有机浆料进入高温灭菌、二次除杂和油脂分离环节，通过高温灭杀有害病菌，以保证最终排出的沼渣沼液在后续深度处理和再利用时不会造成环境危害。同时，通过提升垃圾的温度（一般在80℃以上），让餐厨垃圾中含有的动植物油脂黏度变低，并在搅拌作用下上浮到物料表面，实现油脂的分离，油脂用于生产生物柴油等。脱油后的有机浆料进行进一步调浆，对各组分进行充分混合和均质化，之后进入厌氧消化反应器。

（2）湿式厌氧消化

餐厨垃圾含有多种组分，组分复杂，因此，一般都采用全混合厌氧消化反应器（CSTR）。餐厨垃圾一般都采用高温厌氧消化（55℃），以确保能够充分地灭杀有害病菌；消化时间 30 天左右，有机负荷率可达 $5\sim6kgVS/(m^3 \cdot d)$，VS 转化率可达 80%～90%，沼气产率在 500～600L/kgVS。在反应器中，垃圾中大部分可生物降解的组分会被厌氧微生物转化成沼气，未被转化的部分形成沼渣沼液。

（3）沼气利用

沼气可以用于发电、生产蒸汽或者提纯后生产"生物天然气"。沼气中含有 CH_4、CO_2、H_2S 和 H_2O 等组分，需要预先去除其中的 H_2S 和 H_2O，以防止对发电设备和锅炉的腐蚀。目前，我国有专门的沼气发动机和沼气锅炉。沼气提纯方法有化学吸收、压力水洗、变压吸附和膜分离等，提纯后的沼气可以达到常规化石天然气的质量水平，也称"生物天然气"，它可以完全替代化石天然气用于车用燃料、注入管网等。

（4）油脂利用

从餐厨垃圾中分离的动植物油脂可以用于生产多种化工产品，如生物柴油和肥皂等。对规模较大的餐厨垃圾处理厂，由于油脂产生量大，常在处理厂内同时建设油脂加工车间生产生物柴油。对中小规模的处理厂，分离出的油脂一般不自己处理，大多出售给专业的油脂加工企业，可以获得一定的经济收益。

（5）沼渣沼液处理利用

发酵残余物经固液分离后得到沼渣和沼液。沼液一般送污水处理厂和生活污水一起处理，达标后排放。沼渣进一步好氧发酵，生产有机肥料或者营养土，用于农田或者园林绿化等。

（6）杂物处理

在预处理环节分离出来的杂物，含有各种难以利用的组分，一般都运往垃圾焚烧厂或者卫生填埋场，和其它垃圾一起作焚烧或者填埋处置。

通过如上湿式厌氧消化处理，实现了餐厨垃圾的污染治理、清洁能源生产、有机肥料循环利用。在我国，目前超过 90%以上的餐厨垃圾项目采用湿式厌氧消化技术进行处理。

二、厨余垃圾干法厌氧消化

厨余垃圾是指家庭产生的生活垃圾，主要是家庭剩饭、剩菜、果蔬、下脚料等。厨余垃圾的有机物含量较高，因此，仍然适合采用厌氧消化方法处理。另一方面，厨余垃圾的含水率相对较低，一般在 60%～80%之间，不适合采用湿法厌氧消化技术，干法厌氧消化就成了最常用的选择。

图 6-22 是国外某城市采用 DRANCE 干法厌氧消化反应器的工艺，整个工艺流程包括预处理、干式厌氧消化、沼气净化与利用、沼渣处理利用和杂物处理等。

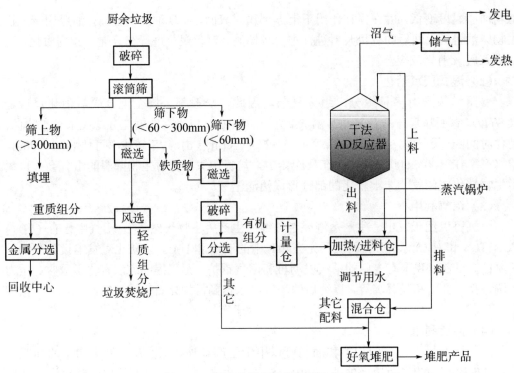

图 6-22　厨余垃圾干法厌氧消化工艺

（1）预处理

由于厨余垃圾的组分比较复杂，为了去除杂质和改善物料形态，在进入厌氧消化反应器前需要进行预处理。预处理包括破碎、筛分、磁选、分选和配料等。

垃圾首先要进行破碎处理（一般是粗破碎），以减小大块物料的尺寸和利于筛分。然后，通过滚筒筛进行筛分，大尺寸的筛上物一般是无机物，分离出来后进行填埋；中尺寸的筛下物主要是废塑料和金属类杂物等，经过磁选、风选等分离出重质组分（主要是金属类），其它的轻质组分送焚烧厂；小尺寸的筛下物以有机组分为主，是厌氧消化的原料，该部分的物料需经进一步的磁选、破碎（细破碎）和分选，以获得品质更好的厌氧消化有机原料。

（2）干式厌氧消化

厌氧消化包括上料、厌氧消化和出料三个部分。通过预处理获得的有机组分通过计量后进入进料仓。由于干发酵固含量高，容易酸化，因此，需要把部分"出料"（亦即"熟料"）和有机组分在进料仓中进行混合，一方面起到给进料接种的作用，另一方面防止物料加入反应器后发生酸化。此外，在进料仓还要进行水分调节（如果需要的话）和预加热。因为，反应器内没有设置加热装置，为保持反应器内的发酵温度，需要在进料仓内进行加热，以保证反应器内一定的发酵温度。经调节和加热后的物料通过高压螺杆泵送入反应器顶部，并通过布料器均匀分布到反应器中，之后厌氧消化开始，直到物料从反应器底部排出，厌氧消化结束。消化完的物料依靠自身重力和出料泵从反应器底部排出，一部分"出料"进入进料仓用于接种，其余部分外排到混合仓，和其它配料一起进行好氧堆肥，最终得到堆肥产品。

（3）沼气利用

沼气的净化与利用与餐厨垃圾的基本相同，净化后的沼气可用来发电、供热或者提纯制备"生物天然气"。

（4）沼渣处理利用

由于干法厌氧消化进料含水率低，一般不产生沼液，因此，不存在湿法厌氧消化产生的沼液处理问题，这也是干法厌氧消化最重要的优点之一。出料（沼渣）部分用于回流接种，其它部分用于好氧堆肥，生产堆肥产品。

图6-23是采用该干法厌氧消化工艺处理厨余垃圾时，系统的物料平衡计算结果。通过该图可以看出，100吨含固率35%的厨余垃圾，通过厌氧消化后，有11%被转化成了沼气，29%被转化成了堆肥产品，也就是说，有40吨厨余垃圾实现了资源化利用；其它部分虽然没有得到利用，但也都得到了无害化处理，解决了厨余垃圾的环境污染问题。

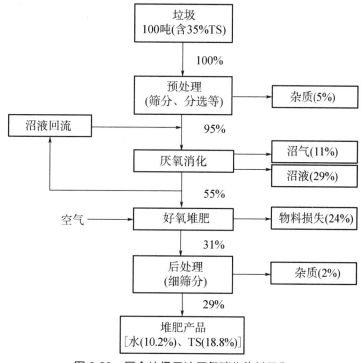

图6-23　厨余垃圾干法厌氧消化物料平衡

习题

1. 用框图简述有机废物厌氧消化两阶段、三阶段和四阶段理论。
2. 在厌氧消化的四个阶段，起主导作用的微生物各是哪些？
3. 有机废物厌氧消化沼气产生量有几种计算方法？是如何计算的？
4. 影响厌氧消化的因素有哪些？各因素的参数是如何确定的？
5. 为何厌氧消化存在中温和高温两个高效转化温度段？各有何特点？
6. 什么是两相厌氧消化工艺？它有何特点？

7. 完全混合式厌氧消化反应器（CSTR）有何特点？

8. 什么是湿法和干法厌氧消化？各有何特点？

9. 某城市计划建设一个采用混合原料的湿式厌氧消化工程，原料分别来自居民小区混合收集的厨余垃圾和餐饮业产生的餐厨垃圾。试设计一个完整的湿式厌氧消化工艺系统，包括预处理、湿式厌氧消化、沼渣沼液处理与利用、沼气净化与利用四个单元，并对整个工艺流程进行说明。

10. 某公司计划设计一个分类有机垃圾的厌氧消化工程，该垃圾日产生量为 200 吨（0.8t/m³），经分析其成分为 $C_{20}H_{30}O_{15}$，固体含量（TS）为 15%，VS/TS 为 80%，试计算：①如果有机物转化率（VS）为 60%，可日产沼气多少立方米？②如果采用进料浓度 12%的湿式厌氧消化，需要补充多少吨的水？③如果厌氧反应器有机负荷率 3.0 kgVS/(m³·d)，则反应器的总有效体积和水力停留时间（HRT）应是多少？

第七章

城市生活垃圾的热解气化

第一节

热解气化原理

一、定义

热解（又叫干馏、裂解或炭化）是指物料在无氧条件下，通过间接加热使之发生分解，生成可燃气、有机液体和固体残渣的热化学过程。气化是指在反应器中通入部分空气、氧或蒸汽，使有机物发生部分燃烧，产生的热量用于加热自身并使之发生分解，生成可燃气、有机液体和固体残渣的热化学过程。

由于热解（pyrolysis）和气化（gasification）在反应过程和产物等方面有很多相似之处，在实际生产中，人们对"热解"和"气化"的概念一般并不作严格的区分，两者常混淆在一起使用。因此，本书把两者结合起来作如下定义：热解气化是指在无氧或缺氧条件下，使物料在高温下分解，最终转化为可燃气、有机液体和固体残渣的热化学过程。

实际上，热解和气化还是有一定的区别的，主要在于：气化过程需要供氧，物料发生部分燃烧，它是一个"自热"维持的热分解过程；而热解不需要氧，物料不发生燃烧，但需外界供给热分解所需热量，属于"外热"维持的热分解过程。此外，两者的化学反应、产物也有一定的不同。

热解气化与焚烧过程也有本质的不同。焚烧需要充分供氧、物料完全燃烧，热解气化无需供氧或只需供给少量的氧，物料不燃烧或只作部分燃烧；焚烧是放热反应，而热解气化是吸热反应；焚烧产生高温烟气，不便于直接利用，热解气化产生的是可燃气、油等，便于贮藏和远距离输送，还可以多种方式回收利用；焚烧产生大量的废气，处理难度大，热解的产物大多可以直接利用，环境问题相对容易解决。

热解气化技术可以用于多种有机废物如城市垃圾、污泥、塑料、秸秆、粪便等的能源化转化，应用范围广泛。美国是最先进行固体废物热解气化技术开发的国家。早在1927年美国矿业局就进行过固体废物的热解气化研究。之后，丹麦、德、法等国也先后对固体废物热解气化技术进行了实质性的研究和应用。在我国，热解气化技术主要用于农业废弃物、工业有机废渣等的能源化转化方面。

二、基本原理

固体废物热解气化是在无氧或缺氧的条件下，利用高温使固体废物有机成分发生裂解，从而脱出挥发性物质并形成固体焦炭的过程。热解气化的基本过程是：在开始阶段，物料被加热、升温和析出水分；当温度升到一定程度时，物料进入激烈的等温分解阶段，开始析出大量挥发性成分，并通过裂解和聚合等复杂的热化学反应过程，生成可燃气、有机液体和固态残留物等；之后，随着有机成分数量的减少，反应过程逐步减弱，直到结束。

固体废物的热解气化是一个非常复杂、连续的化学反应过程，包含大分子的键断裂、异构化和小分子的聚合等反应过程。它主要包括两个过程：①裂解过程——由大分子变成小分子直至气体的过程；②聚合过程——由小分子聚合成较大分子的过程。裂解和聚合反应没有十分明显的阶段性，许多反应是交叉进行的。

首先是大分子物质裂解成小分子化合物，小分子化合物继续分解变成二次产物，热解气化过程中键的断裂方式主要有：

① 结构单元之间的桥键断裂生成自由基，其主要是—CH_2—、—CH_2—CH_2—、—CH_2—O—、—O—、—S—、—S—S—等，桥键断裂后生成自由基碎片。

② 脂肪侧链受热易裂解生成气态烃，如 CH_4、C_2H_6、C_2H_4 等。

③ 含氧官能团的裂解，含氧官能团的热稳定性顺序为：—OH>C=O>—COOH>—OCH_3。羧基热稳定性低，200℃开始分解，生成 CO_2 和 H_2O；羰基在400℃左右裂解生成 CO；羟基不易脱除，到700℃以上，有大量 H 存在，可氢化生成 H_2O；含氧杂环在500℃以上也可能断开，生成 CO。

④ 低分子化合物的裂解是以脂肪化合物为主的低分子化合物的裂解，其受热后可分解成挥发性产物。

热解气化的一次产物，在析出过程中受到二次热解。二次热解的反应有裂解反应、脱氢反应、加氢反应、缩合反应、桥键分解反应等。

（1）裂解反应

$$C_2H_6 \longrightarrow C_2H_4 + H_2$$
$$C_2H_4 \longrightarrow CH_4 + C$$
$$CH_4 \longrightarrow C + 2H_2$$

（2）脱氢反应

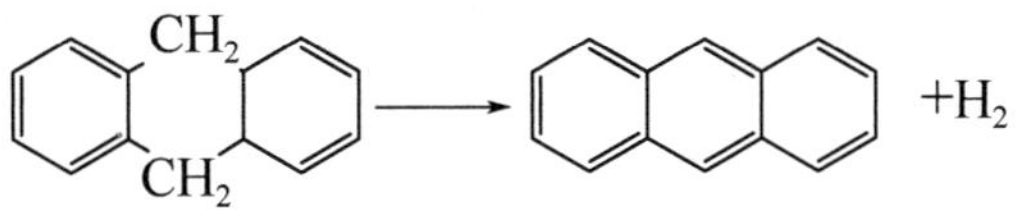

（3）加氢反应

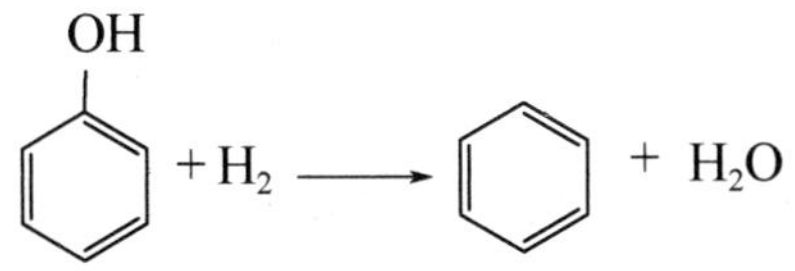

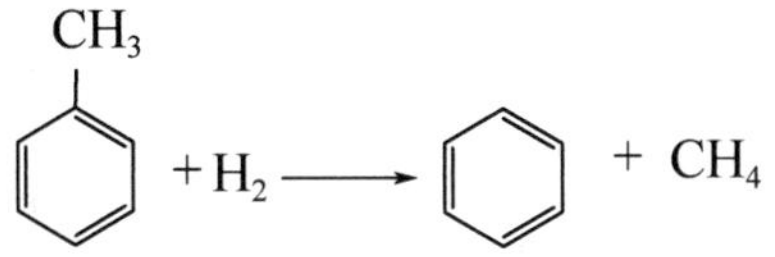

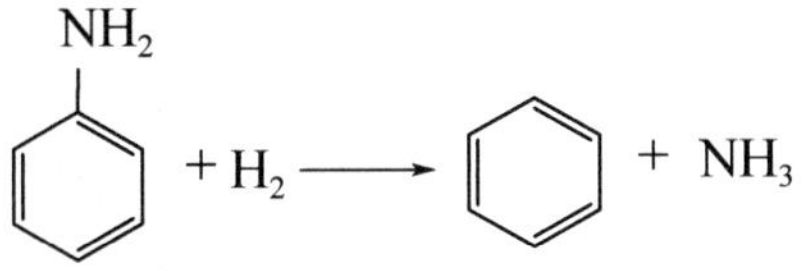

（4）缩合反应

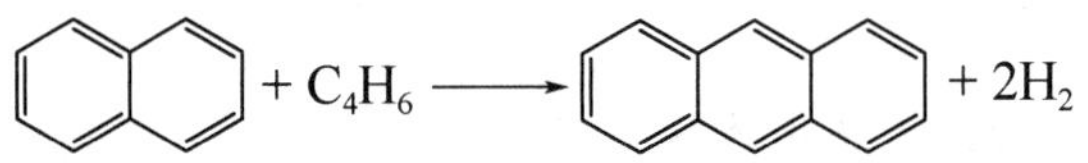

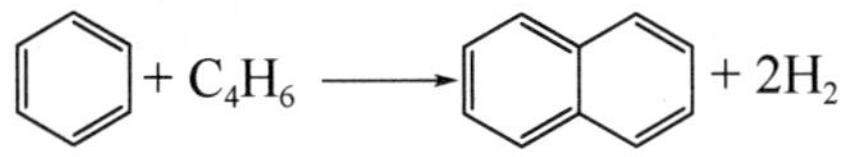

（5）桥键分解反应

$$-CH_2- + H_2O \longrightarrow CO + 2H_2$$
$$-CH_2- + -O- \longrightarrow CO + H_2$$

热解气化的前期以裂解反应为主，而后期则以缩聚反应为主。缩聚反应对废物热解气化生成固态产品（半焦）影响较大。胶质体固化过程的缩聚反应，主要是在热解生成的自由基之间的缩聚，其结果生成半焦。

半焦分解，残留物之间缩聚，生成焦炭。缩聚反应是芳香结构脱氢，苯、萘、联苯和乙烯参加反应，如

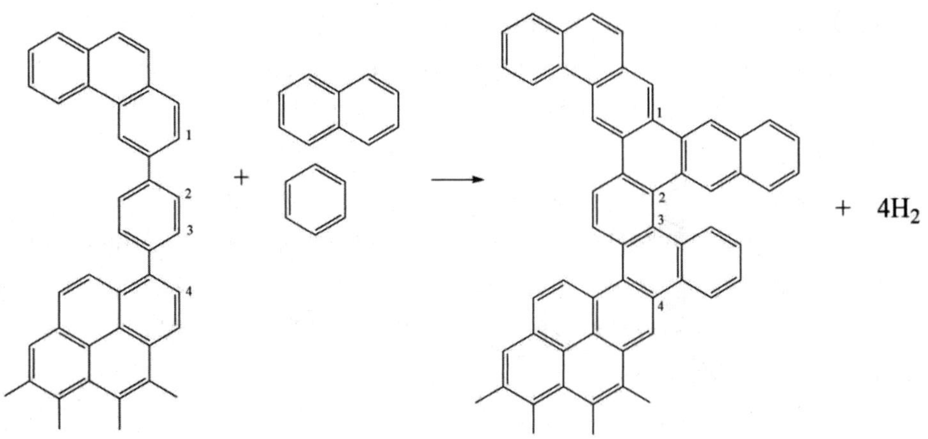

$$2 \quad \xrightarrow{-H_2} \quad \xrightarrow{-2H_2}$$

具有共轭双烯及不饱和键的化合物，在加成时进行环化反应，如

$$CH_2{=}CH{-}CH{=}CH_2 + CH_2{=}CH{-}R \longrightarrow$$

三、热解气化产物

根据上述热解气化原理，有机物热解气化过程可用如下总反应式表示：

有机固体废物 $\xrightarrow{\text{加热，无或缺}O_2}$ H_2、CH_4、CO、CO_2等+有机酸、芳烃、焦油等+炭黑与炉渣
　　　　　　　　　　　　　（可燃气体）　　　　　　　（有机液体）　　　　　　（固体残渣）

从裂解和缩聚反应可以看出，热解气化的产物是非常复杂的，既包括一次和二次裂解产生的，也包含缩聚反应产生的，要分析出每种产物是非常困难的，因此，常按产物的形态，把热解气化产物归纳为可燃气体、有机液体和固体残渣三类。

1. 可燃气体

热解气化过程中产生大量的气体，其中可燃气体主要包括 H_2、CO、CH_4 等。若按数量由多到少的顺序排列，一般为 CO、H_2、CO_2、CH_4、C_2H_4 和其它少量高分子碳氢化合物气体。

可燃气体的量和成分受多种因素的影响。当用空气作氧化剂时，热解产生的气体一般含 20%CO、15%H_2、2%CH_4、10% CO_2（体积比），其余大多是来自于空气的 N_2，因此，产生的可燃气体的热值较低。在温度较高情况下，废物中有机成分的50%以上都可被转化成气态产物，气体的热值较高（$6.37 \times 10^3 \sim 1.021 \times 10^4$ kJ/kg）。

2. 有机液体

热解气化过程产生的有机液体是一类非常复杂的化学混合物，主要包括木醋酸、乙酸、丙酮、甲醇、芳香烃和焦油等。焦油是一种褐黑色的油状混合物，包含有苯、萘、蒽等芳香族化合物和沥青，另外，还含有游离碳、焦油酸、焦油碱及石蜡、环烷、烃类的化合物等。含塑料和橡胶成分较多的废物，其热解产物中含液态油较多，包括轻石脑油、焦油以及芳香烃油的混合物。

3. 固体残渣

热解气化后剩下的是固体炭黑与炉渣。这些炭、渣化学性质稳定，含 C 量高，有一定热值，一般可用作燃料添加剂或道路路基材料、混凝土骨料、制砖材料等。

例如，在高温分解时（870℃），城市生活垃圾中的有机物会被转化成可燃气体、液体和固体残渣等（表 7-1）。可燃气体是一种气体混合物，具有较高的热值，是一种很好的燃料。反应过程也产生液体物质，如焦油、焦木酸和水，焦油也是有价值的燃料。固体残渣（炭渣）是一种轻质炭素物质，其热值范围为 12800～21700kJ/kg，也可作为燃料使用。

每千克垃圾的热值约为 6390～10230kJ，其中有大约 2560kJ 的热量要用于维持热分解过程的进行，剩下的热量则转化到了可燃气体、焦油和固态碳中。

表 7-1　1 吨城市生活垃圾热解气化产物

产物	可燃气体	液体	焦油	固体残渣
产量	510000L	430L	1.9L	70kg

第二节

热解气化影响因素

影响热解气化过程的主要因素有物料性质、加热温度、加热速率、加热时间、反应器类型以及供气供氧等。每个因素都会对热解气化反应过程和热解产物产生影响。

一、物料性质

物料的性质如有机物成分、含水率和尺寸大小等对热解过程有重要影响。不同物料的成分不同，可热解性也不一样。有机物成分比例大、热值高的物料，其可热解性相对较好、产品热值高、可回收性好、残渣也少。物料的含水率低，加热到工作温度所需时间短，干燥和热解过程的能耗就少、速度快，有利于得到较高产率的可燃性气体；含水率高，情况则相反。物料颗粒大，传热速度及传质速度较慢、热解气化二次反应多，对产物成分有不利影响；较小的颗粒能促进热量传递，从而使高温热解气化反应更容易进行。图 7-1 显示的是不同性质物料的热解产气率。

二、加热温度

温度是热解气化过程最重要的控制参数。温度变化对产品产量、成分比例有较大的影响。温度不仅影响气体产量也影响气体质量。在较低温度下，有机废物大分子裂解成较多的中小分子，油类含量相对较多，这时就以获得油品为主。随着温度的升高，除大分子裂解外,许多中间产物也发生二次裂解,C_5 以下分子及 H_2 成分增多,气体产量成正比增长,而各种酸、焦油、炭渣产量相对减少,这时就以获得可燃气体为主。

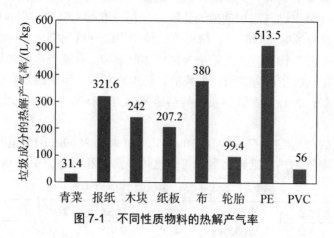

图 7-1　不同性质物料的热解产气率

图 7-2 反映了典型城市生活垃圾热分解产物比例与温度的关系。可以看出,随着温度的升高,气体产量明显增加,当温度上升到 800℃ 以上时,废物中挥发分快速地析出,产物主要是气态的小分子组分,可燃气体量比较大。另外,在高温下热解气化,也可使燃烧后的焦油和固体残渣量大大减少。但是,过高的温度能量投入产出比会变高,对设备也会有不利的影响。

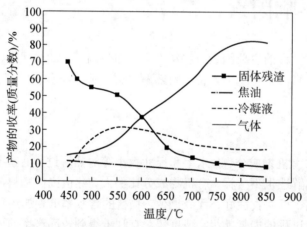

图 7-2　加热温度对产物产量和成分的影响

三、加热速率

一般来说,气体产量随着加热速率的增加而增加,水分、有机液体含量及固体残渣则相应减少。通过加热温度和加热速率的结合,可控制热解气化产物中各组分的生成比例。在低温-低速加热条件下,有机物分子有足够的时间在其最薄弱的接点处分解,重新结合为热稳定性固体,而难以进一步分解,因而产物中固体含量增加;而在高温-高速加热条件下,有机物分子结构发生全面裂解,产生大范围的低分子有机物,热解气化产物中气体的组分就会增加。表 7-2 为垃圾高温分解加热速度对产物气体成分的影响。

表 7-2　垃圾高温分解加热速度对产物气体成分的影响

气体组成与产量	升温速率/(K/min)				
	800	130	80	25	20
O_2/%	15.0	19.2	23.1	25.1	24.7
CO/%	42.6	39.5	35.2	30.9	31.4
CO_2/%	0.9	1.6	1.8	2.3	2.1
H_2/%	17.9	9.9	12.2	15.0	13.7
CH_4/%	17.5	21.7	20.0	20.1	19.9
N_2/%	6.1	8.1	7.7	6.6	8.2
热值/(MJ/m^3)	13.8	14.1	13.2	13.2	12.3
产气量/(m^3/t)	343.0	324.0	212.0	210.0	204.0

四、加热时间

物料在反应器中的加热时间决定了物料分解转化率（图 7-3）。为了充分利用原料中的有机成分，尽量脱出其中的挥发分，应保持物料在反应器中足够的加热时间。物料的加热时间与热解气化过程的处理量成反比例关系。加热时间长，热解气化充分，转化率高，但处理量少；加热时间短，则热解气化不完全，转化率低，但处理量大。

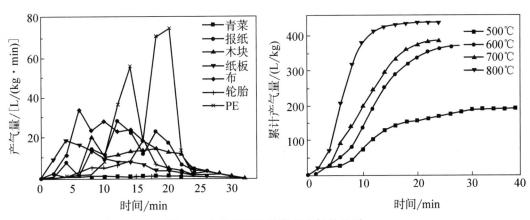

图 7-3　加热时间与产气量之间的关系

五、反应器类型

反应器是热解气化反应发生的场所，是整个热解气化过程的关键。热解气化反应器有固定床、流化床、回转窑等多种型式。不同反应器有不同的燃烧床条件和物流方式。一般来说，固定燃烧床结构简单、运行维护方便，处理能力大；流态化床反应速率快，温度可控性好，但对物料均匀性要求高；回转窑对物料的适应性强，处理能力大。此外，不同热解气化反应器中气体与物料的流向也不相同，对热解气化性能也有影响。逆流行进有利于延长物料在反应器内滞留时间，从而可提高有机物的转化率；气体与物料顺流行进可促进热传导、加快热解过程等。不同反应器的具体结构和运行特点见本章第三节。

六、供气供氧

空气或氧作为热解气化反应中的氧化剂，使物料发生部分燃烧，提供热能以保证热解气化反应的进行。热解一般不需要供氧，通过外部加热实现热解过程，气化需要供给适量的空气或氧，供气量需要严格控制。供给的可以是空气，也可以是纯氧。由于空气中含有较多的 N_2，供给空气时产生的可燃气体的热值较低。供给纯氧可提高可燃气体的热值，但生产成本也会相应增加。

第三节

热解气化分类与反应器

一、热解气化技术分类

热解气化技术的分类方式有多种，一般按温度、加热介质、设备类型和产物状态等进行分类。

1. 按温度分类

可分为高温（800～1000℃ 以上）、中温（600～800℃）和低温（600℃ 以下）热解气化。

高温热解工艺常用于煤炭炼焦和煤气化；中温热解气化主要用于把废轮胎、废塑料转换成重油和化工初级原料等；低温热解气化法主要用于农业、林业和农业产品加工废物等易分解的物料方面。

2. 按加热介质分类

如果按气化介质分，可分为使用气化介质和不使用气化介质两种。不使用气化介质的就是"热解"，也称干馏或炭化，一般以获得生物炭、炭-气联产产品为主；使用气化介质的就是"气化"，以获得可燃气体为主，分为空气气化、氧气气化、水蒸气气化、水蒸气-氧气混合气化等。

3. 按设备类型分类

按照设备类型，可以将热解气化设备分为固定床、流化床和回转窑等。

4. 按产物状态分类

按热解产物状态，可分为液化、气化和炭化三类，分别以获得油品、可燃气体和生物炭为主。

二、热解气化反应器

1. 固定床反应器

图 7-4 所示为上吸式固定床气化反应器。它的特点是空气从反应器底部送入，经预处理的固体物料从反应器顶部加入，物料通过固定床向下移动，产生的可燃气体从上部排出。物料沿反应器高度可大致分成四层，即干燥层、热分解层、还原层和氧化层。固定床反应器热解反应过程如图 7-5 所示。物料从炉顶加入炉中后逐步下降，首先经过干燥层，把水分蒸发掉，然后进入热分解层和还原层，产生可燃气体，最后进入氧化层，物料和底部送入的空气发生部分燃烧，产生的热量加热反应器内的物料，使之产生气化，剩余灰渣从底部排出。各层发生的反应不同，反应温度、反应方式和分解产物也不同。干燥层主要是蒸发水分，热分解层和还原层产生可燃气体，氧化层提供气化所需热量。

固定床反应器的结构相对简单，运行和维护方便，且由于其中热气体通过整个燃烧床，其显热对物料有导热和干燥作用，气体离开反应器时温度较低，因而热损失少、系统的热效率较高。但气体中易夹带挥发性物质，如焦油、蒸汽等。

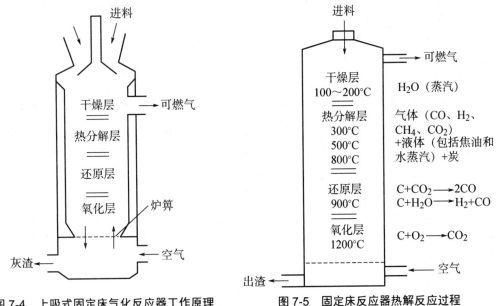

图 7-4　上吸式固定床气化反应器工作原理　　图 7-5　固定床反应器热解反应过程

2. 流化床反应器

当气体以一定的速度向上流过固体颗粒层时，固体颗粒就会呈现流态化状态。流化床反应器是指反应器中物料呈流态化状态的一类热解气化炉。在流化床反应器中，气体的流速足够的高，使固体物料始终处于悬浮状态，而不是像在固定床反应器中那样堆积在一起。流化床气化炉主要有三种形式：沸腾流化床、循环流化床和双流化床气化炉等。

图 7-6 和图 7-7 分别是沸腾流化床和循环流化床气化炉工作原理示意图。沸腾流化床气化炉工作原理：气化剂从底部气体分布板吹入，吹入的气体将进入流化床中的物料吹得足够高，使物料始终处悬浮状态确保物料充分反应，气化反应生成的气体直接由气化炉出口送入净化系统，反应温度一般控制在 800℃ 左右。循环流化床气化炉工作原理：是在沸腾流化床的气化出口处设有旋风分离器或滤袋式分离器，使气体中流化速度较高的大量固体颗粒在分离器中分离出来，然后再通过回料管返回流化床继续进行气化反应，从而提高了碳的转化率，反应温度一般控制在 700～900℃。

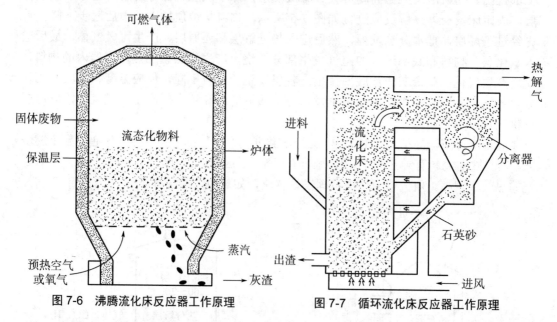

图 7-6 沸腾流化床反应器工作原理　　　　图 7-7 循环流化床反应器工作原理

流化床反应器中物料与气体充分混合接触、物料与氧和热的交换速度快、反应性能好、分解效率高。因此，相同处理能力的流化床反应器的尺寸比固定床的要小。流化床反应器也适于含水率高或波动大的物料的热解气化。但要求废物颗粒均匀、可燃性要好。由于流化床反应器中气体的速度高，气体携带出的热量多、热损失较大，排出的气体中还会带走较多的未反应的固体燃料粉末，气体的洁净程度较差。在固体物料本身热值不高的情况下，还须提供辅助燃料以保持设备的正常运行。另外，温度应控制在避免灰渣熔化的范围内，以防灰渣熔融结块。

3. 回转窑反应器

回转窑是一种间接加热的高温热分解反应器(图 7-8)。其主要设备为一个略为倾斜、可以旋转的滚筒，滚筒实际上就是热解炉。通过滚筒的转动，使物料由进料端、并通过热解段慢慢地向卸料端移动，并在此过程中发生热分解反应。热解炉由金属材料制成，内衬为耐火材料层，燃烧室也由耐火性的材料砌成。热反应产生的气体分两部分，一部分被引导到热解炉外壁与燃烧室内壁之间的空间燃烧，用以加热物料，为分解反应提供热量；另一部分则被导出用于燃烧锅炉。燃气温度控制在 730～760℃，为了防止残渣在炉内熔融结焦，温度不应超过 1000℃。

回转窑反应器的构造较为简单、处理量大、操作可靠性高；进料只需破碎而不需要进行分选，过程比较简单、对物料的适应性强；产生的可燃气热值高、可燃性好等。

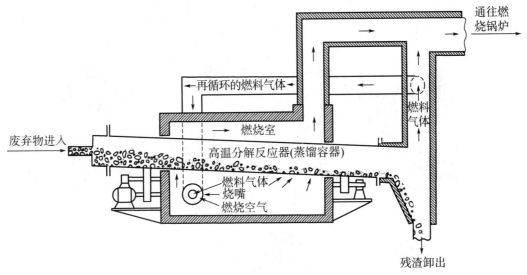

图 7-8　回转窑反应器工作示意图

第四节

热解气化工艺与应用

一个完整的热解气化工艺由进料系统、反应器、热量回收系统、气体净化系统、控制系统等部分组成。依据不同的反应器，可以组成多种热解气化工艺，用于多种有机废物的处理。本节重点介绍污泥和垃圾等热解气化技术和工艺。

一、污泥热解气化

一个完整的污泥热解工艺包括储存和输送系统、干燥系统、热解系统、燃烧系统、能量回收系统和尾气净化系统。污泥的存储和输送是整个工艺流程的开始，起到对污泥的储存和将污泥输送进入干燥装置的作用。污水厂脱水污泥的含水率一般在 80% 左右，不能直接热解，需要先通过干燥系统去除污泥中的水分，将污泥含水率降低至 20%～25%。污泥经过进料螺旋输送机由立轴复式热解气化炉顶部进入热解炉进行热解，产生的可燃气体和气化了的液态可燃成分则被送入燃烧室，在高温下燃烧，燃烧产生的热量用于余热锅炉生产蒸汽，产生的蒸汽用于驱动汽轮机发电。由余热锅炉燃烧产生的废气经过急冷脱酸塔进行冷却脱酸，再经过硝石灰吸附塔和活性炭进行烟气净化，然后再经过布袋除尘器将颗粒物去除，最后实现无烟近零排放。热解产生的灰渣经固化后进行填埋处理。其工艺流程如图7-9所示。

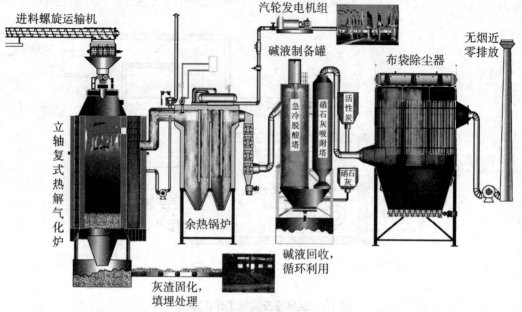

图 7-9　污泥热解工艺流程

为了分解掉 HCN、NH_3 等有害成分，燃烧炉需要保持很高的温度；此外，有时仅仅用热解气的热量不能完全满足污泥干燥的需要时，就需要向燃烧室内添加补充燃料。当有机物热解产生的热量不能满足热解需要的热能时，也需要向热解炉补充额外的燃料。表 7-3 为加拿大某厂污泥热解气化工艺产物分析，处理量为 25 t/d 时，处理每吨干污泥能量净输出为 7.7GJ（约合 263.16kg 标准煤）。如果热解油用作柴油发电机的燃料，处理每吨干污泥可发电 925kW·h。

表 7-3　加拿大某厂污泥热解气化工艺产物分析

产物	产率/%	热值/(MJ/kg)	能量百分比/%
热解油	29	30	45
热解炭	43	18	40
非冷凝性气体	14	15	11
反应水	14	6	4

需要注意的是，在该工艺中，污泥热解气化不是以获得可燃气等能源为目的，它主要是为了实现污泥的减量化和无害化处理。由于污泥含水率比较高，因此，污泥热解气化常常不仅不能产生热能，大多数情况下，还要额外消耗能源。这与废塑料、废橡胶和木材等热解气化时，可以获得多余热能有很大的不同。

二、垃圾热解气化

垃圾热解气化工艺流程如图 7-10 所示，由气化炉（一燃室）、二燃室、一次空气预热器、热回收系统和尾气净化系统构成。垃圾不经预处理直接投入竖式气化炉中，在其自重的作用下由上向下移动，在一燃室与逆向上升的高温气体接触，完成干燥、热解过程，热解气体导入二燃室，在 1400℃ 条件下使可燃组分和颗粒物完全燃烧，二燃室出口气体的温度为 1150～1250℃，部分用于助燃空气的预热，其余通过余热锅炉产生蒸汽用于发电。由余热锅炉产生尾气经脱酸塔和活性炭进一步净化后再经布袋除尘器脱除烟气中的颗粒物，然后经烟囱排放。在热解炉底部灰渣中的炭黑与从底部通入的空气发生燃烧反应，其产生的热量使无机物熔融转化为玻璃体。垃圾干燥和热解所需的热量由炉底部通入的预热至 1000℃ 的空气和炭黑燃烧提供。熔融残渣由炉底连续排出，经水冷后变为黑色颗粒。

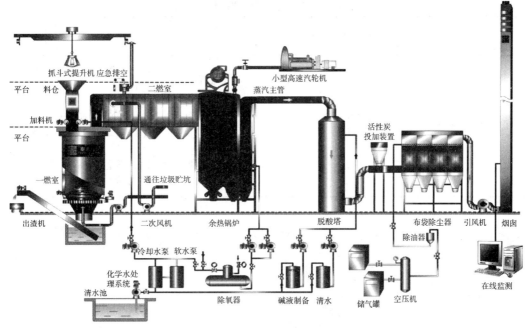

图 7-10 垃圾热解气化工艺流程

该工艺最早是 1971 年由 EPA 资助在纽约州的 Eire County 建造的处理能力为 68t/d 的中试装置，除了城市垃圾的处理以外，还进行过城市垃圾与污泥混合物的处理，包括废油、废轮胎和 PVC 的热解处理试验。进入 20 世纪 80 年代，在美国的 Luxemburg 建设了处理能力为 180t/d 的生产性装置，并向欧洲推出了该项技术。

该系统的能量衡算如图 7-11 所示，垃圾热值的 35%左右用于助燃空气的加热和设施所需电力的供应，提供给余热锅炉的热量达 57%，其中垃圾热值的 37%作为蒸汽得到回收。

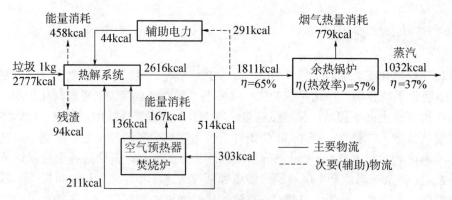

图 7-11 工艺系统的能量衡算
注：1kcal=4.18kJ

垃圾热解气化可以采用不同的反应器，几种常用垃圾热解气化炉炉型对比如表 7-4 所示。

表 7-4 常用垃圾热解气化炉炉型对比

反应器类型	原料预处理的要求	处理能力	维修成本	运行参数的灵活性	产热或功率	二次污染控制
固定床	一般	较小，不超过几吨/天	低	非常灵活	功率通过蒸汽涡轮机产生	除尘和烟气洗涤系统
回转窑	不严格	大，最大可达500 吨/天	低至中等	较灵活	功率输出不适合小规模	除尘和烟气洗涤系统
流化床	非常严格	较大	高	对物料尺寸的变化很敏感	功率输出不适合小规模	除尘和烟气洗涤系统

习题

1. 热解气化定义是什么？
2. 热解和气化的区别是什么？
3. 热解气化的原理是什么？
4. 热解气化的产物包括哪些？
5. 热解气化的影响因素有哪些？
6. 热解气化技术分哪几类？
7. 热解反应器有哪些类型？
8. 各种热解反应器的工作过程和特点如何？
9. 一个完整的热解气化工艺分哪几个部分？

第八章

城市生活垃圾的焚烧处理

　　焚烧是指在高温（800～1000℃）焚烧炉内，固体废物中的可燃成分与空气中的氧发生剧烈的热化学反应，被转化成高温烟气和性质稳定的固体残渣，并放出热量的过程。

　　经过焚烧处理，固体废物可以减容80%～90%，可以节约大量后续填埋用地；焚烧可以破坏有毒有害废物，杀灭细菌、病毒等，达到解毒、除害的目的；焚烧产生的大量高温烟气，可通过发电或供热而回收能源。可见，焚烧处理是实现固体废物减量化、资源化、无害化的有效途径。

　　垃圾焚烧技术产生于19世纪80年代，20世纪70年代开始得到了较大范围的应用。目前，全球共有垃圾焚烧厂超2100座，日本是世界上拥有生活垃圾焚烧发电厂最多的国家，生活垃圾焚烧处理量占总垃圾量的80%左右。北欧部分国家如瑞士和丹麦的垃圾焚烧比例已经超过了50%。我国垃圾焚烧处理起步较晚但发展迅速，第一个垃圾焚烧厂于1988年在深圳建成；至2020年，垃圾焚烧在城市生活垃圾无害化处置中的占比超过50%。在我国经济发达地区、土地资源比较紧张的大中城市，垃圾焚烧处理方法具有较好的适用性，应用比较广泛。但是，垃圾焚烧厂投资较大，尾气处理要求严格，运行管理难度大、费用高，在欠发达地区的应用受到一定的限制。

第一节

焚烧原理及影响因素

一、焚烧过程

　　物料从送入焚烧炉起，到形成烟气和固态残渣的整个过程称为焚烧过程。焚烧过程包括干燥阶段、燃烧阶段和燃尽阶段三个阶段（图8-1）。

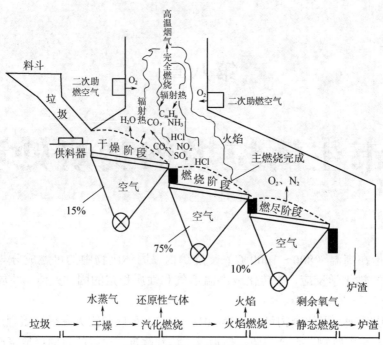

图 8-1　固体废物焚烧过程

1. 干燥阶段

干燥阶段是指从物料送入焚烧炉起，到物料开始析出挥发分和着火的这段时间。

我国城市生活垃圾含水率一般在 40%～60% 之间，含水率较高。在所含水分蒸发后，垃圾才会开始着火燃烧。因此，焚烧的干燥阶段是很重要的。当物料送入焚烧炉后，物料温度逐步升高，其表面水分开始逐步蒸发，当温度增高到 100℃ 左右，物料中水分开始大量蒸发，此时，物料温度基本稳定。随着不断加热，物料中水分大量析出，物料不断干燥。当水分基本析出完后，物料温度开始迅速上升，直到着火进入真正的燃烧阶段。在干燥阶段，物料的水分是以蒸汽形态析出的，因此需要吸收大量的热量——水的汽化热。物料所含水分愈大，干燥阶段也就愈长，从而使炉内温度降低太大，着火燃烧就困难，有时需要投入辅助燃料燃烧，以提高炉温，改善干燥着火条件。

2. 燃烧阶段

燃烧阶段是指物料开始着火至强烈的发热发光氧化反应结束的这段时间。干燥阶段基本完成后，如果炉内温度足够高，又有足够的氧化剂，物料会顺利进入燃烧阶段。这是物料真正的焚烧阶段。燃烧阶段包括了三个同时发生的化学反应过程。

（1）强氧化反应

物料的燃烧包括物料与氧发生的强氧化反应过程。以有机碳（C）燃烧为例，在用空气作氧化剂时，其氧化反应式为：

$$C+(O_2+3.76N_2) \longrightarrow CO_2+3.76N_2$$

又如，焚烧一个典型废物 $C_xH_yCl_z$，在理论完全燃烧状态下的反应式为：

$$C_xH_yCl_z+[x+(y-z)/4](O_2+3.76N_2)=xCO_2+zHCl+(y-z)/2H_2O+3.76[x+(y-z)/4]N_2$$

式中，x、y、z 分别为 C、H、Cl 的原子数。

上面列出的氧化反应都是完全氧化反应的最终结果，其实在这些反应中，还有若干中间反应，即使是碳的反应也还会出现若干形式。

（2）热解

热解是在缺氧或无氧条件下，利用热能破坏含碳高分子化合物元素间的化学键，使含碳化合物破坏或者进行化学重组的过程。

尽管焚烧要求确保有 50%～150% 的过剩空气量，以提供足够的氧与炉中待焚烧的物料有效地接触，但由于物料组分的复杂性和其它因素的影响，在燃烧过程中，仍会有不少物料没有机会与氧充分接触，从而形成部分无氧或缺氧条件。这部分物料在高温条件下就会进行热解。在热解过程中，有机物会析出大量的气态可燃气体成分，如 CO、CH_4、H_2 或者分子量较小的 C_mH_n 等。然后，这些析出的小分子气态可燃成分再与氧接触，发生氧化反应，从而完成燃烧过程。

以常见的纤维素分子为例，若燃烧时存在无氧或缺氧条件，它就会先进行热解，产生可燃气体 CO、H_2O、CH_4 和固态 C 等，之后，这些热解产物再与氧反应，完成燃烧过程。其热解反应式为：

$$\left(C_6H_{10}O_5\right)_n \longrightarrow 2nCO + nCH_4 + 3nH_2O + 3nC$$

（3）原子基团碰撞

在物料燃烧过程中，还伴有火焰的出现。燃烧火焰实质上是高温下富含原子基团的气流造成的。由于原子基团电子能量的跃迁、分子的旋转和振动等产生量子辐射，产生红外热辐射、可见光和紫外线等，从而导致火焰的出现。火焰的性状取决于温度和气流成分组成。通常温度在 1000℃ 左右就能形成火焰。原子基团气流包括原子态的 H、O、Cl 等元素，双原子的 CH、CN、OH、C_2 等，以及多原子的基团 HCO、NH_2、CH_3 等。这些原子基团的碰撞，进一步促进了废物的热分解过程。

3. 燃尽阶段

燃尽阶段是指主燃烧阶段结束至燃烧完全停止的这段时间。

到燃尽阶段，参与反应的物料的量大大减少了，而反应生成的惰性物质、气态的 CO_2、H_2O 和固态灰渣则增加了。由于灰层的形成和惰性气体的比例增加，使得剩余氧气难以与物料内部未燃尽的可燃成分接触和发生氧化反应，燃烧过程因此而减弱。此时，物料周围温度的降低也不利于反应的继续进行。因此，要使物料中未燃的可燃成分燃烧干净，就必须延长焚烧过程，使之能够有足够的时间尽可能地完全燃烧掉。这就是设置燃尽阶段的主要目的。为改善燃尽阶段的工况，常采用翻动、拨火等方法来减少物料外表面的灰层，增加过剩空气量和使物料与空气尽可能充分地接触。

二、焚烧产物

固体废物中的可燃成分主要是有机物，有机物由大量的碳、氢、氧元素组成，有时还含有氮、硫、磷和卤素等少量元素。这些元素在焚烧过程中与空气中的氧发生反应，生成各种氧化物或部分元素的氢化物等。固体废物焚烧产物可归纳如下：

① 碳（C）——CO_2、CO

② 氢（H）——H_2O 或 HF、HCl

③ 氮（N）——N_2、NO_x

④ 磷、硫（P、S）——SO_2、SO_3、P_2O_5

⑤ 卤素（F、Cl 等）——HF、HCl、二噁英等

⑥ 金属——元素态金属、碳酸盐（CO_3^{2-}）、磷酸盐（PO_4^{3-}）、硫酸盐（SO_4^{2-}）、氢氧化物（OH^-）、氧化物和卤化物等。

⑦ 飞灰和炉渣

上述焚烧产物是混合在一起的，并以烟气、飞灰和炉渣等形态从焚烧炉中排放出来。因此，从形态上看，固体废物焚烧产物表现为烟气、飞灰和炉渣三部分。

烟气是由焚烧过程中产生的酸性气体、粉尘、气化的重金属及其反应产物、二噁英以及不完全燃烧产物的微小颗粒等组成的混合气体。

飞灰是指由焚烧烟气污染控制设备所分离和收集到的、呈灰状的微细颗粒混合物。飞灰包括被燃烧烟气吹起的微细灰分和未燃物颗粒、高温蒸发汽化的盐类和重金属等在后续冷却过程中凝缩形成或发生化学反应而生成的物质、除尘设备收集到的中和反应物和未完全反应的碱剂等。

炉渣包括由炉床上炉条间的细缝落下的细渣（fine slag）、焚烧后由炉床尾端排出的底灰（bottom ash）、焚烧尾气中悬浮颗粒被锅炉管阻挡而掉落于集灰斗或黏附于锅炉管上再被吹灰器吹落的锅炉灰（boiler ash）等。

烟气、飞灰和炉渣的产生量和相对比例受多种因素的影响。图 8-2 是某城市生活垃圾焚烧后，烟气、飞灰和炉渣的产生情况。可以看出，垃圾焚烧的主要产物是烟气，约占 75%，其次是炉渣，飞灰的量最少。

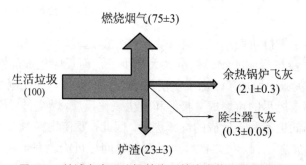

图 8-2　某城市生活垃圾焚烧厂焚烧产物质量百分比

三、焚烧效果评价方法

垃圾等废物经焚烧处理后，需要对焚烧效果进行评价，以判定焚烧效果的好坏。焚烧效果的评价方法有目测法、热灼减率法、燃烧效率法等；在焚烧危险废物时，还要考察焚毁去除率指标。

1. 目测法

目测法就是肉眼观测法，通过肉眼直接观测固体废物焚烧烟气的颜色，如黑度等，

来判断固体废物的焚烧效果。通常焚烧烟气越黑、气量越大，往往表明固体废物焚烧效果就越差。该法简单、直观，但缺乏科学依据，一般只用于初步判断。

2. 热灼减率法

热灼减率是指焚烧残渣在 600℃±25℃ 经 3h 灼烧后减少的质量占原焚烧残渣质量的百分比，是衡量焚烧效果和灰渣无害化程度的重要指标，表达式为：

$$Q_R = (M_a - M_d) \times 100\% / M_a$$

式中，Q_R 为热灼减率，%；M_a 为干燥后的原始焚烧残渣的质量，g；M_d 为焚烧残渣在 600℃±25℃ 经 3h 灼烧后冷却至室温的质量，g。

通常，生活垃圾焚烧炉设计时的炉渣热灼减率需要达到 5% 以下，大型连续化作业机械焚烧炉的炉渣热灼减率要求在 3% 以下。

3. 燃烧效率法

燃烧效率（combustion efficiency，CE）是指烟道排出气体中 CO_2 浓度与 CO_2 浓度和 CO 浓度之和的百分比。在固体废物焚烧烟气中，物料中的碳会转化为一氧化碳和二氧化碳。固体废物焚烧的越完全，CO_2 相对浓度就越高，CO 浓度则越低，即燃烧效率就越高。因此，可以用 CO 和 CO_2 浓度的相对比例反映固体废物中可燃物质在焚烧过程中的氧化、焚毁程度。其表达式为：

$$CE = \frac{[CO_2]}{[CO_2] + [CO]} \times 100\%$$

式中，CE 为燃烧效率，%；$[CO_2]$、$[CO]$ 分别为焚烧烟气中相应气体的浓度值。

4. 焚毁去除率法

危险废物的焚烧常用焚毁去除率（或焚毁率，DRE）表示，它是指有害有机物经焚烧后减少的质量百分比，用下式表示：

$$DRE = \frac{W_i - W_o}{W_i} \times 100\%$$

式中，DRE 为焚毁去除率，%；W_i 为加入焚烧炉内的有害有机物的质量；W_o 为烟道排放气和焚烧残渣中残留的有害有机物的质量之和。

危险废物焚烧对焚毁去除率有严格的要求，例如，美国有关危险废物焚烧的规定中，要求有机性有害成分的焚毁率要达到 99.99%，二噁英和呋喃的焚毁率要达到 99.9999%。

四、焚烧影响因素

影响垃圾等固体废物焚烧的因素很多，其中主要有废物的物料性质、焚烧温度、停留（燃烧）时间、搅混强度和过剩空气率等。焚烧温度（temperature）、停留（燃烧）时间（time）、搅混强度（turbulence）被称为"3T"要素，是反映焚烧炉性能的主要指标。

1. 废物性质

废物的热值、组分、含水量、尺寸等是影响其焚烧的重要因素。热值越高，燃烧过程越易进行，燃烧效果越好；易燃物含量高，燃烧容易；含水率高，不容易燃烧；垃圾尺寸越小，单位比表面积越大，燃烧过程中垃圾与空气的接触越充分，传热传质的效果越好，燃烧越完全。如果废物的性质达不到入炉的要求时，一般都需要进行预处理。例如，垃圾含水率过高时，需要进行篦水或干燥预处理，达到要求的含水率后，才能够入炉焚烧。

2. 焚烧温度

废物的焚烧温度是指废物中有害组分在高温下氧化、分解直至破坏所需达到的温度。它比废物的着火温度要高得多。

一般来说，提高焚烧温度有利于废物中有机毒物的分解和破坏，并可抑制黑烟的产生和减少燃烧所需的时间。但过高的焚烧温度不仅会增加燃料消耗，而且会增加废物中金属的挥发量和氧化氮的产生量，容易引起二次污染，并会损坏炉子的耐火材料和锅炉管道。因此，不宜随意使用过高的焚烧温度。

合适的焚烧温度是在一定的停留时间下由实验确定的。大多数有机物的焚烧温度范围在 800～1000℃ 之间，通常在 800～900℃ 为宜。不同废物的具体焚烧温度可参看相关标准。

3. 停留时间

焚烧停留时间是指燃烧产生的烟气在炉内所停留的时间。需要特别注意的是，我们通常所说的焚烧停留时间并不是指废物在焚烧炉内的停留时间，它实际上是指烟气停留时间。停留时间的长短直接影响废物的焚烧能力、焚烧效果、烟气成分组成等，停留时间也是决定炉体容积尺寸和燃烧能力的重要依据。

燃烧产生的烟气在炉内停留时间的长短决定气态可燃物的完全燃烧程度，一般来说，烟气停留时间越长，气态可燃物的燃烧就越完全。一般情况下，都需要通过生产性模拟试验来获得设计数据，对缺少试验手段或难以确定废物焚烧所需时间的，可参阅经验数据或相关标准。对城市生活垃圾、危险废物，我国已制定了相关标准，可以参考标准确定。例如，对于垃圾焚烧，我国标准规定，在焚烧温度维持在 850℃ 左右、并有良好的搅拌和混合时，烟气在燃烧室内的停留时间要求为 1～2s。

4. 搅混强度

要使废物燃烧完全，减少污染物形成，必须使废物与助燃空气充分接触、燃烧气体与助燃空气充分混合。

为增大固体废物与助燃空气的接触和混合程度，搅动方式是关键所在。焚烧炉所采用的搅动方式有空气流搅动、机械炉排搅动、流态化搅动及旋转搅动等。小型焚烧炉多属于固定炉床式，常通过空气的流动来进行搅动，大中型焚烧炉一般都采用机械炉排搅动。

二次燃烧室内，氧气与燃烧气体的混合程度取决于二次助燃空气与燃烧气体的相互流动方式和气体的湍流程度。一般来说，二次燃烧室气体速度在 3～7m/s 即可满足要求。气体流速过大时，混合强度加大，但气体在二次燃烧室的停留时间会降低，反而不利于燃烧的完全进行。

5. 过剩空气率

在实际的燃烧系统中，氧气与可燃物质无法完全达到理想程度的混合及反应。为使燃烧完全，仅供给理论空气量很难使其完全燃烧，因此，需要供给比理论空气量更多的助燃空气量，以使废物与空气能完全混合燃烧，这就是过剩空气量。它常用过剩空气系数或过剩空气率表示。

过剩空气系数（m）用于表示实际供应空气量与理论空气量的比值，定义为：

$$m=\frac{A}{A_0}$$

式中，A_0 为理论空气量；A 为实际供应空气量。

过剩空气率 M 由下式表示：

$$M=(m-1)\times100\%$$

根据经验，在通常情况下，过剩空气系数一般需大于 1.5，常在 1.5～1.9 之间；但在某些特殊情况下，过剩空气系数可能在 2 以上，才能达到较完全的焚烧效果。

在焚烧系统中，焚烧温度、烟气停留时间、搅混强度和过剩空气率是四个重要的设计及操作参数。需要特别指出的是，它们不是独立的参数，而是相互影响的，相互间存在互动关系。例如，焚烧温度和停留时间存在相关关系。若停留时间短，则要求较高的焚烧温度；停留时间长，则可采用略低的焚烧温度。焚烧温度和停留时间关系的确定应从技术和经济角度考虑，通过试验来确定。同样，供气量和搅动与停留时间也存在相互关系，废物焚烧时如能保证供给充分的空气，维持适宜的温度，使空气与废物在炉内均匀混合，且炉内气流有一定搅动作用，保持较好的焚烧条件，所需停留时间就可缩短。

第二节
焚烧工艺与设备

一、工艺流程

废物的焚烧不是单个设备就可以完成的，它需要多个设备组成一个完整的系统。以下以某一垃圾焚烧厂为例，对焚烧典型工艺流程、设备组成等进行介绍（图 8-3）。

该工艺系统的工作过程如下：垃圾用垃圾车载入厂区，经地磅称量，进入卸料平台，将垃圾倾入垃圾槽（贮坑）。由吊车操作员操纵进料抓斗，将垃圾抓入投料口，垃圾由滑槽进入炉内，由进料器推入焚烧炉内。由于炉排的机械运动，使垃圾在炉床上缓慢向前移动，同时得到不断的翻搅。垃圾首先被炉壁的辐射热和炉内热气干燥及气化，再被高温引燃，最后烧成灰烬，落入冷却设备，通过灰渣输送带送入灰槽，再送往填埋场。燃烧所用空气分为一次及二次空气，一次空气经蒸汽预热后，由鼓风机自炉床下部吹入，空气贯穿垃圾层后进入炉腔内；二次空气由炉体颈部送入，使烟气充分燃烧，并控制炉温不致过高，以避免炉体损坏及氮氧化物的产生。炉内温度一般控制在 850℃ 左右，以防未燃尽的气态有机物自烟囱逸出而造成污染。高温烟气经废热锅炉冷却，产生的蒸汽通过蒸汽发动机发电，以回收热能。烟气在经酸性气体去除装置净化后，进入布袋集尘器除尘，然后经加热消除白烟后，自烟囱排入大气中。垃圾渗滤液和厂区产生的废水经处理后排放。整个焚烧系统的运行由中央控制室控制。

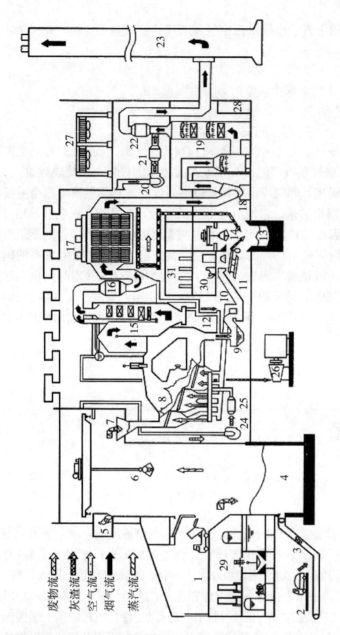

图 8-3 垃圾焚烧工艺系统

1—大型收运车卸料平台；2—小型收运车卸料平台；3—垃圾输送带；4—垃圾槽；5—进料抓斗操作室；6—进料抓斗；7—投料口；8—焚烧炉；9—出灰装置；10—灰渣输送带；11—金属回收装置（磁选机）；12—粉尘输送装置；13—灰槽；14—灰渣抓斗；15—废热锅炉；16—酸性气体去除装置；17—除尘器；18—引风机；19—烟气二次净化装置；20—烟气预热器；27—除湿冷却器；21—消除白烟用空气加热器；22—烟气加热器；23—烟囱；24—烟气预热器；25—空气预热器；26—蒸汽发电机；27—除湿冷却器；28—汞银回收装置；29—污水处理装置；30—中央控制室；31—配电室

二、系统组成

一个完整的垃圾焚烧厂通常包括以下几个子系统。

（1）前处理系统

固体废物进入焚烧系统之前，应尽量减少不可燃成分的含量，颗粒大小要均匀，含水率应降低到45%以下，且不含有毒有害物质。对不满足入炉要求的垃圾，需要通过破碎、筛分等预处理工序，改善垃圾的焚烧性能。另外，一般进入焚烧系统焚烧前，垃圾会在垃圾槽（贮坑）内放置一段时间进行篦水，以降低垃圾含水率，保证入炉垃圾热值达到不添加辅助燃料自持燃烧的条件。

（2）进料系统

进料系统的主要作用是向焚烧炉定量给料，同时要将投入的垃圾与焚烧炉的高温火焰气隔开、密闭，以防止焚烧炉火焰通过进料口向垃圾反烧和高温气焰反窜。每座焚烧炉均有一进料斗，垃圾槽（贮坑）上方通常由1～2座吊车及抓斗进行供料，操作人员控制垃圾滑入炉体内的速度和进料频率，保证设计进料量。

（3）焚烧系统

焚烧系统是整个工艺系统的核心系统，是固体废物进行蒸发干燥、热分解和燃烧的场所，主要包括炉床及燃烧室。炉床多为机械可移动式炉排构造，其功能有两点：一是传送废物燃料通过燃烧带，将燃尽的灰渣转移到排渣系统；二是在其移动过程中使燃料被适当地搅动，促使空气由下向上通过炉排料层进入燃烧室，以助燃烧。燃烧室一般在炉床正上方，按构造可分为室式炉、立式炉、多段炉等。焚烧炉燃烧室容积要适当，容积过小，可燃物质不能充分燃烧，造成空气污染和废渣处理的问题；燃烧室容积过大，会降低运行效率。

（4）助燃空气系统

垃圾焚烧炉助燃空气的主要作用如下：①提供适宜风量和风温来烘干垃圾，为垃圾着火准备条件；②提供垃圾充分燃烧和燃尽的空气量；③促使炉膛内烟气的充分扰动，降低炉膛出口CO含量；④提供炉墙冷却风，以防炉渣在炉墙上结焦；⑤冷却炉排，避免炉排过热变形。

助燃空气主要包括一次助燃空气（主炉排下送入）、二次助燃空气（二次燃烧室喷入）、辅助燃油所需的空气以及炉墙密封冷却空气等。

（5）废热回收系统

此系统包括布置在燃烧室四周的锅炉炉管（即蒸发器）、蒸汽锅炉等装置。通常采用蒸汽锅炉回收高温烟气的热量，锅炉水循环系统为一封闭系统，炉水不断在锅炉管中循环，受热后变成蒸汽，蒸汽再供发电机发电或供暖等。锅炉还配套一个伺水处理系统，它的任务是处理外界送入的自来水或地下水，将其处理净化后，送入锅炉水循环系统，以保障锅炉的正常运行。

（6）发电系统

锅炉产生的高温高压蒸汽被导入汽轮发电机后，推动发电机涡轮叶片转动而产生电力。同时，将未凝结的蒸汽导入冷却水塔，冷却后贮存在凝结水贮槽，经由伺水泵再打入锅炉炉管中，进行下一循环的发电工作。有时，部分蒸汽会用来预热助燃空气，以避免炉膛温度降低过多。

（7）烟气处理系统

废物焚烧产生的烟气由二燃室出口进入烟气冷却装置，冷却至一定温度后，再经除尘、淋洗等尾气处理设施，达到排放标准后，由烟囱排入大气。常用干式、湿式或半干式洗气塔去除酸性气体，再配合布袋或静电除尘器去除悬浮微粒及其它重金属等，同时配合喷入活性炭去除二噁英等。

（8）飞灰与炉渣收集及处理系统

废物经焚烧炉焚烧后会产生焚烧炉渣，烟气经处理后会产生飞灰。炉渣没有危害性，属于一般固体废物，但飞灰由于含有重金属和二噁英等毒性物质，我国规定其属于危险废物，要求按危险废物进行管理和处理处置。

（9）废水和渗滤液处理系统

垃圾在贮坑内篦水、发酵会产生大量的垃圾渗滤液，渗滤液包括垃圾本身的水分、降解产生的水分和溶出的污染物，此外还含有发酵降解的有机质、悬浮固体颗粒物、厌氧消化细菌等。垃圾渗滤液具有水质复杂、水量变化大、有机物含量高、金属含量高、氨氮含量高、盐含量高、微生物营养元素比例失调、色度深且有恶臭等特点，因此需要进行单独处理。我国生活垃圾焚烧厂主要采取先预处理、后生物处理、最后膜处理的组合工艺进行渗滤液的处理，如预处理+中温厌氧+外置 MBR（膜生物反应器，membrane bio-reactor）+纳滤/反渗透。渗滤液经处理达到标准后排放或作为厂区用水。

由锅炉排放的废水、员工生活废水、实验室废水或洗车废水，可以和渗滤液一同处理，或者并入市政污水管网另行处理。

（10）数据采集与监控系统

现代化的垃圾焚烧厂都采用在线数据采集、实时监控和安全保障系统，还有的与互联网结合，实现远程数据采集和远程监控。自动控制对象包括称重及车辆管制、吊车的自动运行、炉渣吊车的自动控制、自动燃烧系统控制、焚烧炉的自动启动和停炉以及实现多变量控制的模糊数学控制、烟气监测等。图 8-4 和图 8-5 是我国某垃圾焚烧厂的厂区全貌和中央监控室的情况。

图 8-4　我国某垃圾焚烧厂厂区全貌

图 8-5　垃圾焚烧厂中央监控室

三、焚烧设备

焚烧系统的核心是焚烧设备，即焚烧炉。焚烧炉的结构形式与废物的种类、性质和燃烧形态等因素有关，不同的焚烧方式有相应的焚烧炉与之相配合。根据焚烧废物的性质，可将焚烧炉分为城市生活垃圾焚烧炉、一般工业废物焚烧炉和危险废物焚烧炉；按处理废物的形态，分为液体废物焚烧炉、气体废物焚烧炉和固体废物焚烧炉；按炉型，可分为炉排型焚烧炉、固定床焚烧炉、流化床焚烧炉和回转窑焚烧炉等。

1．炉排型焚烧炉

将废物置于炉排上进行焚烧的炉子称炉排型焚烧炉，分为固定炉排焚烧炉和活动炉排焚烧炉。小型焚烧炉一般采用固定炉排焚烧炉，大型焚烧炉基本都采用活动炉排焚烧炉。

活动炉排焚烧炉的特点是其炉排是活动的。炉排是活动炉排焚烧炉的核心部分，其性能直接影响垃圾的焚烧处理效果。活动炉排焚烧炉可实现焚烧操作的连续化、自动化，是目前城市垃圾处理中使用最为广泛的焚烧炉型式。活动炉排焚烧炉由进料器、炉膛、炉排、空气引导系统、辅助燃烧器、底灰排放器等组成（图 8-6），其中炉膛、炉排和空气引导系统是其核心。

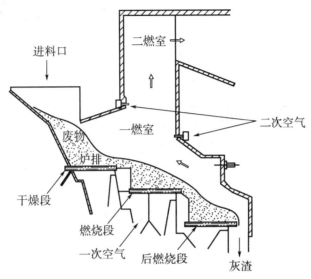

图 8-6　焚烧炉炉膛构造图

（1）炉膛

焚烧炉的炉膛通常由两个燃烧室组成。一燃室主要完成固体废物的干燥和挥发组分的火焰燃烧，二燃室主要对烟气中的未燃尽组分和悬浮颗粒进行燃烧。一燃室要保证炉膛内实现稳定和良好的燃烧环境，通常采用内衬耐火材料，以尽量减少散热损失。二燃室要保证二次空气与烟气的充分混合和烟气中未燃尽组分的完全燃烧，二燃室通常采用水冷壁以回收高温烟气的热量，因此，它兼有燃烧和冷却的双重作用。

炉膛内废物的燃烧温度一般在 800～1000℃，对一般废物，大多控制在 800～900℃。低温燃烧时，有毒有害物质难以分解，还会产生剧毒物质二噁英；但温度过高时，容易导致设备腐蚀和炉膛灰渣结焦（1100～1200℃）。因此，需要把温度控制在合理的范围。

（2）炉排

废物的燃烧过程主要是在炉排上完成的，炉排是焚烧炉最关键的部件。炉排的作用主要是：通过炉膛输送废物及灰渣；搅拌和混合物料；引导一次空气顺利通过燃烧层。根据对废物移送方式的不同，炉排可以分为多种形式，常用的有以下几种。

① 往复式炉排：由固定炉排和可动炉排两部分组成，两者交替叠放在一起，常呈阶梯状布置（图 8-7）。固定炉排始终固定不动，活动炉排则由机械推动作往复运动，从而把废物不断推向前去，同时又将料层翻动、扒松，使由炉排底部透过的空气与废物充分接触燃烧。

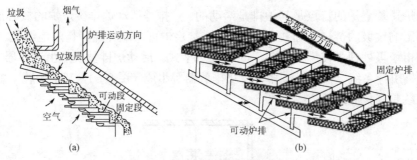

图 8-7 往复式机械炉排焚烧炉

　　② 逆动式炉排：逆动式炉排（图 8-8）是往复式炉排的一种改进性产品，它的可动和固定炉排沿废物移动方向向下倾斜，可动炉排沿与废物移动方向相反的方向做逆向往复运动，其搅动和焚烧效果比其它方式要好。

　　③ 链条式炉排：通过链条的转动向前移动废物（图 8-9）。它的结构简单，但对废物的搅动作用较弱，容易出现局部燃烧不完全、燃不尽等现象。

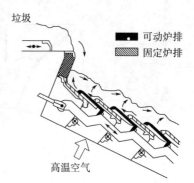

图 8-8 逆动式机械炉排焚烧炉

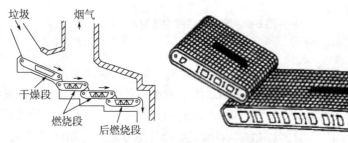

图 8-9 链条式机械炉排焚烧炉

　　④ 转动滚筒式炉排：由多个滚筒式炉排沿废物移动方向依次呈阶梯状排列，废物通过滚筒的转动向前推进，同时得到搅拌和混合（图 8-10）。滚筒炉排的冷却效果较好，废物的移送速度容易控制，但对于高水分低热值废物，其操作运行有一定的困难。

（3）空气引导系统

　　炉排型焚烧炉的助燃空气通过两种方式供给，火焰下空气（underfire air）和火焰上空气（overfire air），也称一次空气（primary air）和二次空气（second air）。一次空气由炉排下方吹入，其作用是提供废物燃烧所需的氧气和冷却炉排。当废物含水量较大时，也常采

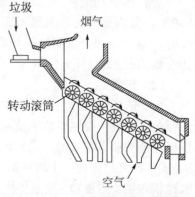

图 8-10 转动滚筒式机械炉排焚烧炉

用经预热的助燃空气，它不仅可以为废物干燥提供部分热量，而且有利于炉膛温度的提高。干燥垃圾的着火点为 200℃ 左右，向干燥段的垃圾层中通入 200℃ 的预热助燃空

气，垃圾即可快速干燥和自燃着火。一次空气的另一个作用是防止炉排过热，因此，助燃空气的预热温度应控制在250℃以下。二次空气从炉排上方吹入，使炉膛内气体产生扰动，造成良好的混合效果，同时为烟气中未燃尽可燃组分氧化分解提供所需的氧气。通常情况下，一次空气的供给量大于二次空气量。

2. 固定床焚烧炉

螺旋式固定炉床焚烧炉是典型的固定床焚烧炉（图8-11）。该焚烧炉由两个燃烧室组成。螺旋燃烧室为一燃室，它包括圆柱形燃烧室的外壳、进出料装置、强制通风系统、集灰器和不等螺距的螺旋推进器。由顶部的强制供风系统送入的一次助燃空气，经过嵌在耐火材料中的环形孔口进入螺旋燃烧室内。二燃室是一个由耐火砖衬里、垂直安装着的圆柱体，通过壳体中的多个孔口可进行强制供风，并有一个贮灰器、一个冲洗槽和一个热气出口。

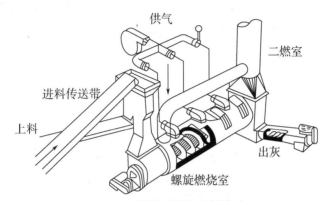

图 8-11 螺旋式固定床焚烧炉

其工作过程为：废物以一定的速度进入螺旋燃烧室，并由螺旋推进器不断向前推进，在此过程中，废物呈螺旋状滚过燃烧室。在螺旋推动废物向前移动时，也起到了搅拌废物的作用，从而使废物最大限度地与注入燃烧室的空气相接触。当废物经过燃烧、体积减小时，推动废物移动的螺旋的螺距也相应地减小。螺旋燃烧室排出烟气进入二燃室继续燃烧。二燃室中的旋风气流也能分离、去除从螺旋燃烧室中带走的大部分颗粒物。注入二燃室的空气也可用来控制二燃室排出气体的温度。

螺旋式固定床焚烧炉具有以下优点：对废物的适应性强、能焚烧各种复杂的固体废物；运行比较稳定、处理能力大；燃烧室的温度较低、设备使用寿命长；二燃室只有气体燃烧，因而能精确地控制排气温度；但焚烧炉内有运动部件，维修比较困难。

3. 流化床焚烧炉

流化床焚烧炉是指废物在炉内呈流态化焚烧的一种焚烧炉。流化床焚烧炉属于流化场承载型垃圾焚烧炉，近年来，在中小城市废物处理方面得到了比较多的应用。

图 8-12 所示是典型的流化床焚烧炉。流化床焚烧炉的主体是垂直的由耐火材料建造的炉体。废物由焚烧炉上部送入，风机从底部布气板送入空气，通过控制气流使炉内垃圾始终处于流态化状态，废物被炉内高温气体加热，温度快速提升，脱水干燥后而发生燃烧。高温烟气从炉的上部排出，通过烟气净化系统净化后排放。

流化床焚烧炉的特点是：废物始终处于悬浮状态，气固间充分混合接触，传热传质效率高，燃烧速度快、焚烧效率高；炉内燃烧温度均匀，废物燃烧完全；炉体结构简单，炉体体积较小；炉内无移动部件，炉体的故障较少。但要求进料颗粒均匀，对颗粒大小也有一定的要求，常需要进行废物预处理；对操作运行及维护的要求高，运行和维护费用较高；烟气中携带的颗粒物比较多，后期处理难度较大。

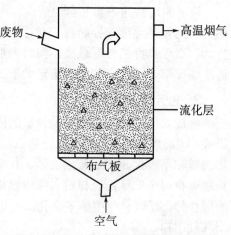

图 8-12 流化床焚烧炉工作原理和结构

4. 回转窑焚烧炉

回转窑焚烧技术起源于工业、建材制造业，常用于水泥的生产，是一种成熟的工业焚烧技术，目前，其在废物焚烧领域也得到了广泛的应用。回转窑焚烧炉适用于处理成分复杂、含有多种难燃烧的废物，或者含水率变化范围较大的废物。在我国，回转窑焚烧炉被广泛用于危险废物和医疗废物的焚烧处理。

回转窑焚烧炉主要由回转窑和一个二燃室组成（图 8-13）。回转窑是主燃烧室（一燃室），它是一个略为倾斜、内衬耐火砖的钢制空心圆筒，窑体通常很长。固体废物从前端送入，在回转窑中进行焚烧，废渣从尾部排出。窑体保持适当的倾斜度，工作时保持一定的速度旋转，通过窑体的旋转搅拌炉内废物，并向前输送废物。回转窑的长径比为 2:1～5:1，转速可根据废物燃烧特性等进行调整，一般为 0.75～2.50 r/min，倾斜度为 2%～4%。一次空气由回转窑的前部送入。由回转窑产生的烟气进入二燃室，二燃室的作用是使挥发性的有机物和未燃尽的悬浮颗粒物完全燃烧掉，二燃室的空间约为回转窑的 30%～60%。

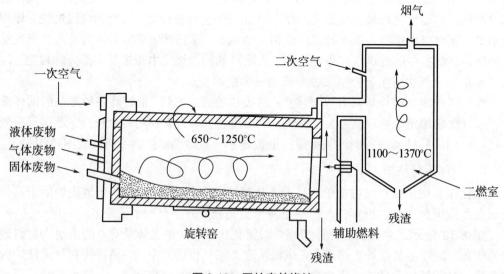

图 8-13 回转窑焚烧炉

回转窑焚烧炉的特点是：对废物的适应性强，不仅可以焚烧固态废物，也可焚烧液态和气态废物，各种形态的废物可单独焚烧，也可混合在一起焚烧；通过调节回转窑的转速，可调节废物停留时间，二燃室温度也可调，因而能确保摧毁毒性物质成分，焚烧效果好；回转窑内无运动部件，运行可靠、不易损坏；能耗相对较低，能量回收率较高。但回转窑焚烧炉建造费用较高，常需供给较高的过剩空气量，烟气中悬浮微粒含量较高，废气净化难度较大。

第三节

焚烧热能的回收利用

在焚烧过程中，废物的燃烧会产生大量的烟气，烟气温度高达 850～1000°C，含有大量的热能，需要加以利用。现代化的焚烧厂通常都设有烟气冷却和废热回收利用系统。其作用是：①调节烟气温度，保护净化设备和环境。一般烟气净化处理设备仅能在 300°C 以下的温度范围内操作，因此，在烟气进入净化处理设备前，需要进行冷却降温（200～300°C），以保证烟气处理设备的正常运行；同时，也是为了避免高温烟气对周围环境的热污染。②回收能源。通过各种方式利用废热，可以回收能源，获得经济收益，有利于降低焚烧处理的费用。目前，中大型垃圾焚烧厂都设有蒸汽发电系统，一个焚烧厂实际上就是一个发电厂。

一、烟气余热回收方式

焚烧产生的高温烟气需要进行冷却处理以回收热能，冷却的方式有直接式和间接式两种。

1. 直接冷却

直接式冷却是利用传热介质直接与烟气接触以吸收热量，达到冷却、调节温度和回收热能的目的。水具有较高的蒸发热（约 2500 kJ/kg），可以有效降低烟气温度，且产生的水蒸气不会造成污染，因此，水是最常使用的冷却介质。空气的冷却效果差，使用量大，会造成烟气处理系统容量的增加，因此很少单独使用。

直接喷水是常用的冷却和回收热能的方式之一（图 8-14）。冷却水由水泵和喷嘴喷入冷却塔内，与上升的高温烟气直接接触，冷却水受热蒸发形成水烟气，水烟气进入热交换器与空气进行热交换，产生的热空气用作焚烧炉的助燃空气，从而使废热得到再利用。烟气通过水冷塔冷却后，温度可从 800～950°C 降到 300～450°C；通过空气热交换器后，进一步降到 200～300°C 左右。

直接喷水冷却方式的投资和运行成本较低、系统运行也比较稳定可靠，但热回收效率低、水的消耗量大，一般只用于小规模的垃圾焚烧厂。

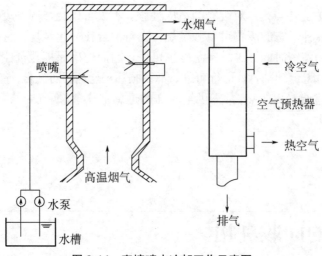

图 8-14　直接喷水冷却工作示意图

2. 间接冷却

间接冷却方式是利用传热介质,通过锅炉和换热器等热交换设备来降低烟气温度和回收废热的一种方式。其中废热锅炉换热冷却方式使用最为广泛。

废热锅炉又称热回收锅炉,它是利用燃烧烟气的废热为热源产生蒸汽的一种设备(图 8-15)。焚烧炉产生的高温烟气先经水冷壁冷却,然后进入锅炉的水管群(束),与水管中的水进行热交换,使水蒸发而产生水蒸气,蒸汽再用来推动发电机发电或作它用。大中型垃圾焚烧厂产热量大,具有较好的规模经济效益,大都采用废热锅炉冷却和回收热能。

利用废热锅炉降低烟气温度和回收废热的优点是:传热传质效果好,废热回收效率高;设备体积较小,安装费用低;可耐较高温度,对废气温度变化的适应性强;可生产电力、蒸汽和热水,热能能够有效利用。但其投资、运行与维护费用比较高,此外,烟气中的酸性气体和粉尘等会导致设备的磨损、腐蚀、积垢等问题。

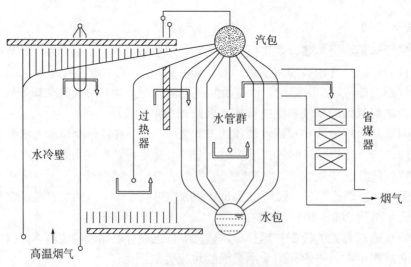

图 8-15　废热锅炉冷却和回收热能

二、烟气余热利用方式

利用废热锅炉等回收的热量需要加以有效利用，以实现垃圾的能源化转化。垃圾焚烧热利用方式有生产热水、生产蒸汽和蒸汽发电三大类型（图 8-16）。

1. 生产热水

将余热锅炉产生的蒸汽经热交换器进行热交换后，产生 80℃ 以上的热水，然后进入所在区域的热水管路网中，供给居民或工业企业使用。

2. 生产蒸汽

将余热锅炉产生的蒸汽输送到地区性热能供应站，并入社区供暖管网，供应社区取暖用；也可输送到附近需要使用蒸汽的工业企业作为工业用蒸汽。此种利用方式主要用于寒冷地区、焚烧厂距离社区和工业企业不远的地区。

3. 蒸汽发电

将热能转换为高品位的电能，不仅能远距离传递，使用也不受限制，销售电力还可以获得可观的经济收益。在一个规模化的垃圾焚烧厂，垃圾焚烧炉与余热锅炉和发电设备一般都组合在一起，构成一个热-汽-电共生系统。垃圾焚烧产生的热量被转化为具有一定压力和温度的过热蒸汽，过热蒸汽驱动汽轮发电机组发电，产生的电力直接并入现有电网，也可部分供厂内自用。这样的话，垃圾最终就被转化成了电力，就是我们通常所说的"垃圾焚烧发电"。它是目前世界上最为普遍使用的方法，发达国家和我国的大多数垃圾焚烧厂大都采用这种利用方式。

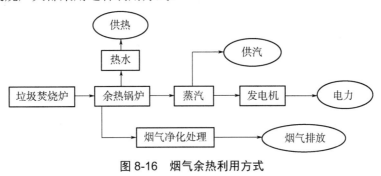

图 8-16 烟气余热利用方式

第四节

焚烧烟气净化处理

一、烟气污染物组成

废物焚烧是一个非常复杂的过程，焚烧产生的烟气中含有大量的污染物质，烟气需经净化处理后方可排放。烟气中含有的污染物的成分和含量受多种因素的影响，包括废物种类、焚烧炉型式、燃烧温度、供气量、废物进料方式等。垃圾焚烧烟气中主要污染物质可分成如下几类。

1. 不完全燃烧产物

碳氢化合物完全燃烧后的主要产物是水蒸气和二氧化碳，可以直接排入大气之中。但由于焚烧过程的复杂性，会存在不完全燃烧的情况。不完全燃烧产物（简称 PIC）是指燃烧不良时产生的副产物，包括一氧化碳、碳黑、烃、烯、醛、酮、醇、有机酸和聚合物等。

2. 酸性气体

酸性气体包括含氮化合物（NO_x）、含硫化合物（SO_x、H_2S）、卤素化合物（HCl、HF）等。它们主要来自垃圾中的 Cl、N、S、F 等在燃烧过程中与 H、H_2O、O_2 等发生化学反应而生成的。

3. 重金属污染物

重金属污染物包括铅、汞、铬、镉、砷、铜、锰、镍等的元素态及其氧化物、硫化物和氯化物等。

4. 二噁英类

二噁英类包括多氯二苯并二噁英（PCDDs）和多氯二苯并呋喃（PCDFs）。

5. 飞灰

飞灰是指由焚烧烟气污染控制设备所分离和收集到的、呈灰状的微细颗粒混合物。飞灰包括被燃烧烟气吹起的微细灰分和未燃物颗粒、高温蒸发汽化的盐类和重金属等在后续冷却过程中凝缩形成或发生化学反应而生成的物质、除尘设备收集到的中和反应物和未完全反应的碱剂等。由于经历了高温、降温、吸附、化合等过程，Hg、As、Se、Pb、Zn、Cl、F 等污染元素可能被富集了数百甚至数千倍。由于含有多种有害物质，飞灰被界定为危险废物。

垃圾焚烧产生的烟气中，各污染物含量的范围大致为：飞灰 2000～5000 mg/m^3、HCl 600～1500 mg/m^3、NO_x 300～400 mg/m^3、SO_x 200～600 mg/m^3、二噁英类 1～10 $ngTEQ/m^3$、重金属 50～100 mg/m^3。

焚烧烟气控制的重点是酸性气体、重金属、二噁英类和飞灰。焚烧烟气必须经净化处理达标后方可排放，各国都有相应的烟气排放标准。我国《生活垃圾焚烧污染控制标准》（GB 18485—2014）规定了各种大气污染物的排放限值（表 8-1）。

表 8-1　我国《生活垃圾焚烧污染控制标准》（GB 18485—2014）

序号	项目	单位	数值含义	限值
1	颗粒物	mg/m^3	1 小时均值	30
			24 小时均值	20
2	氮氧化物（NO_x）	mg/m^3	1 小时均值	300
			24 小时均值	250

序号	项目	单位	数值含义	限值
3	二氧化硫（SO_2）	mg/m^3	1 小时均值	100
			24 小时均值	80
4	氯化氢（HCl）	mg/m^3	1 小时均值	60
			24 小时均值	50
5	汞及其化合物（以 Hg 计）	mg/m^3	测定均值	0.05
6	镉、铊及其化合物（以 Cd+Tl 计）	mg/m^3	测定均值	0.1
7	锑、砷、铅、铬、钴、铜、锰、镍及其化合物（以 Sb+As+Pb+Cr+Co+Cu+Mn+Ni 计）	mg/m^3	测定均值	1.0
8	二噁英类	$ng\ TEQ/m^3$	测定均值	0.1
9	一氧化碳（CO）	mg/m^3	1 小时均值	100
			24 小时均值	80

二、酸性气体控制技术

1. SO_2 和 HCl 的控制

垃圾焚烧烟气中的酸性气体主要是 SO_2、HCl 和 NO_x。用于控制焚烧厂烟气中酸性气体 SO_2 和 HCl 的方法主要有湿式洗气法、干式洗气法和半干式洗气法三种。

（1）湿式洗气法

湿式洗气法是将碱液喷淋到洗涤塔内，使之与 SO_2 和 HCl 发生中和反应而达到去除的目的。常用的方法有石灰、石灰-石膏法、氨吸收法等。

当以石灰溶液作碱性药剂时，碱液在吸收塔内与烟气中 SO_2 和 HCl 充分接触并发生中和反应，生成 $CaSO_4$ 和 $CaCl_2$，其化学反应式为：

$$Ca(OH)_2 + SO_2 + 1/2H_2O \longrightarrow CaSO_3 \cdot 1/2H_2O + H_2O$$

$$Ca(OH)_2 + 2HCl \longrightarrow CaCl_2 + 2H_2O$$

此外，因烟气中有氧，部分 SO_3^{2-} 和 HSO_3^- 被氧化为 SO_4^{2-}，最终生成硫酸钙，其化学反应式为：

$$SO_3^{2-} + 1/2O_2 \longrightarrow SO_4^{2-}$$

$$HSO_3^- + 1/2O_2 \longrightarrow SO_4^{2-} + H^+$$

$$Ca^{2+} + SO_4^{2-} + 2H_2O \longrightarrow CaSO_4 \cdot 2H_2O$$

常用的湿式洗气装置是装有填料的吸收塔（图 8-17）。烟气通过冷却降温后，引导到填料塔的下部，然后通过塔内填料层（由多孔板组成）向上流动。在此过程中，与由顶部喷淋、向下流动的碱性溶液在填料层中充分接触，并发生中和反应，从而去除酸性气体。

常用的碱性洗涤药剂有 NaOH 溶液（15%～20%）和 $Ca(OH)_2$ 溶液（10%～30%）等。洗气塔的碱性洗涤溶液常采用循环使用方式。当 pH 值或盐度超过一定标准时，排出部分碱液并补充一些新的溶液后，洗涤溶液继续循环使用，以节约处理成本，并维持一定的酸性气体去除效率。洗涤废液必须予以适当处理，以避免对环境的二次污染。

湿式洗气塔的主要优点是：对酸性气体的去除效率高，HCl 去除率可达 98%，SO_x 去除率也可达 90% 以上，并能附带去除高挥发性的重金属（如汞）等。缺点是造价高，耗电、耗水量大；产生含重金属和高浓度氯盐的废水；尾气排放时产生白烟现象等。

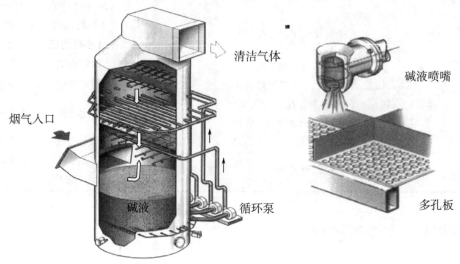

图 8-17　湿式烟气净化系统

（2）干式洗气法

干式洗气法是将粉状的碱性物质通过压缩空气从塔式反应器顶部喷入，烟气从顶部同时喷入，干粉和烟气在反应器内充分混合，并发生中和反应（图 8-18）。

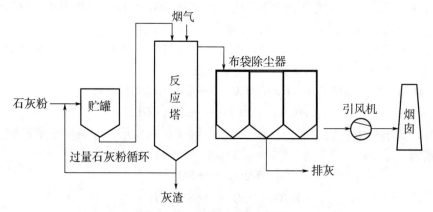

图 8-18　干式烟气净化系统

当采用消石灰 $Ca(OH)_2$ 时，其化学反应式如下：

$$(x+y/2)Ca(OH)_2 + xSO_2 + yHCl \longrightarrow xCaSO_3 + y/2CaCl_2 + (x+y)H_2O$$

$$xCaSO_3 + x/2O_2 \longrightarrow xCaSO_4$$

由于在干式洗涤时，固相与气相的接触时间有限，且传质效果不佳，故常需超量加药，实际碱性固体的用量约为反应需求量的 3~4 倍，固体停留时间至少需 1s 以上。为节约用量，过量的碱粉常常需要循环利用。

干式洗气法设备简单、维修容易及造价便宜，没有废液的产生，但药剂消耗量大，去除效率较低，产生的反应物及未反应物量较多，从而增加了后续灰渣处置的难度。

（3）半干式洗气法

半干式洗气是介于干式和湿式洗气之间的一种方法。它利用高效雾化器将碱浆雾化后从吸收塔顶部高速喷入，烟气也从顶部同时喷入，雾化的碱浆与烟气两种强烈混合，并发生中和反应，以去除酸性气体（图8-19）。

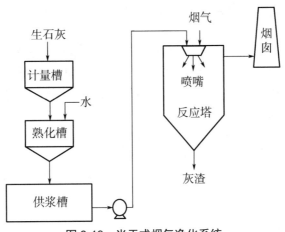

图 8-19　半干式烟气净化系统

以消石灰灰浆为药剂时，其化学反应式为：

$$CaO + H_2O \longrightarrow Ca(OH)_2$$
$$Ca(OH)_2 + SO_2 \longrightarrow CaSO_3 + H_2O$$
$$Ca(OH)_2 + 2HCl \longrightarrow CaCl_2 + 2H_2O$$

该系统的关键设备是雾化器。由于消石灰灰浆流动性差、不容易雾化，因此，需要专门的雾化装置。目前使用较为普遍的是旋转雾化器。旋转雾化器为一个由高速马达驱动的雾化器，转速可达 10000～20000 r/min，通过剪力作用将消石灰灰浆雾化成 30～100μm 大小的液滴，从而提高气-浆接触面积和传质效果，提高酸性气体的去除效率。

半干式洗气法结合了干式法与湿式法两者的优点，表现为：构造相对简单、投资少；能耗低、运行费用低；耗水量远低于湿式法、产生的废水量少；雾化效果较好、气液接触面大，去除效率高于干式法但低于湿式法；尾气不产生白烟。但是，喷嘴易堵塞、塔内壁易附着和堆积洗涤药剂、对加水量控制要求比较严格。

2. NO$_x$的控制

用于控制焚烧烟气中氮氧化物（NO$_x$）的方法主要有吸附法、吸收法和还原法三种。

吸附法是利用吸附剂，通过周期性地改变操作温度或压力控制 NO$_x$ 的吸附和解吸，使 NO$_x$ 从烟气中分离出来，常用的吸附剂为活性炭、分子筛等。吸收法有碱吸收、还原吸收和络合吸收等。由于还原法使用最为普遍，下面重点介绍还原法。

还原法脱硝技术根据是否采用催化剂分为选择性非催化和选择性催化还原法两种。

（1）选择性非催化还原法（SNCR）

研究发现，在 950～1050℃ 的温度范围内，在无催化剂存在情况下，NH$_3$、尿素等氨基还原剂可选择性地还原烟气中的 NO_x，生成 N_2 而排出。据此，开发出了 SNCR 法。在上述温度范围内，NH_3 或尿素还原 NO_x 的反应为：

$$4NH_3+4NO+O_2 \longrightarrow 4N_2+6H_2O$$
$$CO(NH_2)_2+H_2O \longrightarrow CO_2+2NH_3$$
$$6NO+4NH_3 \longrightarrow 5N_2+6H_2O$$

研究表明，低于 900℃ 时，NH_3 的反应不完全，会造成所谓的"氨穿透"；而温度过高，NH_3 氧化为 NO 的量增加，导致 NO_x 排放浓度增高，所以，SNCR 法的温度控制至关重要。SNCR 法的喷氨点应选择在锅炉炉膛上部相应温度的位置，为保证与烟气良好混合，一般将 NH_3 多点分散注入。通常喷入的尿素溶液中尿素的质量分数为 50%，在尿素中添加有机烃类、酒精、糖类、酚、纤维素、有机酸等可增强对 NO_x 的还原效果，对有这些废物排放的企业可以同时加以利用，达到以废治废的目的。

（2）选择性催化还原法（SCR）

由于选择性非催化还原法需要较高的温度，因此，开发出了选择性催化还原法（SCR）。在催化剂的作用下，SCR 可在较低的温度下，通过 NH_3 或碳氢化合物等还原剂有选择性地将烟气中 NO_x 还原为 N_2。由于有催化剂的作用，反应可在较低温度下进行（一般在 300~400℃），这是选择性催化还原法（SCR）的特殊优点。

NH_3 选择性还原 NO_x 的主要反应如下：

$$4NH_3+4NO+O_2 \longrightarrow 4N_2+6H_2O$$
$$8NH_3+6NO_2 \longrightarrow 7N_2+12H_2O$$
$$4NH_3+6NO \longrightarrow 5N_2+6H_2O$$

研究证明，气相中 O_2 的浓度对 NO_x 的转化率有明显影响，当无 O_2 存在时，上述第三个反应也能进行，但 NO 的转化率较低；随着气相中 O_2 浓度的适当增加，NO 转化率大幅度上升；但当 O_2 浓度过高时，还原剂 NH_3 易和 O_2 发生反应消耗还原剂，导致 NO 转化率的下降。

三、重金属控制技术

焚烧烟气中所含重金属的量与废物组成、性质、重金属存在形式、焚烧炉的操作及烟气污染控制方式有密切关系。去除烟气中重金属主要有如下几种方法。

1. 活性炭吸附法

在干法处理流程中，可在布袋除尘器前喷入活性炭，或于流程尾端使用活性炭滤床，利用活性炭的吸附性能来吸附重金属，吸附了重金属的活性炭随后被除尘设备一并收集处理。对以气态存在的重金属物质，活性炭吸附效果也较好。

2. 化学药剂法

在布袋除尘器前喷入能与金属反应生成不溶物的化学药剂，也可去除重金属。例如，喷入 Na_2S 药剂，使其与汞反应生成 HgS 颗粒，然后再通过除尘系统去除掉 HgS 颗粒。

$$Hg^{2+} + Na_2S \longrightarrow 2Na + HgS\downarrow$$

3. 除尘器去除

当重金属降温达到饱和温度时，就会凝结成颗粒状物。因此，通过降低烟气温度，利用除尘设备就可去除。需要注意的是，单独使用静电除尘器对重金属物去除效果较差，采用干式（或半干式）洗气塔与布袋除尘器联用方法，对重金属的去除效果比较好。且进入除尘器的烟气温度愈低，去除效果愈好。但是，为了维持布袋除尘器的正常操作，烟气温度不得降至露点以下，以免引起酸雾凝结，造成滤袋腐蚀，或因水汽凝结而使整个滤袋阻塞。

4. 湿式洗气塔

部分重金属的化合物为水溶性物质，通过湿式洗气塔的作用，可把它们先吸收到洗涤液中，然后再加以处理。

四、二噁英类控制技术

1. 二噁英类的化学结构

二噁英（Dioxin）是一类有机氯芳香族化合物，包含结构和性质都很相似的两大类有机化合物，分别是多氯二苯并二噁英（PCDDs）（图 8-20）和多氯二苯并呋喃（PCDFs）（图 8-21）。由于这两种化合物在化学结构和性质上的相似性，我国的环境标准中把它们归纳在一起，统称为二噁英类。

多氯二苯并二噁英（PCDDs）由 2 个氧原子联结 2 个被氯原子取代的苯环；多氯二苯并呋喃（PCDFs）则是由 1 个氧原子联结 2 个被氯原子取代的苯环。每个苯环上都可以取代 1～4 个氯原子，从而形成众多的异构体，其中 PCDDs 有 75 种异构体，PCDFs 有 135 种异构体，所以，二噁英类共包括 210 种有机氯化合物。

这类物质化学性质非常稳定，无色无味，难溶于水，有一定的脂溶性，在较低大气压下容易挥发，通常以微小颗粒状态存在于大气、土壤和水中，非常容易在生物体内积累，环境中的二噁英很难自然降解消除，对环境的危害性很大。

我们关注二噁英，主要是因为它们的毒性。带有 1～3 个氯的二噁英，并不具有毒性。因此，在述及 PCDDs/PCDFs 时，一般均是指带有 4～8 个氯的具有毒性的 136 种衍生物。如果 2、3、7、8 位置上与 Cl 结合，则称为 2,3,7,8-四氯二苯并二噁英（TCDD）。它被认为是现有合成化合物中毒性最强的物质之一，其毒性比氰化物大 1000 倍，比马钱子碱大 500 倍，属剧毒类物质，是垃圾焚烧烟气中需要特别关注的物质。

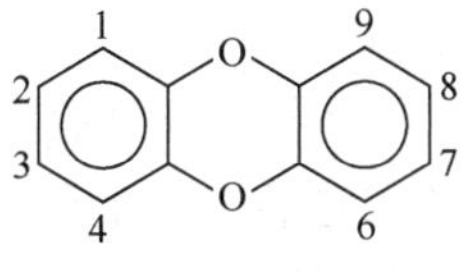

图 8-20　多氯二苯并二噁英（PCDDs）分子结构式

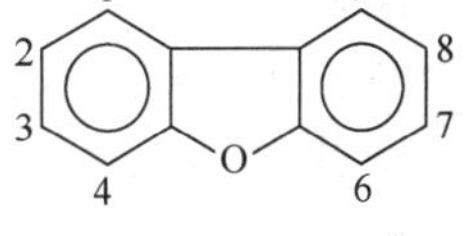

图 8-21　多氯二苯并呋喃（PCDFs）分子结构式

2. 二噁英类的生成

图 8-22 为垃圾焚烧时二噁英类产生的示意图。产生二噁英类的主要原因有：

① 本身含有：垃圾种类繁多，成分也十分复杂，有时会含有微量的二噁英，如垃圾中混入的杀虫剂、除草剂、防腐剂等。有国外资料显示，每 1kg 家庭垃圾中含有约 6～50 ng TEQ 的 PCDDs/PCDFs。

② 炉内形成：垃圾中含有形成二噁英类需要的元素 C、H、O、Cl 等，在焚烧过程中，由于部分不完全的燃烧，这些元素可能先形成碳氢化合物 C_xH_y，然后 C_xH_y 会与垃圾或烟气中的氯化物（如 NaCl、HCl、Cl_2）结合生成 PCDDs/PCDFs，或者生成氯苯和氯酚等的前驱物质（precursor），前驱物质在炉外低温条件下会通过再合成生成 PCDDs/PCDFs。

③ 炉外低温再合成：当炉内生成的氯苯及氯酚等前驱物质随烟气自燃烧室排出后，会被吸附在飞灰上，并在飞灰颗粒所构成的活性接触面上和特定的温度条件下（250～450°C，300°C 时最显著），被金属氯化物（如 $CuCl_2$、$FeCl_2$）等催化反应生成 PCDDs/PCDFs。此外，目前大多数焚烧厂均设有锅炉回收热能系统，焚烧烟气在锅炉出口的温度在 200～300°C，该温度正好是二噁英容易合成的温度段，且锅炉或除尘器的金属部件（铜或铁等）也会导致二噁英类的再合成。这种二噁英炉外再合成现象称为 De Novo 合成。

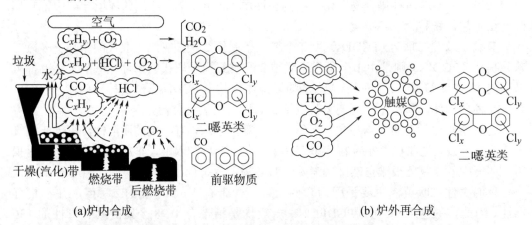

(a)炉内合成　　　　　　　　　　　　　　　(b) 炉外再合成

图 8-22　垃圾焚烧时二噁英类的生成过程

3. 二噁英类控制方法

为控制由焚烧厂所产生的 PCDDs/PCDFs，可由源头控制、减少炉内生成、避免炉外低温区再合成和进行处理等方面着手（图 8-23）。

（1）源头控制

通过废物源头分类收集，避免含 PCDDs/PCDFs 物质或者含氯成分的废物（如 PVC 塑料等）进入垃圾中，防止其进入焚烧炉，从源头上避免二噁英生成的物质条件。

（2）减少炉内生成

控制二噁英类在炉内产生的最有效的方法是所谓的"3T"法，即温度（temperature）、时间（time）和搅混（turbulence）。

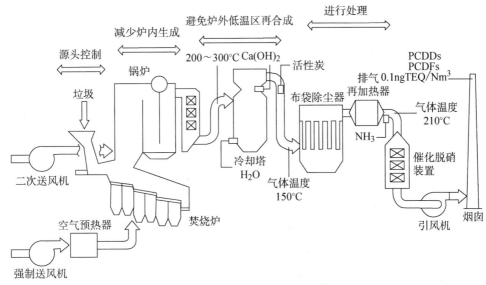

图 8-23 二噁英类控制过程

二噁英类在高温下会分解，因此，通过保持足够高的燃烧温度、足够长的烟气停留时间和一定的气体搅混强度，就可以使得炉内产生的二噁英类得到完全分解。为此，需要保持炉内燃烧温度在 850℃ 以上，烟气高温停留时间要大于 1～2s；同时，要优化炉型和二次空气的喷入方法和喷入量，充分混合搅动烟气，以达到完全燃烧和二噁英类完全分解的目的。

（3）避免炉外低温区再合成

PCDDs/PCDFs 炉外再合成现象发生在低温区（250～450℃）和有催化物质存在的情况下。因此，近年来，工程上通常采用布袋除尘的方式，同时，控制除尘器入口的烟气温度，以避开二噁英类容易重新合成的催化和温度条件；此外，也可通过提高烟气的流速和骤冷等措施，缩短烟气在二噁英类容易形成的温度范围（250～450℃）的停留时间，以减少二噁英类再合成的可能性。

（4）进行处理

在对源头、炉内和炉外控制都无法使二噁英类达到排放标准时，还需要进行进一步的处理。最简单的处理方法是喷入活性炭，通过活性炭的吸附作用去除烟气中的 PCDs/PCDFs。活性炭虽然单价较高，但因其具有吸附能力强、用量省、安全性高等特点，是目前最常用的二噁英类去除方法，在大中型垃圾焚炉厂中得到了普遍应用。

五、飞灰控制技术

1. 飞灰的性质

飞灰是指由焚烧烟气污染控制设备所分离和收集到的、呈灰状的微细颗粒混合物。飞灰的产生量一般为焚烧垃圾量的 2%～5%，飞灰中含有重金属和二噁英类等有毒有害成分，在我国被列入危险废物的范畴。因此，飞灰必须经过无害化处理，才能进行再利用或进入安全填埋场进行最终处置。

对于不同的垃圾性质、焚烧工艺等，飞灰的元素、化学组成和重金属含量等有很大的区别。表 8-2 是某垃圾焚烧飞灰的元素含量，可以看出，飞灰的主要元素是 Ca、Cl、Na 和 K，此外，还含有一定量的 Mg、Fe、S 和 C 等。飞灰的化学成分主要有 SiO_2、Al_2O_3 和 SO_3 等酸性氧化物以及 K_2O、Na_2O、CaO、Fe_2O_3 等碱性氧化物，其中，CaO 占比最大，Cl 的含量也比较高（表 8-3）。飞灰中还含有一定量的重金属，主要有 Zn、Cu、Pb、Cr、Ni、Cd 和 Hg 等（表 8-4）。由于飞灰中含有重金属，在有水以及有酸或者碱的条件下，飞灰中的重金属就会渗出，对土壤、地表和地下水、人体健康等造成危害。

飞灰中不同物质的含量决定了飞灰的化学特性、物理特性和环境危害性，也是决定飞灰处理方式的主要依据。

表 8-2　典型飞灰中主要元素含量

主要元素	Ca	Cl	Na	K	Mg	Fe	S	C
含量/%	13～36	8.4～11	2.5～5.6	2.3～3.9	1.36～3.54	1.54～2.86	0.7～1.9	0.97～1.42

表 8-3　我国不同地区垃圾焚烧飞灰化学成分组成　　　　　单位：%

产地	飞灰成分							
	CaO	SiO_2	Al_2O_3	SO_3	K_2O	Na_2O	Fe_2O_3	Cl
深圳	39.9	6.70	2.57	10.55	6.45	2.45	2.49	22.68
天津	25.48	11.22	0.93	3.56	0.85	3.12	0.38	19.71
哈尔滨	38.60	21.68	6.94	6.89	4.37	3.23	2.48	10.98
杭州	23.63	19.81	6.97	8.74	6.23	6.68	4.00	10.16

表 8-4　典型飞灰中重金属含量

重金属	Zn	Cu	Pb	Cr	Ni	Cd	Hg
含量/(mg/kg)	3.3～5.9	1.2～2.4	1.8～2.4	0.6～1.1	0.1～3	0.022～0.06	0.00003

2. 飞灰的捕集

烟气中的飞灰是用除尘设备来捕集和去除的。除尘设备有多种型式，在垃圾焚烧厂中常用的是布袋除尘器和静电除尘器。

（1）布袋除尘器

当带有粉尘的烟气通过布袋除尘器的滤布时，气体通过滤布而粉尘则被截留下来，这就是布袋除尘器的工作原理。

图 8-24 和图 8-25 分别为脉冲清洗式和逆流清洗式布袋除尘器，两者都具有清洗功能。脉冲清洗式布袋除尘器除尘时，含尘烟气由滤布外穿入，粉尘被截留在滤布外表面；当清洗时，高压空气则由滤布内吹出，使截留在滤布外表面的粉尘脱落。逆流清洗式布袋除尘器除尘时，烟气从滤布内穿出，粉尘被截留在滤布内表面；当清洗时，干净的清洗气体从外表面穿入滤布内，滤布产生变形而使粉尘脱落。

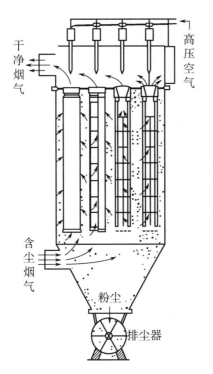

图 8-24　脉冲清洗式布袋除尘器

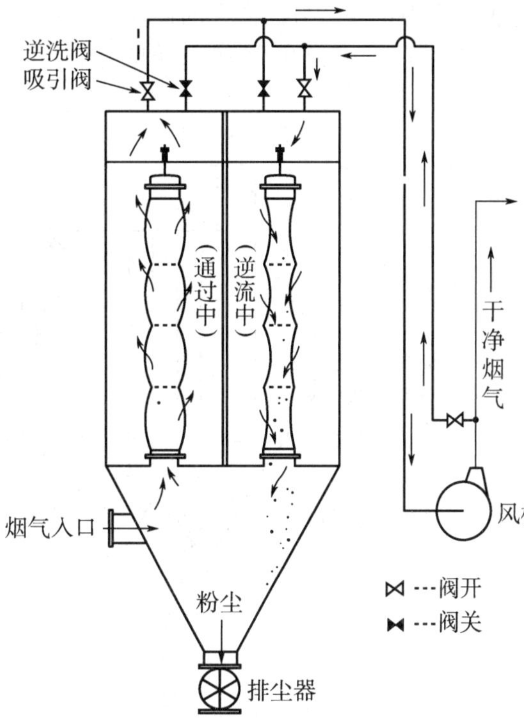

图 8-25　逆流清洗式布袋除尘器

高压空气

干净烟气

含尘烟气

粉尘

排尘器

逆洗阀 吸引阀

（通过中）

（逆流中）

干净烟气

烟气入口

粉尘

排尘器

风机

▷◁---阀开

▶◀---阀关

布袋除尘器结构简单，除尘效果好。布袋式除尘器的除尘效率可高达 99% 以上，烟尘浓度可降至低于 10 mg/m³。气流速度一般为 1m/min 左右，压力损失 1000～2000Pa。滤布是除尘器的关键部件，滤布的耐热温度在 250℃ 左右，所以，高温尾气在进入布袋除尘器前都需要进行冷却降温。

（2）静电除尘器

静电除尘器的工作原理见图 8-26。当给电极通直流高压电后，放电电极便产生电荷，使通过的烟尘带电。由于库仑力的作用，烟尘向集尘电极移动并粘附在其上。再通过捶打，将烟尘从集尘电极上振落下来。静电除尘器的结构见图 8-27。

静电除尘器的特点是可去除微小的尘粒，除尘效率高。其除尘粒径范围在 0.05μm 以上，除尘效率约 99%，压力损失 100～200 Pa。

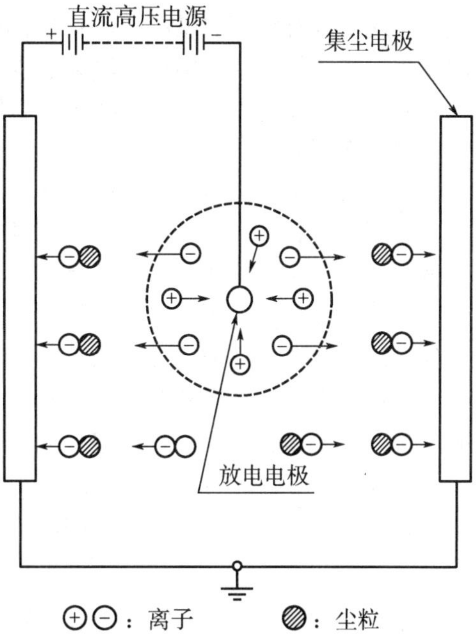

直流高压电源

集尘电极

放电电极

⊕⊖：离子　▨：尘粒

图 8-26　静电除尘器工作原理

3. 飞灰处理技术

（1）固化

固化处理是利用固化剂与焚烧飞灰混合，通过固化剂的物理和化学作用，把飞灰中的有害物质固定或包封在密实的惰性固体基材中，从而减少有害物质的浸出。常用的固化剂包括水泥、塑料和沥青等，详见第十七章，其中水泥是最常见的固化剂。

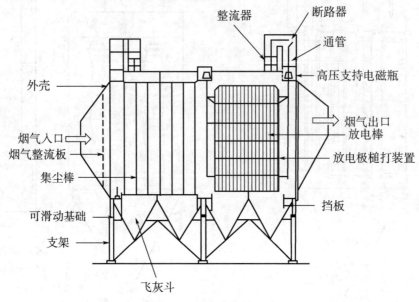

图 8-27　静电除尘器结构

水泥固化处理飞灰具有工艺成熟、操作简单、处理成本低等优点。但由于垃圾焚烧飞灰中通常含有较高的氯离子，采用水泥固化法处理必须进行前处理，以减少氯离子对固化体机械性能以及后期重金属离子浸出的影响，此外，固化处理也不能解决二噁英问题，固化剂的加入还会增加后续安全填埋的填埋量等。

（2）药剂稳定化

药剂稳定化是指根据重金属的性质往飞灰中加入药剂，通过重金属和药剂的化学反应，实现重金属的捕集、吸附、抑制或转化，达到稳定化的目的。其机理有：通过 pH 值调节，降低重金属离子的溶解度；通过化学药剂与重金属离子发生反应，把重金属浸取到液相中以降低飞灰中重金属的含量，或者通过生成重金属沉淀物达到稳定重金属的目的；通过对特定重金属离子的吸附作用达到去除重金属的目的，详见第十七章。

不同种类的重金属需要采用不同的化学稳定剂，常用的化学稳定剂有石灰、磷酸盐、硫化物、亚铁盐和高分子有机螯合剂（如 EDTA）等。

例如，采用硫化钠、硫代硫酸钠等对飞灰进行处理时，主要是利用它们与重金属生成硫化物沉淀，从而稳定飞灰中的重金属，如：

$$Pb^{2+}+S^{2-} \longrightarrow PbS\downarrow$$

采用磷酸盐处理时，主要利用重金属与磷酸盐反应生成不溶性金属磷酸盐，从而去除重金属。如：

$$3Cd^{2+}+ 2PO_4{}^{3-} \longrightarrow Cd_3(PO_4)_2\downarrow$$

用药剂稳定化处理飞灰，具有处理过程简单、设备投资低、最终处理量少的优点，但是，有时会产生高浓度的无机盐废水，需要进一步处理。

（3）熔融

熔融法是在高温炉内将垃圾焚烧飞灰加热到 1400℃ 左右的高温，使其中的二噁英类等有机污染物高温分解，而熔渣快速冷却后形成致密而稳定的玻璃体，从而有效地控制重金属的浸出。熔融包括干燥脱水、多晶转变（发生在 500℃）和熔融相变（发生在 1130℃）等过程。熔融处理可以非常有效地固化污染物，大大减少或者完全避免其环境污染；可使灰渣变得致密，减容效果非常显著；熔渣非常安全，可作为建筑材料、路材等。但采用高温熔融工艺需要消耗大量的能源，同时，由于其中的 Pb、Cd、Zn 等重金属容易挥发，后续烟气处理难度大、处理成本很高，一般只用于危害性非常大的飞灰等危险废物的处理。

习题

1．什么是垃圾的焚烧处理？它有哪些作用？

2．垃圾焚烧处理后的产物主要有哪些？

3．垃圾焚烧过程包括哪几个阶段？各阶段有何特点？

4．影响垃圾焚烧过程的因素有哪些？它们是如何影响垃圾焚烧过程的？

5．试述炉排焚烧炉、回转窑焚烧炉、固定床焚烧炉、流化床焚烧炉的特点。

6．为何要对焚烧烟气进行冷却处理？冷却方式有哪两种？回收的废热有哪些利用途径？

7．垃圾焚烧烟气中含有哪些污染物？它们都是如何产生的？

8．焚烧烟气中飞灰是如何捕集的？

9．焚烧烟气中酸性气体的控制技术有哪些方法？各有何优缺点？

10．焚烧烟气中重金属的控制技术有哪些？

11．二噁英类是如何产生的？

12．控制二噁英类的方法有哪些？

13．焚烧飞灰主要含有哪些有害物质？

14．飞灰的处理方法有哪些？

第九章

城市生活垃圾的卫生填埋

作为城市生活垃圾等固体废物的最终处理方式之一，固体废物的土地处置已有上百年的历史，但真正意义上的"卫生填埋"的历史并不长，只有几十年的时间。在 20 世纪 50 年代以前，垃圾的土地处理大多是堆放、堆填或简易填埋，没有多少工程保护措施，填埋的垃圾对地表水、地下水、土壤和周围的空气造成了比较严重的污染。之后，发达国家开始建设称之为卫生填埋场（sanitary landfill）的垃圾专用处理场地。由于卫生填埋场构筑简单、建设和运行费用低、环境保护措施比较完善，还可生产填埋气，从垃圾中回收可再生能源，因而，在国外得到了比较普遍的应用，是目前大多数国家主要的垃圾处理方法之一，如美国的垃圾卫生填埋率稳定在 52%左右。我国卫生填埋场的建设始于 20 世纪 80 年代，目前，我国许多城市都建有卫生填埋场，卫生填埋占城市生活垃圾处理量的约 45%。近年来生活垃圾焚烧技术在我国经济发达城市和沿海地区推广应用力度较大，填埋比例逐年下降，但填埋场作为固体废物最终处置方式的作用很难被完全替代。

卫生填埋具有建设和运行成本低（约为焚烧法的 1/5～1/8）、对废物的适用范围广、管理简单、可以生产填埋气、处置彻底等优点。存在的问题是占地面积较大、稳定化时间长、减量化和资源化程度低等。

第一节

卫生填埋场的功能与分类

一、卫生填埋场的功能

卫生填埋是指填埋场采取防渗、雨污分流、压实、覆盖等工程措施，并对渗滤液、填埋气体及臭味等进行控制的一种生活垃圾处置方法。

卫生填埋场的功能主要有三个方面，即贮留垃圾、隔断污染和垃圾处理。

① 贮留垃圾：是指利用自然地形或人工构筑形成的空间，将垃圾贮存在其中，待空间充满后封闭，再恢复其原貌。

② 隔断污染：卫生填埋场设有完善的防护衬层和渗滤液、填埋气收集处理系统，以避免垃圾及其降解产物对环境的污染。这也是称其为"卫生"填埋的原因。

③ 垃圾处理：垃圾被填埋后，在微生物的活动和其它物理化学作用下，垃圾被分解转化，产生渗滤液和填埋气等，最终使填埋场达稳定化。

二、卫生填埋场的分类

卫生填埋的种类很多，可根据不同的标准进行分类。例如，根据废物填埋的深度可以划分为浅地层填埋和深地层填埋；根据填埋场所分为陆地填埋和海上填埋；根据填埋场内部构造和生物学特性，分为厌氧填埋、好氧填埋和半好氧填埋。

1. 陆地填埋和海上填埋

（1）陆地填埋

陆地填埋可分为以下三种类型（图9-1）。

① 山谷型填埋：利用天然沟壑或山谷形成的贮留空间对垃圾进行填埋处置的一种方式。该种填埋方式具有填埋容量大、建设费用低等特点。但由于山谷常位于地下水上游，填埋场对地下水的影响是一个必须考虑的重要因素。另外，山谷地区地质条件的复杂性、山谷汇集洪水对填埋场的破坏也是要考虑的因素。山谷型填埋利用天然地形，构造费用相对较低，在有地形可以利用的地方应尽量采用。

② 平地型填埋：在平地上构筑围堰、把垃圾堆填在其中的一种填埋方式。这种方式通常适用于地形比较平坦、地下水位较浅、构筑地坑比较困难时。该种填埋多采用高层埋放方式，填埋从地平面开始，因而填埋高度会受到限制；此外，因无地坑挖掘，填埋覆土的短缺也是一个比较突出的问题。

③ 地坑型填埋：利用自然形成的或人工构筑的地坑进行填埋的一种方式。自然形成的地坑有采石坑、废河沟、废水塘、低洼坑等。对于地下水位较深，而且有可利用的废坑地时，地坑型填埋是适宜的选择。在没有可以利用的废坑时，则需要在平地上挖掘、人工构筑地坑。在需要人工构筑地坑时，建设工程量大、构筑费用高是其另一主要缺点。

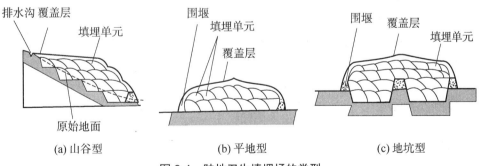

(a) 山谷型　　　　　　　(b) 平地型　　　　　　　(c) 地坑型

图9-1　陆地卫生填埋场的类型

（2）海上填埋

一般的垃圾填埋场都建在陆地之上，但某些土地资源匮乏而又靠海的国家，如日本、新加坡等，出于不得已的考虑，往往通过"围海造地"的方法，将垃圾填埋场建于海边或海边滩涂上。

2. 厌氧填埋、好氧填埋和半好氧填埋

按填埋场的内部构造和生物学特性，垃圾填埋可分为厌氧填埋、好氧填埋和半好氧填埋三种类型。

① 厌氧填埋：填埋后的垃圾与空气隔绝，垃圾处于厌氧分解状态。厌氧填埋结构简单、操作方便、施工费用低，并可回收填埋气作为能源，是目前世界上应用最为广泛的填埋方式。但是，对旧的填埋场和部分无填埋气收集系统的新建填埋场，会存在填埋气的散逸问题。

② 好氧填埋：填埋后的垃圾被充分供氧，垃圾处于好氧分解状态。好氧填埋实际上类似于好氧堆肥。其主要优点是垃圾分解速度快、填埋场稳定化时间短，并且能够产生 60℃ 以上的高温，有利于灭杀垃圾中的致病细菌、减少渗滤液的产生和对地下水的污染。但由于其结构复杂、施工造价高、运行成本高，且无法回收填埋气，目前尚未得到大范围的推广应用。

③ 半好氧填埋：填埋后的垃圾被部分供氧，垃圾处于半好氧分解状态。半好氧填埋兼具厌氧填埋和好氧填埋的优点。在构筑费用上，比厌氧填埋稍高，但低于好氧填埋；在有机物降解方面，比好氧填埋稍差，但要明显快于厌氧填埋。

尽管填埋场的类型有多种，但在实际应用中，主要还是建在陆地上的厌氧填埋场。一般情况下，如果没有特别的说明，我们通常所说的"填埋场"指的都是厌氧填埋场。

第二节

卫生填埋场的选址与容量

一、填埋场的构成

一个完整的卫生填埋场地通常主要由填埋场、辅助设施和未利用的空地组成（图9-2）。填埋场中最重要的组成是防渗系统、填埋气控制设施、渗滤液控制设施。图 9-3 是卫生填埋场平面布置示意图。

二、填埋场选址

1. 选址原则

场址的选择是填埋场全面规划设计的第一步。影响选址的因素很多，主要遵循以下原则。

① 环境保护原则：环境保护原则是填埋场选址的基本原则，应确保其周边生态环境、水环境、大气环境以及周边居民的生存环境等的安全，尤其是防止垃圾渗滤液的释出对地下水的污染，是场址选择时考虑的重点。

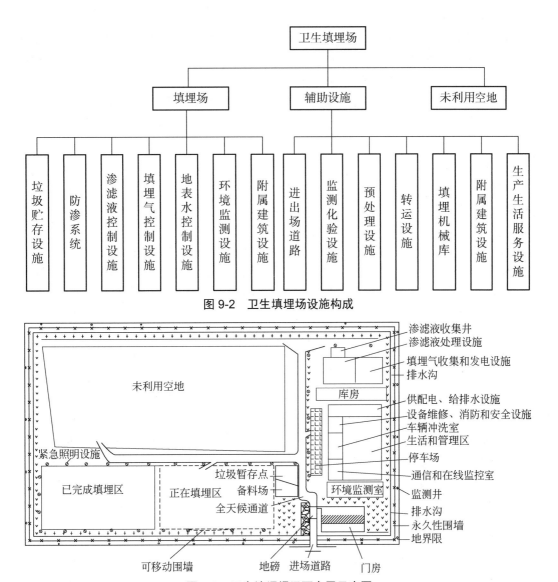

图 9-2　卫生填埋场设施构成

图 9-3　卫生填埋场平面布置示意图

② 经济合理原则：合理、科学地选择填埋场场址，能够达到降低工程造价、提高资金使用效率的目的。但是，场地的经济问题是一个比较复杂的问题，它涉及场地的规模、征用费用、运输费等多种因素。

③ 工程学及安全生产原则：必须综合考虑场址的地形、地貌、水文与工程地质条件、场址抗震防灾要求等安全生产各要素，以及交通运输、覆盖土土源、文物保护、国防设施保护等因素。

2. 选址步骤

填埋场的选址一般要经过初选、预选和最终确定三个步骤。

① 场址初选：在全面调查与分析的基础上，初选 3 个或 3 个以上候选场址。

② 场址预选：通过对候选场址进行踏勘，对场址的地形、地貌、植被、地质、水文、气象、供电、给排水、覆盖土土源、交通运输及场址周围居民居住情况，进行对比分析，推荐 2 个或 2 个以上预选场址。

③ 场址确定：对预选场址方案进行技术、经济和社会环境比较，推荐拟定场址。对拟定场址进行现场测量、现场勘察和初步工艺方案设计，完成选址报告或可行性研究报告，通过审察确定场址。

3. 选址依据

填埋场选址是建设填埋场最重要的一步，一般情况下很难得到各种条件最优的填埋场，因此填埋场的选址一般采用综合评定方法。选址是一个涉及多学科的课题，因此在做决定和调查研究时应由不同学科的专业人士组成选址小组。

填埋场作为固体废物消纳场地，直接为城市服务。因此，填埋场的选址要符合城市总体规划、环境卫生专业规划以及环境规划的要求，并满足国家相关标准中对不同类型填埋场选址做出具体规定的要求。选址时应主要考虑以下因素。

① 垃圾特性：垃圾的来源、种类、性质、数量和组成等，以及这些特性随时间可能的变化等。

② 地形土壤条件：填埋场应具有较强的泄水能力，有利于填埋场施工和其它配套建筑设施的布置；尽量避开地形坡度起伏变化大的地方和低洼汇水处；场地内有利地形范围应有足够的可填埋作业的容积，可处置至少 10 年填埋的垃圾量；覆盖土壤容易取得并易于压实，具有较强的防渗能力。

③ 水文地质条件：填埋场应选在渗透性弱的松散岩层或坚硬岩层的基础上，天然地层的渗透性系数最好能达到 10^{-8} m/s 以下，并具有一定厚度；场地基础岩性应对有害物质的迁移、扩散有一定的阻滞能力，最好为黏性土、砂质黏土以及页岩、黏土岩或致密的火成岩；场址选择应确保地下水的安全，场地基础应位于地下水最高水位标高至少 1.5m 以上，并位于地下水主要补给区范围以外。

④ 气候条件：填埋场选址应考虑当地的气候条件，如高寒地区冬天将会影响进出填埋场的道路条件，并影响到覆盖土壤的取得；潮湿气候地区，必须分隔使用填埋场区等。因此，选址时应尽可能避开高寒区和潮湿区。

⑤ 交通条件：填埋场应具备便利的交通条件，具有能在各种气候条件下发挥运输功能的全天候道路，且运输距离要尽可能短，以减少运输费用。

⑥ 环保要求：填埋场应位于城市工农业发展规划区、风景规划区、自然保护区以及城市供水水源保护区和供水远景规划区之外；尽可能远离居民区和重要设施，并保持规定的距离。

⑦ 经济因素：尽可能充分利用场地的天然地形条件，减少挖掘土方量，降低场地施工造价；土地要容易征得、价格便宜，并有利于填埋场土地和垃圾的后期开发利用。

三、填埋场容量

在选定好填埋场址后，首先要确定的就是填埋场的容量。填埋场容量的确定除了需要考虑计划填埋的废物的数量、使用年限（一般为 10～20 年）外，还要考虑废物的填埋方式、填埋高度、废物的压实密度、覆盖材料的比率等。填埋场容量的计算方法有近似计算法、网格计算法等，其中，工程上比较常用的是近似计算法。

填埋场容量的近似计算方法如下：

$$V_n = 填埋垃圾量 + 覆盖土量 = (1-f) \times \left[\frac{365 \times W}{\rho}\right] + \left[\frac{365 \times W}{\rho}\right] \times \phi \tag{9-1}$$

$$V_t = \sum_{n=1}^{N} V_n \tag{9-2}$$

式中，V_t 为填埋总容量，m^3；V_n 为第 n 年垃圾填埋容量，m^3/a；N 为规划填埋场使用年数，a；f 为体积减小率，指垃圾在填埋场中降解率，一般取 0.15～0.25，与垃圾组分有关；W 为每日计划填埋垃圾量，kg/d；ϕ 为填埋时覆土体积占垃圾的比率，取 0.15～0.25；ρ 为垃圾平均密度，在填埋场中压实后垃圾的密度可达 750～950kg/m^3。

第三节

卫生填埋场防渗系统

一、防渗系统的组成

防渗系统是卫生填埋场最重要的构成之一，是堆放、堆填场与卫生填埋场的本质区别所在。其作用是：将填埋场内外隔绝，防止渗滤液进入地下水；阻止场外地表水、地下水进入废物填埋堆体；同时也有利于填埋气的收集和利用。它通常包括渗滤液收集导流系统、防渗层、保护层、基础层和地下水收集导排系统等。

（1）渗滤液收集导流系统

渗滤液收集导流系统是在填埋场防渗系统上部，用于将渗滤液汇集和导出的设施。该层上部直接与填埋垃圾接触，主要功能是收集由垃圾堆体中流出的渗滤液，并把其导排出填埋场外。

（2）防渗层

防渗层亦称防渗系统，设置于填埋场底部及四周边坡，是由黏土材料和（或）人工合成材料组成的防渗垫层。其主要作用是防止渗滤液渗出，同时防止外部地表和地下水流入填埋堆体。防渗层由各种防渗材料构成，有单层衬层系统、双层衬层系统、复合衬层系统等。

（3）保护层

保护层是用来保护防渗层安全的一层材料。一般采用非织造土工布（亦称无纺布）、黏土层作保护层。土工布铺于高密度聚乙烯（HDPE）膜上或膜下，以防止膜被尖锐的东西刺穿；黏土层一般设置于 HDPE 膜的下面，即 HDPE 膜铺贴在黏土层上。黏土层对膜起支撑作用，并可减轻地基变形对膜的影响，使膜在数十米高的垃圾堆体下能够均匀受力而不被损坏。

（4）基础层

基础层是防渗层和保护层的基础，也是整个垃圾堆体压力承受层，由未经扰动的土壤构成的岩土层，分为场底基础层和四周边坡基础层。

（5）地下水收集导排系统

地下水收集导排系统布置在防渗系统基础层的下方，用于收集和导排地下水，防止地下水破坏防渗层而进入填埋堆体，包括地下水导排系统和必要的地下水抽提系统。

二、防渗材料

防渗系统的防渗材料分为黏土材料和人工合成材料两类。

（1）黏土材料

由于黏土矿物的微小颗粒和表面化学特性，黏土有很好的限制水分迁移的能力，是最常用的天然防渗材料。在自然黏土的防渗能力达不到设计要求时，可通过添加改性剂、机械压实等手段对黏土进行改性（改性黏土），以增强其防渗性能。用于填埋场防渗时，要求黏土衬层的水力传导率小于 10^{-7} cm/s，并要有一定的厚度。

（2）人工合成材料

黏土材料的防渗效果有限，不能完全阻止渗滤液的渗漏。为了更为有效地进行防渗、保护填埋场的环境安全，现代卫生填埋场一般都采用人工合成材料作为主防渗材料。常用的人工合成材料包括：高密度乙烯 HDPE 膜、钠基膨润土复合防水毯（GCL）等。其中，HDPE 膜是应用最为广泛的填埋场主防渗材料。

防渗系统对 HDPE 膜的要求非常高，除了必须具有相当的承载能力外，还需要具有相当的抗压性、抗拉性、抗刺性、抗蚀性、耐久性等，且不因负荷而发生沉陷、变形、破损等特性。其中，渗透率是主要的性能指标，要求必须≤10^{-12}cm/s，且应具有适宜的厚度。

三、防渗层结构

防渗层（衬层）的结构有多种形式。根据渗滤液导排系统、防渗层、保护层、基础层等不同的组合方式，分为单层衬层系统、复合衬层系统和双层衬层系统。

（1）单层衬层系统

单层衬层系统是指由一种防渗材料构成的防渗结构。其特点是只有一个防渗衬层，一般采用单层 HDPE 膜。单层衬层系统共有 8 层组成，各层的功能和作用如下（图9-4）。

① 基础层：是整个填埋堆体的承重基础，一般由原土层压实而成；

② 反滤层（可选择层）：过滤地下水和防止地下水导流层堵塞，宜采用土工滤网，但是可根据实际情况选择是否需要；

③ 地下水导流层（可选择层）：起导排地下水的作用，宜采用卵（砾）石等石料，石料上应铺应设非织造土工布，但也是可选择的，通常只有在地下水水位比较高时才采用；

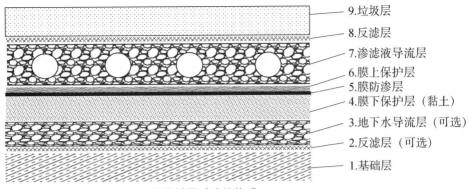

图9-4　HDPE膜单层衬层系统的构成

④ 膜下保护层：起支撑和保护防渗膜的作用，应采用黏土做膜下保护层，黏土厚度不应小于50cm；

⑤ 膜防渗层：防止渗滤液渗漏，是整个防渗衬层的关键，要求采用HDPE膜，厚度不应小于1.5mm；

⑥ 膜上保护层：保护防渗膜不被渗滤液导流层卵（砾）石刺穿和划破，宜采用非织造土工布；

⑦ 渗滤液导流层：导排填埋垃圾产生的渗滤液，宜采用卵石等石料，厚度不应小于30cm；

⑧ 反滤层：过滤垃圾产生的渗滤液，避免渗滤液中的颗粒物堵塞渗滤液导流层，宜采用土工滤网。

单层衬层系统构筑简单、造价低、施工方便，但防渗性能较弱，安全性较低。一般用在防渗要求不高、地下水污染风险比较低的情况。

（2）复合衬层系统

复合衬层系统是由两种防渗材料"紧密"铺贴在一起的一种防渗层。其特点是两个防渗层"紧密"地铺贴在一起，能够提供综合、更为有效的防渗效力。最常采用的是"HDPE膜+GCL"复合防渗结构，其基本结构和单层防渗衬层系统相同，不同的是增加了一个GCL防渗层（图9-5）。由于有HDPE膜和GCL两层防渗，系统的防渗效果会明显提高。

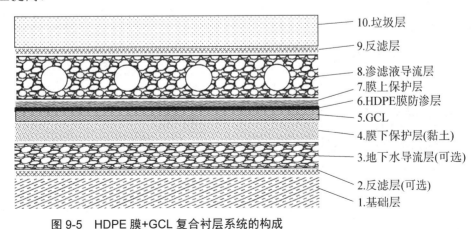

图9-5　HDPE膜+GCL复合衬层系统的构成

复合衬层系统是最常用的一种防渗系统，生活垃圾卫生填埋一般都采用这种防渗系统。

（3）双层衬层系统

双层衬层系统是由两种防渗材料"分开"铺设、中间设有渗滤液检测层的一种防渗层。它和复合衬层系统一样，都有两层防渗层，不同之处在于：双层衬层采用防渗性能更好的 HDPE 膜替代了单层衬层的 GCL，且在两者中间增加了一个渗滤液检测层，因此它的两层防渗层是"分开"的，而不是"紧密铺贴"在一起的（图 9-6）。

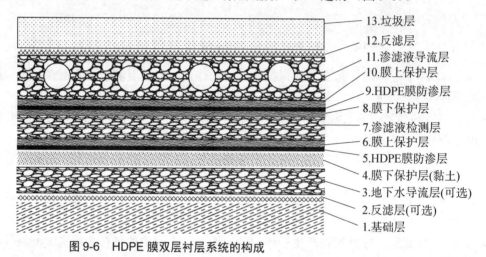

13.垃圾层
12.反滤层
11.渗滤液导流层
10.膜上保护层
9.HDPE膜防渗层
8.膜下保护层
7.渗滤液检测层
6.膜上保护层
5.HDPE膜防渗层
4.膜下保护层(黏土)
3.地下水导流层(可选)
2.反滤层(可选)
1.基础层

图 9-6　HDPE 膜双层衬层系统的构成

双层衬层系统具有非常好的防渗效果，但工程造价也很高，一般用于对防渗要求非常高的填埋场，如危险废物填埋场。

需要注意的是，这里所介绍的是最重要的填埋场库区底部防渗系统，此外，填埋场的四周斜坡也需要防渗。由于两者结构基本相似，这里就不做具体介绍了，详情可参考《生活垃圾卫生填埋场防渗系统工程技术标准》（GB/T 51403—2021）。

生活垃圾卫生填埋场（复合衬层）和危险废物安全填埋场（双层衬层）实景照片如图 9-7 和图 9-8。

图 9-7　生活垃圾卫生填埋场（复合衬层）

图 9-8　危险废物安全填埋场（双层衬层）

第四节

填埋气产生、收集与利用

一、填埋气的产生

1. 产生原理

垃圾填埋后，随之发生物理、化学、生物等多种复杂的反应，其中主要发生的是微生物的活动和各种生化反应。根据微生物的活动变化可将填埋过程分为适应、过渡、酸化、甲烷化和稳定化五个阶段。图 9-9 表示各填埋阶段产生的填埋气体（LFG）组成的变化曲线。

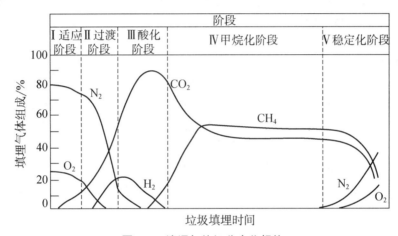

图 9-9　填埋气体组分变化规律

（1）适应阶段

垃圾中的可降解有机组分在埋入填埋场后很快会发生微生物好氧分解反应，大分子有机物被分解为小分子有机物，小分子有机物进一步分解为水、二氧化碳及能量，可使堆体温度升高 9～15℃。使垃圾分解的好氧微生物主要来源于垃圾本身、日覆盖层和最终覆盖层土壤、填埋场接纳的城市废水处理污泥、再循环的渗滤液等。随着好氧分解的进行，堆体中的 O_2 被渐渐消耗，含量逐渐降低，CO_2 含量则逐渐升高。

（2）过渡阶段

此阶段的特点是埋体中的氧气逐渐消耗，开始形成部分厌氧环境，生物降解进入好氧和厌氧并存阶段。此时，小分子有机物被好氧微生物进一步分解为水、二氧化碳及能量等，大分子复杂有机物被厌氧微生物部分水解、发酵转化为有机酸、二氧化碳和少量氢。此阶段的气体组成较"适应阶段"复杂，但气体成分仍以 CO_2 为主，另外会存在少量 H_2、N_2，但基本上不含 CH_4。由于有机酸的生成导致渗滤液 pH 值降低，分解产生的小分子有机物溶于水使 COD 升高，并由于蛋白质、脂肪等的水解和发酵以及无机物的溶出等，渗滤液含较高浓度的有机酸、钙、铁、重金属和氨等。

（3）酸化阶段

随着垃圾中氧的不断消耗，堆体中最终形成完全的厌氧环境，生物降解进入厌氧消化的酸化阶段。在此阶段，微生物将第二阶段积累的溶于水的产物转化为有机酸、醇、CO_2 和 H_2 等。CO_2 是此阶段的主要气体，前半段呈上升趋势，后半段上升趋势变缓或逐渐下降，此外，还会产生少量的 H_2 和 CH_4。由于大量有机酸的积累，渗滤液的 pH 值常会下降到 5 以下，有些无机组分（主要是重金属）将溶入渗滤液中，生化需氧量（BOD_5）、化学需氧量（COD）和电导性能将会显著上升。此阶段主导微生物主要是酸化细菌，此外，还有少量的甲烷化菌。

（4）甲烷化阶段

此阶段发生于填埋 200~500d 之后，此时，产甲烷菌将 "酸化阶段"产生的有机酸、醇、CO_2 和 H_2 等转化为新的细胞质、CH_4、CO_2 等。此阶段的甲烷含量快速升高，并会在较高的水平维持较长的时间。甲烷含量通常在 45%~60%。由于产酸菌产生的有机酸和 H_2 被转化为 CH_4 和 CO_2，填埋场中的 pH 值将会升高到 6.8~8，渗滤液的 pH 值因此而上升，而 BOD_5、COD 及其电导率将下降。同时，由于好氧分解完全结束，CO_2 含量明显下降，此时 CO_2 主要来自于厌氧消化。

（5）稳定化阶段

在废物中的可降解有机物被转化为 CH_4 和 CO_2 之后，垃圾逐渐进入稳定化阶段。大多数易降解的营养物质通过前面四个阶段已得到转化，仍保持在填埋场内的组分都是难降解的成分，生物降解过程因此而减慢，填埋气体的产生速率明显下降。在此阶段，CH_4 和 CO_2 的产生量逐渐减少，直至几乎没有气体产生，堆体中微生物量也相应减少，生物降解过程基本结束，填埋场达到最终稳定化。

上述五个阶段并不是绝对孤立的，它们相互作用，互相影响，各个阶段的持续时间依垃圾性质和填埋场条件的不同而不同。

2. 填埋气的组成

填埋场产生的填埋气主要由两部分组成：一是主要气体，另一个是微量气体。

填埋气是填埋废物中的有机组分通过生化分解转化产生的，其主要成分是 CH_4 和 CO_2，这两种气体是填埋气主要的气体组成。此外，还含有 N_2、O_2、H_2S、NH_3、H_2 和 CO 等微量气体成分（表 9-1）。

填埋气典型特征为：温度为 43~49℃，相对密度 1.02~1.06，水蒸气达到饱和，高位热值为 15630~19537 kJ/m^3。

表 9-1　填埋气体的典型组成

组成成分	CH_4	CO_2	N_2	O_2	H_2S	NH_3	H_2	CO	其它组分
干重/%	45~50	40~60	2~5	0.1~1.0	0.1~1.0	0.1~1.0	0~0.2	0~0.2	0.01~0.6

3. 填埋气产生量的估算

由于影响填埋场气体产生量的因素非常复杂，因而很难精确计算填埋气的产生量。经过多年的研究，发展了多种填埋气估算方法。常用的计算方法有如下几种。

（1）质量平衡产气量模型

联合国政府间气象变化专门委员会（Intergovernment Panel on Climate Change，IPCC）推荐如下式，用于计算生活垃圾的填埋气产量：

$$E_{CH_4} = MSW \times \eta \times DOC \times r \times 0.5 \times (16/12)$$

式中，E_{CH_4} 为填埋垃圾甲烷产量，m^3；MSW 为城市生活垃圾产生量，t；η 为填埋垃圾占生活垃圾总量的百分比，%；DOC 为垃圾中可降解有机碳的含量（IPCC 推荐值发展中国家为 15%，发达国家为 22%）；r 为垃圾中可降解有机碳分解百分率（IPCC 推荐值为 77%）；数值 0.5 为 CH_4 中的碳与已转化总碳的比率；比值（16/12）为 CH_4 和 C 的转换系数。

运用该模型计算填埋垃圾产甲烷量快捷方便，只要知道某个城市的生活垃圾总量以及填埋率就能估算出填埋垃圾产甲烷量。如果知道了填埋气中 CO_2 的占比，就可以计算出填埋气总产生量了。但由于没有直接考虑垃圾产气的规律及其影响因素，这种方法无法给出垃圾产气周期中甲烷排放的分布，计算值往往过于粗略，仅适用于估算较大范围的填埋气产量，如某个地区或城市等。

（2）COD 估算模型

该方法是建立在质量守恒定律基础上的，根据理论推导已知：去除 1gCOD 有机物可以得到 0.35L 的 CH_4 气体。假设填埋气产生过程中无能量损失，垃圾中有机组分全部分解为 CH_4 和 CO_2，则垃圾中 COD 的值等于产气中甲烷完全燃烧时消耗的氧的量。此方法同样也是用于计算一定数量填埋垃圾的理论产甲烷总量，进而可以计算出填埋气理论总产量。因此，填埋气的总产量约为 $2E_{CH_4}$（m^3）。该方法的数学表达式为：

$$\gamma_{CH_4} = (1-\omega) \times V \times COD \times 0.35$$

式中，γ_{CH_4} 为 1kg 填埋垃圾的理论产甲烷量，m^3/kg；ω 为填埋垃圾的含水率；V 为 1kg 填埋垃圾的有机物含量，%；COD 为填埋垃圾中有机物的化学需氧量，kg/kg；0.35 为 1kgCOD 的 CH_4 理论产量，m^3/kg。则填埋 W 吨垃圾的产甲烷总量为：

$$E_{CH_4} = W \times \gamma_{CH_4} \times 1000$$

式中，E_{CH_4} 为填埋垃圾产甲烷总量，m^3；W 为填埋垃圾总量，t。

当然，在实际填埋场中，垃圾中的有机组分（COD）是不可能被完全转化掉的，因此，这里计算的是理论产气量，可以供估算实际产气量时参考。

（3）动力学模型

我国《生活垃圾填埋场填埋气体收集处理及利用工程技术规范》（CJJ 133—2009）推荐采用 Scholl Canyon 模型计算填埋气体的产生量。该模型也是美国环保局 EPA 制定的城市固体废物填埋场背景文件所用的模型。该模型认为垃圾在填埋场内的产气速率很快达到高峰，随后其产气速率以指数规律下降。对某年填入填埋场的垃圾，其填埋气产气速率按下式计算：

$$Q_t = ML_0 k e^{-kt}$$

式中，Q_t 为所填垃圾在时间 t 时刻（第 t 年）的产气速率，m^3/a；M 为所填埋垃圾的质量，t；L_0 为单位质量垃圾理论最大产气量，m^3/t；k 为垃圾的产气系数；t 为年份。

此公式把一年的填埋垃圾作为一个估算单元,某一年的填埋垃圾在以后的各年产气速率与填埋年数有关,则填埋场某一年的填埋气产气速率是过去各年所填垃圾在该年填埋气产气速率的总和(亦即按逐年叠加计算,如图9-10所示),并分为填埋场封场前、后两种情况,计算公式如下:

$$G_n = \sum_{t=1}^{n-1} M_t L_0 k e^{-k(n-t)} \quad (n \leqslant 填埋场封场时的年数 f)$$

$$G_n = \sum_{t=1}^{f} M_t L_0 k e^{-k(n-t)} \quad (n > 填埋场封场时的年数 f)$$

式中,G_n 为填埋场在投运后第 n 年的填埋气体产气速率,m^3/a;n 为自填埋场投运年至计算年的年数,a;M 为填埋场在第 t 年填埋的垃圾量,t;L_0 为单位质量垃圾理论最大产气量,m^3/t;k 为垃圾的产气系数;f 为填埋场封场时的填埋年数,a。

在该公式中,M 和 t 为已知,因此,如果能够确定 L_0 和 k 的值,就可以计算出某年填埋场的总产气量 G_n 了。

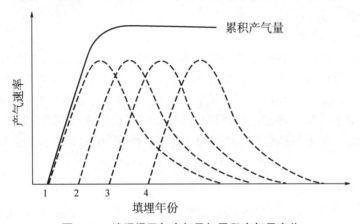

图 9-10 填埋场历年产气量与累积产气量变化

L_0 值按如下公式估算:

$$L_0 = 1.867 C_0 \Phi$$

式中,C_0 为垃圾中有机碳的含量,%;Φ 为垃圾中有机碳的降解率,%。

产气速率常数 k 反映填埋垃圾中有机物厌氧降解的速度。实验表明,有机物厌氧降解速度与垃圾成分(有机物种类和比例)、含水率、温度、填埋场情况等多种因素有关系,对于不同的垃圾填埋场,其 k 值也是不同的。通过对填埋场进行抽气试验,可以得出填埋场的产气速率常数;如果试验条件不容许,也可以采用表9-2的推荐数值。

表 9-2 垃圾填埋场产气速率常数 k 在不同气候条件下的推荐取值

气候条件	k 值范围
湿润气候	0.10~0.36
中等湿润气候	0.05~0.15
干燥气候	0.02~0.10

该模型可以表征填埋垃圾产生的填埋气量随时间的动态变化,有利于对各个产气阶

段进行分析，并可据此计算填埋场某年的累积产气量。基于计算获得的数据，可以设计填埋气收集系统和预测填埋场的产气能力。

二、填埋气的收集

填埋气体收集系统的作用是：控制填埋气体在无控状态下的迁移和释放，以减少填埋气体向大气的排放量和向地层的迁移，并为填埋气体的回收利用做准备。

填埋气收集系统分为主动收集系统和被动收集系统两种。前者采用抽气的方法来控制气体的有序运动，后者利用填埋场内气体自身产生的压力进行迁移。被动收集系统无需外加动力系统，结构简单，投资少，适于垃圾填埋量小、填埋深度浅、产气量低的小型垃圾填埋场。主动收集系统需要配备抽气动力系统，结构相对复杂，投资较大，适于大、中型垃圾填埋场气体的收集。现代卫生填埋场大都采用主动收集系统，填埋气主动收集系统分垂直收集和水平收集系统两种，本节重点介绍这两种系统。

1. 垂直收集系统

垂直收集系统由抽气井、集气输送管和引风机等组成（图9-11）。它的主要特点是采用了垂直抽气井，通过垂直抽气井把填埋气从堆体中向上抽吸出来。

（1）垂直抽气井

垂直抽气井是填埋场最普遍采用的抽气井，其典型结构如图9-12所示。通常用于运行中的填埋场，也可用于已经封场的填埋场或已经完工的填埋区域。垂直抽气井由穿孔PVC抽气管、黏土层、充填砾石滤层等组成。PVC管壁上开有小孔或细缝，用于抽吸填埋气；在井管四周环状空间装填有直径约4cm的碎砾石，用于排气；堆体表面有最终覆盖层；井头上安装填埋气体计量和监测装置，用于监测填埋气浓度、温度、流量、静压等。

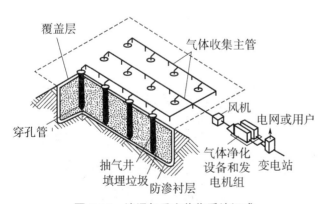

图9-11 填埋气垂直收集系统组成

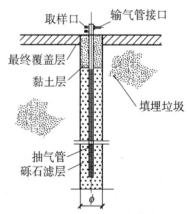

图9-12 填埋气垂直抽气井结构

（2）集气输送管

集气输送管设置在抽气井与引风机之间，用于把各垂直抽气井内的填埋气引导到引风机，如图9-13所示。集气输送管埋设在填有砾石的管沟中，通常采用15～20cm直径的PVC或HDPE管。为减少因摩擦产生的压头损失，管道的直径应适当加大。

图 9-13 填埋气垂直收集系统中的集气输送管

（3）引风机

引风机用于把填埋气从堆体中抽吸出来。引风机应安装在房间或集装箱内，其标高要略高于收集管网末端标高，以便于冷凝液的下滴。风机型号应根据总负压头和需要抽取的气体体积来选择。

2. 水平收集系统

水平收集系统也是由引风机、集气管、输气管等部分组成，它的主要特点是采用了水平排列的集气管，并通过它把填埋气从堆体水平方向抽吸出来。

水平集气管由不同直径的、带孔的管道（有时也称"花管"）相互连接而成。对正在运行中的填埋场，通常先在填埋场底层铺设一层水平集气管，然后随着垃圾不断填埋，每隔 2～3 个填埋单元层再铺设一层水平集气管，直到填埋场覆盖层。集气管埋设在填有砾石的管沟中，通常采用 PVC 或 HDPE 管（图 9-14）。对未安

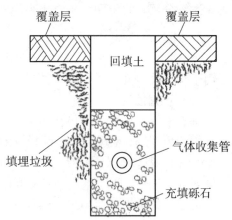

图 9-14 水平收集系统示意

装填埋气收集系统的旧的填埋场，需要开沟置入收集管道[图 9-15(a)]。一般先在所填埋垃圾上开挖水平管沟，然后用砾石回填至管沟高度的一半，再放入穿孔式连接管道，最后回填砾石，并用垃圾填满管沟。正在运行填埋场的集气和输气管道见图 9-15(b)。

(a) 开沟置入收集管道   (b) 正在运行填埋场的集气和输气管道

图 9-15 填埋场收集和输气管道

水平收集系统的优点是,即使填埋场出现不均匀沉降,水平集气管仍能发挥其功效。但需要在垃圾填埋的过程中,按规定的要求分次埋设收集管道。

三、填埋气的利用

填埋气的主要组分是 CH_4 和 CO_2,此外,还含有 H_2S、H_2O、NH_3、N_2、卤化物、硅氧烷、烃类、硫醇类和挥发性有机物($VOCs$)等微量组分,这些组分会降低填埋气作为燃料的热值和品位,并对后续发电等设备产生腐蚀和损坏。因此在利用填埋气之前,需要对其进行净化处理,以除去其中的惰性组分和有害气体。

依据填埋气的不同用途,净化处理工艺和要求也会有所不同。当用作发电、锅炉等的燃料时,一般只需脱除颗粒物、H_2O 和 H_2S 即可;但当被用作车用燃料、管道燃气等高热值和高品位的燃料时,除了要脱除 H_2S、H_2O 等成分外,还需要脱除 N_2 和 CO_2 等。填埋气最普遍的应用是发电,因其附属设备比较简单、投资和运行成本低,所以常成为填埋气作为能源回收利用的首选。近年来,填埋气净化提纯生产高附加值的车用燃料和管道燃气得到了推广应用。填埋气的主要利用途径如下。

1. 火炬燃烧

在填埋气体不具备回收利用条件时,可首先考虑将填埋气体直接燃烧,避免 CH_4 等的直接排放(CH_4 的温室效应是 CO_2 的约 21 倍)。通过火炬燃烧,可使甲烷转变为 CO_2 气体,以减轻温室效应。

填埋气体燃烧火炬应有较宽的负荷适应范围以满足稳定燃烧,应具有主动和被动两种保护措施,并应具有点火、灭火安全保护功能及阻火器等安全装置。典型的填埋气火炬燃烧系统如图 9-16 所示,主要包括风机、自动调节阀、火焰捕集器、点火装置、燃烧器等。

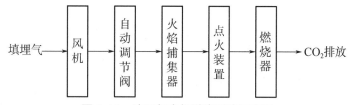

图 9-16　填埋气火炬燃烧系统示意图

2. 回收利用

填埋气由于富含甲烷组分,具有相当高的热值,且大中型填埋场在运行阶段和封场后相当一段时间会保持较高的填埋气产生量,因此,可根据当地及周围地区对能源的需求以及使用条件,采用适当的方式加以利用。填埋气可用作燃料、发电或回收有用组分等。在对填埋气进行回收利用前,一般都需要进行净化或提纯处理。

(1) 直接作燃料

填埋气最直接的利用方法是将其输送到附近的企业和单位用作生产和生活燃料。在送往用户前,必须经过脱水、脱硫等处理,以达到清洁能源的要求。

(2) 发电

填埋气发电是比较普遍采用、经济效益较为明显的利用方式。填埋气发电厂主要包括气体净化系统、压缩系统、燃气发电机组系统、控制系统和并网送电系统等。发电机组多采用内燃机组或汽轮机组。内燃机发电可靠、高效,启动和停机容易,不仅适合间歇性发电,也适合向电网连续送电,一般适用于大中型填埋场(图9-17)。

(3)作车用燃料或注入天然气管网

将填埋气提纯后(一般要求甲烷含量达到96%以上),达到车用天然气或管道燃气的质量标准,就可替代常规化石天然气,用作车用燃料或注入附近的天然气管网。

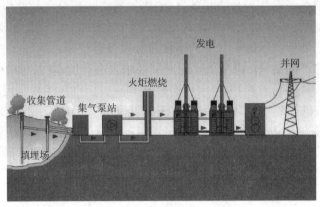

图 9-17 填埋气发电并网

第五节

渗滤液的产生、收集与处理

在填埋过程中以及填埋封场后,填埋场内的垃圾都会产生渗滤液。渗滤液中含有大量污染物,会对环境造成危害。填埋场渗滤液的控制是填埋场设计、运行、封场、环境监测和后期管理需要考虑的重要问题。

一、渗滤液的产生与性质

1. 渗滤液的产生

卫生填埋场渗滤液主要来自如下几个方面。

① 降水:降水包括降雨和降雪。影响渗滤液产生数量的降雨特性有降雨量、降雨强度、降雨频率、降雨持续时间等。降雪和渗滤液生成量的关系受降雪量、升华量、融雪量等影响。在积雪地带,还受到融雪时期或融雪速度的影响。

② 垃圾含水:随垃圾进入填埋场中的水分,包括垃圾本身携带的水分以及收运和填埋时从大气和雨水中吸收的水分。

③ 有机物分解生成水:垃圾中的有机组分在填埋场内经厌氧分解会产生水分,其产生量与垃圾组成、pH值、温度和微生物菌群等因素有关。

④ 覆盖材料中的水分：随覆盖材料进入填埋场中的水量与覆盖层材料的类型、来源及季节有关。覆盖层材料的最大含水量可以用田间持水量来定义，即克服重力作用之后能在介质孔隙中保持的水量。砂的典型田间持水量为 6%～12%，黏土质的土壤则为 23%～31%。

卫生填埋场的水量平衡见图 9-18。其中，入水包括降水、垃圾含水、有机物分解生成水和覆盖材料含水，出水包括最终覆盖层蒸发水、覆盖层表面作物蒸腾水、填埋气含水等。渗滤液的产生量实际上是填埋场"入水"与"出水"的差值。

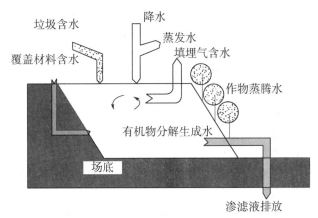

图 9-18　填埋场水量平衡示意图

2. 渗滤液的性质

渗滤液中污染物的含量与成分取决于废物的种类和性质、填埋时间、填埋构造及降水量等。渗滤液属于高浓度有机废水，它含有多种有机和无机有毒有害成分，水质相当复杂，其化学成分的变化范围也很大。其特点表现在以下几个方面。

（1）污染物种类多、水质复杂

渗滤液中含有的污染物种类非常多，目前已发现渗滤液中可能存在的有机物超过 100 种，此外，还含有多种重金属离子及高浓度无机溶解性盐类，其中包括相当数量的致癌物和有毒物，水质组成非常复杂。渗滤液中含有的污染物的浓度也比较高，其中，COD 浓度可高达 45000mg/L，氨氮浓度可达 2000mg/L，碱度也比较高；此外，不同国家、地区和城市、不同垃圾成分及填埋方式所产生的渗滤液特性亦不相同，表 9-3 显示了不同国家垃圾渗滤液性质变化情况。

（2）水量与水质变化大

渗滤液的产生受众多因素的影响，不仅水量变化大，而且其水质变化也很大。这些变化取决于填埋场的种类、填埋方式、垃圾性质、污染物的溶出速度、生物和化学作用、降雨状况、填埋场场龄以及填埋场的结构等。例如，填埋场是一个敞开的作业系统，因而渗滤液的产生量受气候和季节变化影响非常明显，如在夏天雨季，渗滤液的产生量就会明显增加；填埋场的场龄不同，渗滤液的水质变化也非常明显（图 9-19），如在填埋场初期（4～5 年），填埋场主要处于酸化阶段，渗滤液中挥发性有机酸（VFAs）、COD、BOD_5、NH_3-N 浓度比较高，C/N 比也比较合适，易于生化处理，但对 10 年以上的老填埋场，COD 和 BOD_5 浓度明显降低，NH_3-N 浓度则显著升高，C/N 比明显变高，生化处理难度明显加大。渗滤液含有多种污染物，本身就很难处理，而这种水量和水质的变化进一步加大了渗滤液处理的难度，它要求渗滤液处理工艺不仅要适应水量的变化，还要随着水质的变化作相应的调节控制。

表9-3 不同国家垃圾卫生填埋场渗滤液的性质

成分	美国		日本		中国	
	范围	典型值	范围	典型值	范围	典型值
BOD/(mg/L)	2000~30000	10000	1000~30000	12000	1660~24300	9000
TOC/(mg/L)	1500~20000	6000	13000~20000	18000	3095~22230	7500
COD/(mg/L)	3000~45000	18000	20000~45000	22000	5020~43300	15000
SS/(mg/L)	200~1000	500	500~1000	800	6740~48400	1100
有机氮/(mg/L)	10~600	200	25~600	250	46~816	250
氨氮/(mg/L)	10~800	200	500~800	1000	941~2850	1200
硝酸盐/(mg/L)	5~40	25	10~40	35	6~85	30
总磷/(mg/L)	1~70	30	10~70	25	7~44	25
正磷/(mg/L)	1~50	20	—	—	—	—
碱度/(mg/L)	1000~10000	3000	—	—	5000~11000	3500
pH 值	5.3~8.5	6	±6.0	6.0	6.51~8.25	6.89
总硬度/(mg/L)	300~10000	3500	500~10000	3200	300~5400	2100
钙/(mg/L)	200~3000	1000	200~3000	1100	100~4000	900
镁/(mg/L)	50~1500	250	—	—	—	—
钾/(mg/L)	200~2000	300	—	—	200~1500	300
钠/(mg/L)	200~2000	500	—	—	500~3000	200
氯盐/(mg/L)	100~3000	500	300~3000	750	3~370	600
硫酸盐/(mg/L)	100~1500	300	50~1500	100	5.2~78.6	35
总铁/(mg/L)	50~600	60	10.5~600	85		20

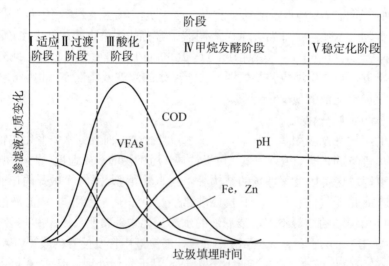

图 9-19 渗滤液水质随填埋时间的变化趋势

二、渗滤液产生量估算

为对填埋场渗滤液进行无害化处理，需要建设渗滤液处理设施。为了确定其水处理设施的处理能力，需要对垃圾填埋过程中渗滤液的产生量进行预测。渗滤液产生量的计算有多种方法，其中最常用的是水量平衡法、推荐公式法和经验统计法。

1. 水量平衡法

水量平衡法是简单可行的预测渗滤液产生量的方法，填埋场水量的平衡包括进水因子和排水因子。进水因子包括降水、垃圾含水、有机物分解生成水和覆盖材料含水等，排水因子包括最终覆盖层蒸发水、作物蒸腾水、填埋气含水等（参看图9-18）。其计算渗滤液的数学表达式为：

$$Q=P+W+D+C-G-E-L$$

式中，Q 为填埋场渗滤液年产生量，m^3/a；P 为降雨产生的渗滤液量，m^3/a，由集雨面积和降雨量确定；W 为垃圾含水产生的渗滤液量，m^3/a，由垃圾量、垃圾成分确定；D 为垃圾分解产生的渗滤液量，m^3/a，由垃圾量、垃圾成分等确定；C 为覆盖材料含水产生的渗滤液量，m^3/a；G 为最终覆盖层蒸发水量，m^3/a；E 为作物蒸腾水量，m^3/a，通过植物水分消耗量确定；L 为填埋气含水量，m^3/a，由填埋气带出的水分量确定。

2. 推荐公式法

我国《生活垃圾卫生填埋处理技术规范》（GB 50869—2013）推荐使用如下公式进行计算。该计算方法基于如下考虑：虽然渗滤液的产生量受多种因素影响，但降雨量、浸出系数、作业区汇水和覆盖区面积起主要作用，因此，可以据此计算渗滤液的产生量。

$$Q=I \times (C_1A_1+C_2A_2+C_3A_3+C_4A_4)/1000$$

式中，Q 为渗滤液产生量，m^3/d；I 为降水量，mm/d；C_1 为正在填埋作业区浸出系数，宜取 0.4～1.0，具体取值参考表9-4；A_1 为正在填埋作业区汇水面积，m^2；C_2 为已中间覆盖区浸出系数，当采用膜覆盖时宜取（0.2～0.3）C_1，当采用土覆盖时宜取（0.4～0.6）C_1；A_2 为已中间覆盖区汇水面积，m^2；C_3 为已终场覆盖区浸出系数，取 0.1～0.2；A_3 为已终场覆盖区汇水面积，m^2；C_4 为调节池浸出系数，取 0 或 1.0，若调节池设置覆盖系统取 0，若调节池未设置覆盖系统取 1.0；A_4 为调节池汇水面积，m^2。

表9-4　正在填埋作业区浸出系数 C_1 取值表

有机物含量	所在地年降雨量/(mm/a)		
	年降雨量≥800	400≤年降雨量＜800	年降雨量＜400
>70%	0.85～1.00	0.75～0.95	0.50～0.75
≤70%	0.70～0.80	0.50～0.70	0.40～0.55

3. 经验统计法

尽管不同国家和地区填埋场渗滤液的产生量波动较大，但对相似地区的填埋场，其单位面积年平均渗滤液产生量的变化是相近的，因此，可以把某一填埋场渗滤液产生量的实际统计数据作为依据，对同一或相似地区的其它填埋场渗滤液的产生量进行估算。

例如，德国对多个填埋场渗滤液实际产生量统计后发现，填埋场单位面积渗滤液产生量平均为 0.27m³/(m²·a)，因此，可利用此数据对德国境内的其它填埋场渗滤液的产生量进行估算。在我国上海地区，经过对现有填埋场渗滤液实际产生量统计后发现，上海地区垃圾填埋场平均渗滤液产生量大约为 1.8m³/(m²·a)，据此，就可对上海地区新建垃圾填埋场渗滤液的产生量进行估算。

三、渗滤液的收集导排

渗滤液收集导排系统的作用是：在填埋场正常运行期间，收集并将填埋场内渗滤液排至场外指定地点，以避免渗滤液在填埋场底部蓄积，防止渗滤液的渗漏，保护填埋场的稳定性。

渗滤液集排系统组成见图 9-20，它包括排水层、收集管、盲沟、衬层、过滤层和提升泵站等。填埋场内的渗滤液通过铺设在垃圾底部的排水层流入盲沟，并沿盲沟流入铺设在衬层上的收集管，再由提升泵提升出堆体和排出场外，最后进入渗滤液处理设施。

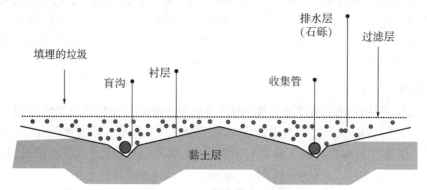

图 9-20　渗滤液集排系统示意图

（1）排水层

排水层常用材料是砂粒、砾石、卵石等，粒度为 5～10mm，渗透系数应大于 0.1cm/s，厚度应不小于 30cm，并具有 2%以上的坡度。此外，为了防止垃圾中细小颗粒物和其它物质进入排水层造成堵塞，在排水层和垃圾层之间通常应设置天然或人工过滤层。

（2）收集管

渗滤液收集管一般采用带有开孔的钢筋混凝土管或塑料管等。干线收集管管径最少应达到 400mm，支线收集管管径应达到 200mm。收集管一般安放在盲沟中，管间距 6～20m。管壁开孔应在收集管下部呈 120°的夹角对称布置，这样既有利于收集渗滤液，又可防止颗粒物堵塞收集孔。收集管布置宜呈直线，其转弯角度应小于或等于 20°。

（3）盲沟

盲沟也称收集沟，其作用是引导排水层中的渗滤液流入收集管中。渗滤液收集管埋设在盲沟中，盲沟处于排水层的最低位置，以便于收集渗滤液和引导渗滤液流入收集管中。盲沟要能够承受上部压实机械作业时的重力，并防止收集管道破损。

（4）衬层

衬层的主要作用是控制渗滤液进入地下水和阻止地下水入渗到垃圾层中。衬层系统选择的关键是确定衬层结构。衬层结构在很大程度上取决于填埋场地地质条件和环境要求。具体见本章第三节。

（5）提升泵站

提升泵站由集液井和提升泵组成，其作用是把渗滤液由收集管提升出堆体和排出场外。通常提升站使用的泵为自动可潜式，启动和关闭由集液井中渗滤液水位自动控制。在选择泵时，应考虑的因素包括吸入水头和输送水头、渗滤液的产生速度和产生量等，集液井的尺寸根据一天内预计的最大渗滤液收集量来确定。

四、渗滤液的处理

渗滤液组分非常复杂，且由于渗滤液水质和水量随时间和地域不同而变化，单一处理方法都无法满足达标排放要求，因此，通常需要采用不同方法的优化组合工艺进行处理。此外，适用于某一填埋场或某一区域填埋场渗滤液处理的工艺方法往往并不是普遍适用的，需要因地制宜采用不同的工艺。由于渗滤液的污染负荷很高，处理难度较大，不仅需要考虑处理工艺的有效性和稳定性，还须考虑其处理工艺的经济合理性。这些问题是渗滤液处理工艺设计和运行较为困难的原因所在。常用的渗滤液处理方法如下。

1. 回灌处理

渗滤液回灌是一种较为有效的处理方案。首先，通过回灌可提高垃圾层的含水率，可增加垃圾的湿度，增强垃圾中微生物的活性，加速产甲烷的速率、垃圾中污染物的溶出及有机物的分解；其次，通过渗滤液回灌，不仅可降低渗滤液的污染物浓度，还可因回灌过程中水分挥发等减少渗滤液的产生量，对水量和水质起稳定化的作用，有利于后续渗滤液处理系统的运行，节省费用。此外，还可以缩短填埋垃圾的稳定化时间，可使原需 15～20 年的稳定过程缩短至 8～10 年。

2. 污水厂处理

如果填埋场建造在污水收集系统附近，可以将渗滤液收集系统连接到城市污水收集系统，将渗滤液排往城市污水处理厂进行处理。并入处理时要考虑到城市污水处理厂的容量和对水质的要求，通常情况下，进入污水厂的渗滤液的量不能超过污水处理量的 4%～5%。

3. 自行处理

如果渗滤液无法排放到城市污水处理厂处理，就需要在填埋场建设专门的渗滤液处理设施。我国《生活垃圾填埋污染控制标准》（GB 16889—2008）中规定，现有全部生活垃圾填埋场自行处理的渗滤液必须到达排放限值才可以排放，规定的主要污染物的排放限值是：COD_{Cr} 100mg/L、BOD_5 30mg/L、NH_3-N 25mg/L、TN 40mg/L、TP 3mg/L、SS 30mg/L，并规定了一些重金属的排放限值。

由于渗滤液成分复杂、水量和水质变化大，含有有害成分，单一技术都很难达到处理要求，需要通过生物、物理、化学等组合方法才能保证较好的处理效果。图 9-21 是某垃圾卫生填埋场渗滤液处理工艺流程，该工程采用 UASB 厌氧、SBR 好氧、絮凝、粗滤、微滤、反渗透组合工艺，处理能力 565t/d，处理后的水能够达标排放。

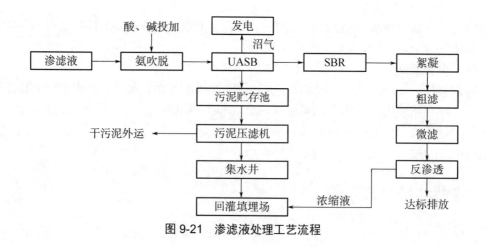

图 9-21　渗滤液处理工艺流程

第六节

填埋场的作业

一、填埋作业方式

填埋作业方式可根据场地的地形特点来选择。对平坦地区，填埋操作可以从一端向另一端进行水平填埋，也可以由下向上进行垂直填埋。对地处斜坡或峡谷地区的卫生填埋，一般采用从上到下的顺流填埋方式，因为这样既不会积蓄地表水，又可减少渗滤液的产生；但也可采用从下向上的逆流填埋方式，或从下往上的垂直填埋方式（图 9-22）。

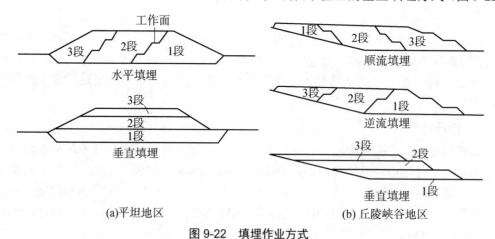

图 9-22　填埋作业方式

二、填埋作业工艺

城市生活垃圾由垃圾运输车辆运至填埋场，经计量后由场区道路和场内临时道路进入填埋区作业面,在现场管理人员的指挥下按作业顺序进行倾倒、摊铺、压实、洒药和覆盖。其工艺流程见图9-23。

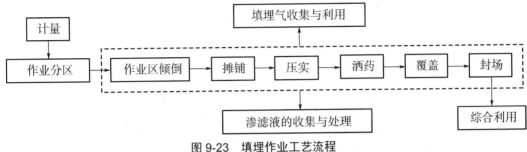

图 9-23　填埋作业工艺流程

1. 制定分区计划

填埋是一个逐步推进的过程,需要采用分层、分单元的作业。因此,在填埋开始前,首先要制定分区计划。理想的分区计划应使每个填埋区能在尽可能短的时间内封顶覆盖。图9-24是一个填埋场简单的分区作业计划。

在分区计划中,要明确填埋作业分层、分区数量,标明各层、各区作业先后顺序等。分区还需要考虑进入工作面的道路的设置,方便覆盖和封场等。确定填埋分区后,还应根据填埋垃圾量和单位时间内的车流量合理选择作业面的大小,为了防止害虫孳生和臭气的散发,在满足正常作业要求的前提下,作业面应尽可能地缩小。

2. 作业区倾倒

根据分区作业计划,首先确定运输车辆倾倒垃圾的位置。运输车在倾倒位置的作业面倾倒垃圾,垃圾可直接倾倒在作业面的顶部,也可倾倒在底部。选用何种方法,主要取决于垃圾的性质、地基承载情况、雨水收集以及下一步工作,甚至气候条件等。

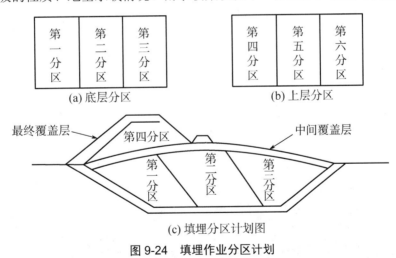

图 9-24　填埋作业分区计划

3. 摊铺压实

倾倒在作业面的垃圾需要进行摊铺和压实,垃圾的摊铺和压实由专门的、带有摊铺功能的压实机完成(图9-25)。摊铺、压实是使作业面不断扩张和向外延伸的操作,也是增大填埋场容量、延长填埋场使用年限的有效途径之一。每层垃圾摊铺厚度应根据填埋作业设备的压实性能、压实次数及垃圾的可压缩性确定，厚度不宜超过 60cm，垃圾压实密度应大于 600kg/m³。

每一单元的垃圾高度宜为 2~4m，最高一般不超过 6m。单元作业宽度按填埋作业设备的宽度及高峰期同时进行作业的车辆数确定，最小宽度不宜小于 6m，单元的坡度不宜大于 1:3。每一单元作业完成后应进行覆盖，覆盖层厚度应根据覆盖材料确定。

图 9-25　填埋场垃圾倾倒、摊铺和压实作业情况

4. 覆盖封场

填埋场的覆盖有日覆盖、中间覆盖和最终覆盖（封场）三种方式。

日覆盖的主要目的是控制虫蝇、垃圾飞扬、臭味等。日覆盖材料大多采用塑料薄膜，也可采用锯末、树木修剪物和黏土等。

中间覆盖除具有日覆盖的功能之外，还可将层面上的降雨排出填埋场外，进而减少渗滤液的产生量。中间覆盖主要用于填埋场需要长期维持开放的区域（如分区单元），其最小压实厚度一般为 30cm。

最终覆盖也就是"封场"，它是在填埋场的全部空间被填满之后对填埋场加以最终封闭。

三、填埋装备

卫生填埋场常用装备有推土机、压实机、挖掘机、装载机等（图 9-26）。填埋装备根据日处理垃圾量和作业区、卸车平台的分布情况配备，可参照表 9-5 选用。

压实机　　　　　　　　　　　　　　挖掘机

图 9-26　填埋场设备

表 9-5　卫生填埋场装备选用参照表

规模/(t/d)	推土机	压实机	挖掘机	装载机
≥1200	3	2～3	2	2～3
500-1200	2	1～2	1	1～2
200-500	1～2	1	1	1
≤200	1	1	1	1

注：1. 卫生填埋机械使用率不低于 65%；2. 推土机按功率 140HP 核定，如选用其它类型推土机，可自行换算使用；3. 不使用压实机的，可两倍数量增配推土机。

第七节

终场覆盖与后期管理

填埋场填满后，还需要进行终场覆盖（封场），终场覆盖的目的主要是防止雨水进入填埋场内和阻断填埋气向外扩散。一般封闭性垃圾填埋场在封场后 10～30 年才能完全稳定下来，因此，在封场后，还需对填埋场进行长期的监测和管理，以保证填埋场的安全运行，直至填埋堆体完全稳定。对已完全稳定的填埋场，还要考虑恢复利用问题。

一、终场覆盖

在填埋场填满垃圾后，需要对填埋场进行终场覆盖，即通常所说的"封场"。垃圾填埋场的终场覆盖系统须考虑雨水的渗入及渗滤液的控制、垃圾堆体的沉降及稳定、填埋气体的迁移、植被根系的侵入及动物的破坏、终场后的土地恢复利用等。

根据《生活垃圾卫生填埋场封场技术规范》（GB 51220），终场覆盖包括黏土覆盖和人工材料覆盖两种，其基本结构如图 9-27。

采用黏土覆盖封场时，排气层应采用粗粒或多孔材料，厚度应大于或等于 30cm；防渗黏土层的渗透系数不应大于 10^{-7}cm/s，厚度应为 20～30cm；排水层宜采用粗粒或多孔材料，厚度应为 20～30cm，应与填埋库区四周的排水沟相连；植被层应采用营养土，厚度应根据种植植物的根系深浅确定，厚度不应小于 15cm。

采用人工材料覆盖封场时，排气层应采用粗粒或多孔材料，厚度大于 30cm；膜上和膜下保护层一般采用黏土，黏土厚度宜为 20～30cm；HDPE 膜厚度不应小于 1mm；排水层宜采用粗粒或多孔材料，厚度宜为 20～30cm。

植被层为填埋场最终的生态恢复层，应考虑覆盖层的厚度和植物根系的深浅。植被层厚度不宜小于 50cm，应含有营养土层，并选择根系浅的植物，营养土厚度不宜小于 15cm。填埋场封场顶面坡度不应小于 5%，边坡大于 10%时宜采用多级台阶进行封场，台阶间边坡坡度不宜大于 1:3，台阶宽度不宜小于 2m。

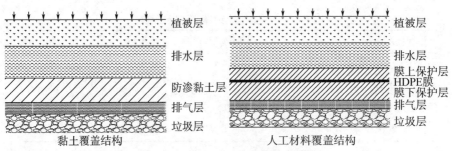

图 9-27   终场覆盖系统结构示意图

二、环境监测

填埋场运行期间和封场后，都需要进行环境监测。填埋场环境监测是填埋场管理的重要组成部分，是确保填埋场正常运行和进行环境评价的重要手段。卫生填埋场环境监测主要包括渗滤液、地下水、地表水和填埋气体的监测。对填埋场的监督性监测的项目和频率应按照有关环境监测技术规范进行，监测结果应定期报送当地环保部门，并接受当地环保部门的监督检查。

1. 渗滤液监测

填埋场内渗滤液监测是指随时监测填埋场内渗滤液的液位和产生量，并定期采样进行水质分析。采样方法因渗滤液收集系统结构不同而异。如果集水井设置在填埋场内，则通过渗滤液泵出系统采样；如果集水井在填埋场外部，则可按照常规方法从集水井中采样。

采样频率应根据填埋物特性、覆盖层和降水等条件加以确定，应能充分反映填埋场渗滤液变化情况。渗滤液水质和水位监测频率应至少每月一次。

2. 地下水监测

通过专门设置的地下水监测井进行监测，通过地下水的监测可以间接判断防渗层是否安全、渗滤液是否有渗漏等。地下水监测井的布设应符合以下要求：

① 本底井 1 眼，设在填埋场地下水流向上游 30～50 m 处，以取得背景水源数值；

② 污染扩散井不少于 4 眼，分别设在填埋场地下水走向的两侧各 30～100 m 处；

③ 污染监视井不少于 3 眼，分别设在填埋场地下水流向下游 30、50、100 m 处；

④ 设置地下水收集导排系统的，应在导排管出口处设置 1 处污染监测井，无地下水收集导排系统时无需设置。

运营单位应定期根据填埋场内渗滤液液位及渗漏监测系统测定结果，对防渗衬层的完整性、渗滤液收集和导排系统的有效性以及地下水水质进行检测和评估。同时，应根据检测和评估结果，确定是否对填埋场后续运行计划进行修订以及采取必要的应急处置措施。运行期间，评估频次不得低于 2 年 1 次；封场后进入后期维护和管理阶段，评估频次不得低于 3 年 1 次。

3. 地表水监测

地表水监测是对填埋场附近的地表水进行监测，其目的是为了确定地表水体是否受到填埋场的污染。地表水监测主要是在靠近填埋场的河流、湖泊中采样进行分析。采样频率和监测项目根据场地的监测计划和环保部门的要求确定。

4. 填埋气监测

填埋场气体监测包括场区大气监测和填埋气监测，其目的是了解填埋气的排出情况和周围大气的质量状况，分析填埋气是否扩散及其对周围大气的影响。

采样点布设及采样方法按照 GB 16297—2017 的规定执行。污染源下风方向应为主要监测范围。超标地区、人口密度大和距工业区近的地区应加大采样点密度。填埋场运行期间，应每月采样一次，如出现异常，采样频率应适当增加。

三、恢复利用

填埋场封场和稳定后，可以进行恢复利用，以节约土地资源。对填埋场的土地利用一般可分为三个层次：高度利用，包括建设住宅、工厂等长期有人员生活或工作的场所；中度利用，包括建造仓库和室外运动场所（如高尔夫球场等）；低度利用，包括进行植被恢复或建造公园等。

习题

1. 什么是垃圾的卫生填埋？
2. 卫生填埋场的功能有哪些？
3. 卫生填埋场分哪几种类型？
4. 卫生填埋场的选址原则是什么？选址时需要考虑哪些因素？
5. 防渗衬层系统的作用是什么？它有哪几种类型？
6. 防渗衬层材料有哪些类型？各有何特点？
7. 垃圾填埋的日覆盖、中间覆盖和最终覆盖各有何作用？
8. 填埋气主要有哪些气体成分组成？填埋气的产生过程分为哪几个阶段？各阶段有何特点？
9. 填埋气产生量的计算方法有哪些？
10. 填埋气收集有哪些方法？
11. 填埋气的利用途径有哪些？
12. 填埋场渗滤液主要包括哪些污染成分？渗滤液的性质有何特点？
13. 渗滤液来源于哪些方面？如何控制渗滤液的产生量？
14. 渗滤液产生量的估算方法有哪些？
15. 渗滤液集排系统的作用是什么？它由哪些部分构成？
16. 渗滤液的处理方法有哪些？试列出一种渗滤液处理工艺，并对各工序的作用进行说明。
17. 填埋场终场覆盖（封场）的目的是什么？人工材料覆盖结构包含哪些部分？
18. 卫生填埋场环境监测包括哪些内容？

第三篇

工业固体废物处理与利用

第十章

煤电工业固体废物处理与利用

　　我国是一个以煤炭为主要能源的国家，长期以来，煤炭在能源消费结构中所占的比例一直维持在 60%左右。2020 年我国煤炭产量约 39 亿吨，主要消耗于电力、钢铁、建材、化工等行业。

　　煤电工业固体废物主要来自煤的开采、加工和发电等过程。从煤炭开采来看，我国每生产 1 亿吨煤炭就要排放矸石 1400 万吨左右；从煤炭洗选加工来看，每洗选 1 亿吨炼焦煤，就要排放矸石约 2000 万吨。此外，用煤发电，还要产生大量的粉煤灰。煤电工业排出量最大、最集中的是煤炭开采、加工过程所产生的煤矸石和燃煤电厂产生的粉煤灰。

　　本章主要讲述煤矸石和粉煤灰的组成与性质、处理和资源化技术原理、工艺和途径。

第一节

煤矸石的产生、组成与性质

一、煤矸石的产生

　　煤矸石是煤炭开采、加工过程中产生的固体废弃物。煤矸石是煤的共生资源，在成煤的过程中与煤伴生，包括煤矿在井巷掘进时排出的矸石、露天煤矿开采时剥离的矸石、洗选加工过程中排出的矸石。

　　煤矸石作为煤炭生产过程中的副产物，目前，我国煤矸石累积堆存量已超过 70 亿吨，形成矸石山 2000 余座，以排矸量占原煤生产的 10%计算，每年新增加的矸石在 3 亿吨以上。除部分得到综合利用外，其余煤矸石就近堆存，占用大面积的堆积场地，还会产生自燃、导致火灾等（图 10-1）。

图 10-1　煤矸石的产生和堆放

二、煤矸石的组成

1. 矿物组成

煤矸石的矿物组成主要有石英、长石、高岭石、方解石等。矸石中的矿物主要来源于岩浆岩中的矿物，如石英、云母、长石等，经风化、侵蚀、搬运而沉积下来，常称为陆源矿物；另一种是在水溶液中经化学及生物化学作用生成新矿物沉积而成，如方解石、白云石、菱铁矿等。矸石中常见的矿物组成见表 10-1。

表 10-1　矸石中的主要矿物组成

矿物	矿物名称	化学式	说　明
硅酸盐类矿物	石英	SiO_2	砂岩主要矿物
	长石类：正长石	$KAlSi_3O_8$	砾岩主要矿物
	闪石类：普通角闪石	$(Ca,Na)_{2-3}(Mg^{2+},Fe^{2+},Fe^{3+},Al^{3+})_5[(Al,Si)_4O_{11}](OH)_2$	
	辉石类：普通辉石	$(Ca,Mg,Fe^{2+},Fe^{3+},Al,Ti)_2[(Si,Al)_2O_6]$	
黏土矿物	高岭土类：高岭石	$Al_4(Si_4O_{10})(OH)_8$	黏土岩主要矿物
	膨润土类：蒙脱石	$Na_x(H_2O)_4\{Al_{2-x}Mg_x[Si_4O_{10}](OH)_2\}$	
	水云母类：水白云母	$K_{1-x}(H_2O)_x\{Al_2[AlSi_3O_{10}](OH)_{2-x}(H_2O)_x\}$	
碳酸盐矿物	方解石	$CaCO_3$	石灰石主要矿物
	白云石	$CaMg(CO_3)_2$	
	菱铁矿	$FeCO_3$	
硫化物	黄铁矿	FeS_2	
	白铁矿	FeS_2	
铝土矿	一水硬铝矿	$Al_2O_3 \cdot H_2O$ 或 $AlOOH$	铝质岩主要矿物
	一水软铝矿	$AlO(OH)$	
	三水铝矿	$Al(OH)_3$	
其它矿物	石膏	$CaSO_4 \cdot 2H_2O$	
	磷灰石	$Ca_5(PO_4)_3(F,Cl,OH)$	
	金红石	TiO_2	

2. 化学组成

我国煤矸石的主要化学成分以 SiO_2 和 Al_2O_3 为主，另外还含有数量不等的 Fe_2O_3、CaO、MgO、Na_2O、K_2O、P_2O_5、SO_3 和微量稀有元素（镓、钒、钛、钴）等。SiO_2 的含量一般较高，少数可以达到 80%以上；Al_2O_3 含量一般在 15%～30%之间，但在高岭土和铝质岩为主的矸石中可达 40%以上；煤矸石中 CaO 含量一般都很低（少数除外），Fe_2O_3 含量绝大部分小于 10%（表 10-2）。

表 10-2 我国典型煤矸石的主要化学成分 单位：%

矸石产地	化学成分					岩石类型
	SiO_2	Al_2O_3	Fe_2O_3	CaO	MgO	
开滦唐山矿风井洗矸	59.13	21.83	6.43	3.53	2.24	SiO_2 40%～70% Al_2O_3 15%～30% 属黏土岩矸石
淮南望风岗选煤厂洗矸	61.29	29.75	4.35	0.76	0.63	
甘肃山丹煤矿三槽底板	89.20	1.54	1.59	7.23	0.01	$SiO_2>70\%$ 属砂岩矸石
云南小龙潭矿矸石	14.28	2.98	4.98	68.60	1.40	$CaO>30\%$ 属钙质岩矸石

三、煤矸石的性质

1. 发热量

煤矸石中含有一定量的可燃有机成分，在燃烧时能释放一定的热量。煤矸石受热时，首先是表面、空隙中水分的蒸发，然后析出挥发分，在氧气充足的情况下，温度逐渐升高，挥发分发生燃烧，最后为固定碳的着火与燃烧。我国煤矸石的热值多在 6300kJ/kg 以下，其中 3300～6300kJ/kg、1300～3300kJ/kg 和低于 1300kJ/kg 的各占约 30%，高于 6300kJ/kg 的仅占 10%（表 10-3）。各地煤矸石的热值差别很大，其合理利用途径与其热值高低有关。

表 10-3 不同热值煤矸石的热值及利用途径

热值/(kJ/kg)	利用用途	说明
<2095	回填、筑路、造地、制骨料	制骨料以砂岩类未燃矸石为宜
2095～4190	烧砖	CaO 含量<5%
4190～6285	烧石灰	渣可作骨料和水泥混合材料
6285～8380	烧混合料、制骨料、代煤、节煤烧水泥	用于小型沸腾炉供热
8380～10475	烧混合料、制骨料、代煤、烧水泥	用于大型沸腾炉发电

2. 活性

（1）活性的产生

煤矸石中多数矿物的晶格质点常以离子键或共价键结合，在一定煅烧温度下，煤矸石原来的结晶相大部分分解为无定形物质 Al_2O_3 和 SiO_2 等，晶相处于次要地位，因此，在一定温度下煅烧后，煤矸石通常会具有较高的活性。

在煅烧过程中，不同矿物组分的活性变化如下。

① 高岭土的变化：高岭土在 $500\sim600℃$ 脱水，晶格破坏，有序的高岭石结构变为无序的无水偏高岭石及部分可溶解的 Al_2O_3 和 SiO_2，具有火山灰活性；在 $900\sim1000℃$ 之间，偏高岭土又发生重结晶，形成非活性物质。

$$Al_2O_3 \cdot 2SiO_2 \cdot 2H_2O \xrightarrow{>450℃} Al_2O_3 \cdot 2SiO_2 + 2H_2O$$
$$\text{高岭土} \qquad\qquad\qquad \text{偏高岭土（具有活性）}$$

$$2(Al_2O_3 \cdot 2SiO_2) \xrightarrow{900\sim1000℃} 2Al_2O_3 \cdot 3SiO_2 + SiO_2$$
$$\text{偏高岭土} \qquad\qquad\qquad \text{硅类晶石} \quad \text{无定形}$$

② 水云母的变化：在 $100\sim200℃$ 脱去层间水；$450\sim600℃$ 失去分子结晶水，但仍保持原晶格结构；$600℃$ 以上才逐步分解，晶格逐渐破坏，开始出现具有活性的无定形物质；$900\sim1000℃$ 时分解完毕，具有较高的活性；但在 $1000\sim2000℃$ 时，又出现重结晶，向晶格转变，活性降低。

$$K_2O \cdot 5Al_2O_3 \cdot 14SiO_2 \cdot 4H_2O \xrightarrow{100℃} K_2O \cdot 5Al_2O_3 \cdot 14SiO_2 \xrightarrow{600℃} \text{无定形物}$$

③ 石英的变化：石英矿物在升温和降温过程中，其结晶态呈如下可逆反应。

$$\beta\text{石英} \xrightleftharpoons{573℃} \alpha\text{石英} \xrightleftharpoons{870℃} \alpha\text{鳞石英} \xrightleftharpoons{1470℃} \alpha\text{方石英}$$

在成分复杂的煤矸石中，石英的含量随温度升高而降低，这种变化可能产生一些效应，如生成无定形 SiO_2，会提高煤矸石烧渣的火山灰活性。但生成的石英变体，仍属非活性物质，并不能提高活性。

④ 黄铁矿的变化：黄铁矿是可燃物质，随煤矸石一起燃烧，晶体相应发生变化，生成 α 赤铁矿，对煤矸石活性无益。

$$4FeS_2 + 11O_2 \xrightarrow{600℃} 2Fe_2O_3 + 8SO_2$$

⑤ 莫来石的生成：煤矸石煅烧过程中，一般温度升至 $1100℃$ 时，转化为莫来石（$3Al_2O_3 \cdot 2SiO_2$）；到 $1200℃$ 以上，生成量显著增加；温度大于 $1400℃$ 时转化为莫来石和方石英，莫来石的大量生成会降低煤矸石的活性。

从上分析可以看出：高岭土和水云母类矿物的受热分解是煤矸石活性提高的主要原因，其它矿物组分对活性有时还会有不利的影响。

（2）活性的激发

磨细的煤矸石单独与水的反应极慢，仅有较弱的活性，但在 $Ca(OH)_2$ 的饱和溶液中有显著的水化作用，且速度较快，表现为较强的胶凝性能，所以煤矸石的活性是潜在的。这种潜在的活性需要激发才能表现出来。激发方法有多种，比较常见的有机械力活化、热活化、微波活化、化学活化和复合活化等。

其中，化学活化是指利用石灰、硅酸盐水泥熟料、石膏等碱性化学物质激发，是最常用的激发方法。石灰或硅酸盐水泥熟料，在水化时形成 $Ca(OH)_2$ 碱性溶液，造成煤矸石玻璃体的溶解条件，OH^- 浓度增加，比较容易进入玻璃体内部空穴，激烈地与活性阳离子作用，促进煤矸石分散与溶解。$Ca(OH)_2$ 与矸石中 SiO_2 和 Al_2O_3 结合成水化硅酸钙（CSH）和水化铝酸钙（CAH），呈现出较强的胶凝性能。

$$m Ca(OH)_2 + SiO_2 + (n-1)H_2O \longrightarrow m CaO \cdot SiO_2 \cdot nH_2O \qquad \text{（CSH）}$$
$$m Ca(OH)_2 + Al_2O_3 + (n-1)H_2O \longrightarrow m CaO \cdot Al_2O_3 \cdot nH_2O \qquad \text{（CAH）}$$

第二节

煤矸石资源化利用技术

基于煤矸石的上述性质，煤矸石利用技术有多种，其中主要是回收煤炭、生产建料和用作燃料等。

一、回收煤炭

煤矸石中含有一定量的煤炭，依据煤矸石各组分物化性质的不同，通过介质分选，可以把煤炭分离出来。回收的煤炭可作动力锅炉的燃料，洗矸可用作建筑材料。目前煤炭回收工艺主要有两种，即水力旋流器分选和重介质分选。

图 10-2 为利用水力旋流器从煤矸石中回收煤炭的工艺。该工艺由定压水箱、水力旋流器、脱水筛、离心机、澄清旋流器等组成。煤矸石先投入定压水箱，然后定量加入水力旋流器进行水力分选；通过旋流器的高速旋转，实现煤炭颗粒和煤矸石的离心分离；分离出的煤粒经脱水筛脱水和离心分离，获得精煤；产生的泥水进入澄清旋流器，分离出煤泥，清水则循环回用。

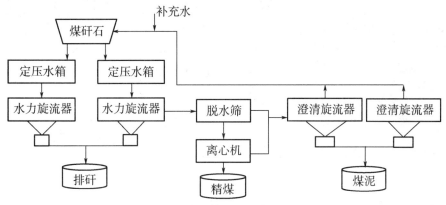

图 10-2 水力旋流器分选工艺流程

二、生产建料

煤矸石可以用于生产多种建筑材料，包括烧结砖、免烧砖、空心砌块、水泥等。其中，煤矸石生产烧结砖和水泥是比较实用的技术，在实际中有着广泛的应用。

1. 生产烧结砖

煤矸石是多种矿岩组成的混合物，包括泥质、炭质和砂质矸石等成分。其中砂质矸石颗粒粗糙，质地坚硬；而泥质和碳质矸石质软，易粉碎成型，是生产矸石砖的理想原料。煤矸石砖以煤矸石为主要原料，一般占坯料质量的 80% 以上，有的全部以煤矸石为原料，有的外掺少量黏土、生石灰、石膏等物质。

图 10-3 是煤矸石生产烧结砖的工艺流程。将煤矸石与砂石、水泥、氢氧化钙等配料按比例配好，然后通过破碎筛分、陈化、粉磨、预湿等，形成符合要求的混合料；在混合料中添加粘结剂、骨料、珍珠岩和调节水，再搅拌均匀，即可装模和静压成型；成型的砖块干燥后，进入烧结炉进行烧结；烧结结束后冷却到常温，即得到烧结砖产品。

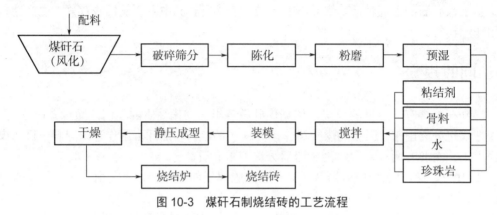

图 10-3　煤矸石制烧结砖的工艺流程

图 10-4 显示的是入窑前的经过静压成型的煤矸石砖块，呈灰黑色，图 10-5 则是经过烧结后的烧结砖产品，呈黄色。

图 10-4　静压成型的煤矸石砖块

图 10-5　烧结炉出炉的烧结砖成品

尽管煤矸石大多可以用于生产烧结砖，但作为建筑用砖的原料，对其物理和化学性质有一定的要求。煤矸石的热值要求在 2100～4200kJ/kg，过低时需加煤，过高时需设法散去余热或加以利用。矸石粒度要求控制在 3mm 以下，小于 0.5mm 的含量不低于 50%；当 CaO 含量小于 2% 时，粒度大于 3mm 的含量应少于 3%；当 CaO 含量大于 2%，粉料中最大粒度应小于 2mm。用于生产烧结砖的煤矸石原料，其化学成分应符合表 10-4 的指标。

矸石砖的规格和性能要求与普通黏土砖规格与性能基本相同，标准尺寸为 240mm×115mm×53mm，其性能指标符合国家标准《烧结普通砖》（GB 5101—2017）的要求。

表 10-4　用于烧结砖的煤矸石原料的化学成分

成分	SiO_2	Al_2O_3	Fe_2O_3	CaO	MgO	S
含量/%	55～70	15～25	2～8	<2.5	<1.5	<1

2. 生产水泥

煤矸石与黏土的化学成分相近，因此可代替黏土作为水泥生产的原材料；煤矸石煅烧后具有活性，和普通硅酸盐水泥熟料一样具有水硬胶凝性质；同时，煤矸石燃烧还可释放一定的热量，节约部分水泥生产燃料。用作水泥原料的煤矸石质量要求见表 10-5。

表 10-5　煤矸石用作水泥原料的质量要求

级别	N=SiO$_2$/(Al$_2$O$_3$+Fe$_2$O$_3$)	P=Al$_2$O$_3$/Fe$_2$O$_3$	MgO/%	R$_2$O/%	塑性指数
一级品	2.10～3.5	1.5～3.5	<3.0	<4.0	>12
二级品	2.0～2.7 和 3.0～4.0	不限	<3.0	<4.0	>12

煤矸石生产水泥的工艺过程与普通硅酸盐水泥的基本相同（图 10-6）。将煤矸石和生石灰、砂石等按一定比例配好，再通过破碎和研磨制成生料；生料经混合均匀后，送入回转窑进行烧制，得到以硅酸钙为主要成分的熟料，再加入适量的石膏等，磨成细粉而制成煤矸石硅酸盐水泥，简称煤矸石水泥。

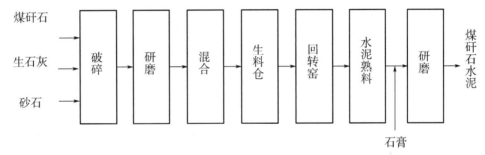

图 10-6　煤矸石硅酸盐水泥的生产工艺

三、用作燃料

煤矸石中含有一定数量的固定炭和挥发分，具有一定的热值，因此，可以用来代替部分燃料，用于烧锅炉和发电。

煤矸石可替代部分燃料，用于烧锅炉。通常用于沸腾炉燃烧，沸腾炉的突出优点是对煤种的适应性广，烟煤、无烟煤或煤矸石都可以较好地燃烧。由于沸腾炉料层的平均温度一般为 850～1050℃，料层很厚，相当于一个大蓄热池，新加入的煤粒进入料层后就和几十倍的灼热颗粒混合，能很快燃烧，因此可用煤矸石代替部分煤炭，从而节约燃料和降低成本。

煤矸石发电是另一个煤矸石资源综合利用的有效途径，它不仅解决了煤矸石的堆放问题，而且可以节约燃料成本，发电生成的灰渣还可以二次利用，用来制备建筑材料等。我国已用沸腾炉燃烧煤炭和煤矸石的混合物进行发电，炉渣用于生产炉渣砖和炉渣水泥；日本也有数十座煤矸石发电厂。

第三节

粉煤灰的产生、组成和性质

一、粉煤灰的产生与组成

粉煤灰是由火力发电厂锅炉煤粉燃烧后，从锅炉排烟系统分离出来的细粒灰粉。2020 年我国粉煤灰的累计堆积量在 20 亿吨以上。粉煤灰产生量巨大，若不能有效利用，会造成土壤、水体、大气污染以及危害人类和生物的健康。

粉煤灰的组成成分主要来自煤炭中矿物成分的演变，组分相当复杂，主要包括化学组成、矿物组成和颗粒组成。

1. 化学组成

粉煤灰是一种火山灰质混合材料，属于 $CaO\text{-}Al_2O_3\text{-}SiO_2$ 系统。其化学组成与煤的矿物成分、煤粉细度和燃烧方式有关，受各种因素影响，波动很大。

表 10-6 为我国粉煤灰化学成分和美国典型粉煤灰化学成分的变化情况。可以看出，粉煤灰的主要化学组成是 SiO_2、Al_2O_3 和 Fe_2O_3。粉煤灰分为高钙灰与低钙灰，高钙灰的质量优于低钙灰。高钙粉煤灰主要产自于褐煤、亚烟煤，而低钙粉煤灰主要产自于烟煤、无烟煤。粉煤灰中的 SiO_2、Al_2O_3、Fe_2O_3 和 CaO 含量关系到它作为建筑材料的性能。

表 10-6 粉煤灰的化学成分

化学成分	含量/%		典型值/%	
	中国	美国	低钙粉煤灰（F 级灰）	高钙粉煤灰（C 级灰）
SiO_2	40～60	10～70	54.9	39.9
Al_2O_3	17～35	8～38	25.8	16.7
Fe_2O_3	2～15	2～50	6.9	5.8
CaO	1～10	0.5～30	8.7	24.3
MgO	0.5～2	0.3～8	1.8	4.6
SO_2	0.1～2	0.1～30	0.6	3.3
Na_2O 及 K_2O	0.5～4	0.4～16	0.6	1.3
烧失量	1～26	0.3～30	—	—

2. 矿物组成

粉煤灰的矿物组分十分复杂，主要有无定形相和结晶相两大类。无定形相主要为玻璃体，约占粉煤灰总量的 50%～80%；此外，未燃尽的炭粒也属于无定形相。结晶相粉煤灰主要包括莫来石、石英、赤铁矿、磁铁矿、铝酸三钙、黄长石、默硅镁钙石、方镁石、石灰等，其中莫来石占比最大，可达到总量的 6%～15%。这些结晶相大多在燃烧区形成，又往往被无定形相包裹。因此，粉煤灰中单独存在的结晶体极为少见。表 10-7 列出了低钙粉煤灰中晶体矿物相的组成。

表 10-7　低钙粉煤灰中的晶体矿物相的组成

矿物	莫来石	石英	磁铁矿-铁酸盐	磁铁矿	无水石膏
组成	$3Al_2O_3 \cdot 2SiO_2$	SiO_2	Fe_3O_4-$(Mg,Fe)(Fe,Mg)_2O_4$	Fe_3O_4	$CaSO_4$

3. 颗粒组成

粉煤灰主要由轻质、微小、表面光滑的球形颗粒组成,统称为玻璃微珠。按其结构性质的不同,可以对这些颗粒进行分选,得到三种珠体:漂珠、沉珠和磁珠。

(1)漂珠

漂珠是指密度小于 $1.0g/cm^3$,能漂浮在水面上的珠体。漂珠大部分为外表光滑的球形颗粒,薄壁中空,漂珠的显微形貌呈现为空心,壁薄、壳壁发育有气孔,且不穿过内壁;色泽为无色、白色或乳白色,具有珍珠光泽和玻璃光泽,透明、半透明或不透明(图10-7)。由于漂珠较轻,因此可通过浮选的方法,把漂珠分离出来。

漂珠耐酸、耐碱,化学性能稳定,具有质轻、隔热、隔音、耐高温和耐磨等特征,常用于制作低密度水泥、轻质混凝土、保温隔音材料等。

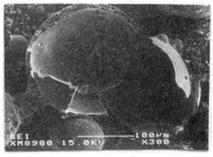

图 10-7　漂珠颗粒表面形貌

(2)沉珠

指密度大于 $1.0g/cm^3$,置于水中能够下沉的珠体。沉珠多数为圆形,壳壁较厚,壁上发育有小孔,表面凹凸不平,内含有大量更细小的微珠颗粒(图10-8);外观呈灰色或乳白色,有玻璃光泽,半透明或不透明。由于沉珠较重,因此可通过重力分选的方法,把沉珠分离出来。

沉珠的耐磨性和强度很高,但隔热、保温、隔音的性能不如漂珠,通常作为防火材料、建筑材料等。

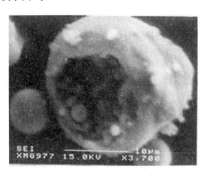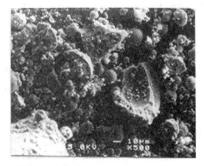

图 10-8　沉珠颗粒表面形貌

（3）磁珠

指在磁场下，能被磁极吸附的磁性珠体。磁珠一般呈黑色或灰色，但随着磁珠中铁含量的不同，其颜色深浅也不一样（图 10-9）。磁珠的化学成分主要是 Fe_2O_3 和 Fe_3O_4，其次是 SiO_2 和 Al_2O_3；磁珠的磁强度与磁铁矿粉相近，耐磨性较磁铁矿粉强；除导电性较高外，磁珠的其它物理性能与漂珠和沉珠相近，但化学性质不如漂珠和沉珠稳定。

由于磁珠具有磁性，因此可通过磁选的方法，把磁珠分离出来。从粉煤灰中分离出的磁珠常用于污水处理，可起到吸附、絮凝的作用。

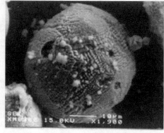

图 10-9 磁珠颗粒表面形貌

二、粉煤灰的性质

1. 物理性质

粉煤灰的外观和水泥差不多，但在光学显微镜下与水泥并无相似之处。粉煤灰实质上是多种颗粒的机械混合物，即所谓的"粒群"。因此粉煤灰性质的波动，很大程度上取决于各种颗粒组成及其组合的变化。

（1）外观和颜色

粉煤灰外观类似水泥，颜色从乳白色变到灰黑色，反映了粉煤灰含炭量的多少和变异，在一定程度上也可以反映粉煤灰的细度。炭粒往往存在于较粗的粉煤灰颗粒组分中，所以颜色较黑的粉煤灰中，粗粒所占比例较多。

（2）密度

密度一般是粉煤灰颗粒"质量密度"的平均值，因此其大小并非固定不变的。低钙粉煤灰的密度一般为 $1.8\sim2.6\text{g/cm}^3$，高钙粉煤灰密度可达 $2.5\sim2.8\text{g/cm}^3$。

（3）粒度和孔隙率

粉煤灰颗粒粒径约为 $2.5\sim300\mu\text{m}$，平均几何粒径小于 $40\mu\text{m}$，其中，漂珠平均粒径 $1\sim300\mu\text{m}$，沉珠平均粒径小于 $45\mu\text{m}$，磁珠平均粒径小于 $75\mu\text{m}$，孔隙率一般为 $60\%\sim75\%$。

（4）需水量比

需水量比指粉煤灰水泥胶砂需水量与基准水泥胶砂需水量之比。在水泥或混凝土中掺入粉煤灰，一般可以降低水泥或混凝土用水量，这是粉煤灰的一个性能优点。

（5）烧失量

烧失量指粉煤灰中未燃烧炭的含量，烧失量过高会对水泥、混凝土的品质造成负面影响。根据《用于水泥和混凝土中的粉煤灰》（GB/T 1596—2017），要求用于混凝土和砂浆的粉煤灰的烧失量不大于 10.0%。

2. 粉煤灰的活性

（1）活性

粉煤灰是一种复杂的细分散性颗粒物质，粉煤灰的活性取决于它的化学组成、物质相组成和结构特征等。

粉煤灰的化学活性也叫"火山灰活性"，是指一些 SiO_2 质或 SiO_2-Al_2O_3 质材料，其本身没有（或略有）水硬胶凝性能，但磨细后在有水分存在的情况下，能与 $Ca(OH)_2$ 等发生化学反应，生成具有水硬胶凝性能的化合物。

（2）活性的来源

① 活性氧化物（SiO_2 和 Al_2O_3）：它们能与氢氧化钙在常温下起化学反应，生成稳定的水化硅酸钙和水化铝酸钙；

② 玻璃微珠：它们含有较高的化学内能，具有活性；

③ 其它活性矿物：含有的 CaO、C_3S、C_2S 等具有活性。

（3）活性的激发

粉煤灰的活性是潜在的，需用激发剂激发，才能发挥出来。激发方法有物理、化学和物理化学激发等。

由于粉煤灰主要由酸性化合物组成，具有弱酸性，因此，采用碱性试剂的化学激发法使用最为广泛，其主要激发方法和机理如下。

① 以石灰和石膏做激发剂：以石灰作为主激发、外加一定量的石膏作为次激发，其反应过程如下：

主激发——石灰

$$mCa(OH)_2 + SiO_2 + (n-1)H_2O \longrightarrow mCaO \cdot SiO_2 \cdot nH_2O \quad （水化硅酸钙凝胶，CSH）$$

$$mCa(OH)_2 + Al_2O_3 + (n-1)H_2O \longrightarrow mCaO \cdot Al_2O_3 \cdot nH_2O \quad （水化铝酸钙凝胶，CAH）$$

次激发——石膏

$$mCaO \cdot Al_2O_3 \cdot nH_2O + CaSO_4 \cdot 2H_2O \longrightarrow mCaO \cdot Al_2O_3 \cdot 3CaSO_4 \cdot (n+2)H_2O$$
$$\text{E 盐或 M 盐}$$

通过主激发产生的 CAH 强度比较低，通过石膏的投入，可加速反应生成水化硫铝酸钙（简称 E 盐或 M 盐），以强化激发效果，提高 CAH 的强度。

石灰-石膏-粉煤灰胶凝系统需要一定时间的养护，因此水化反应需要时间。常温下水化产物的形成需 $28 \sim 90d$；高温蒸汽下养护（$800 \sim 900^\circ C$），水化反应过程可以加快，只需 $8 \sim 12h$ 便能达到预期强度。这时生成的矿物除 CSH、E 盐外，还有水榴子石等。

② 以水泥熟料和石膏为激发剂：水泥熟料中含有约 75% 的硅酸三钙（C_3S）和硅酸二钙（C_2S）。遇水时，C_3S、C_2S 便迅速水化生成水化硅酸三钙（C_3SH）和水化硅酸二钙（C_2SH）凝胶，同时析出 $Ca(OH)_2$，称为一次水化反应；其后，粉煤灰中的 SiO_2 和 Al_2O_3 在水泥水化析出的 $Ca(OH)_2$ 激发下发生二次水化反应，生成 CSH 和 CAH；在有石膏存在时，CAH 继续与石膏生成 E 盐或 M 盐，然后再与水泥熟料水化生成的其它水化产物，共同构成水泥硬化体的基础物质。这些水化反应的进行，保证了硬化体的强度增强和耐久性。

一次水化反应：

$$\left(\begin{array}{l}\text{硅酸三钙（C}_3\text{S）}\\\text{硅酸二钙（C}_2\text{S）}\end{array}\right)+\text{H}_2\text{O}\longrightarrow\left(\begin{array}{l}\text{水化硅酸三钙（C}_3\text{SH）凝胶}\\\text{水化硅酸二钙（C}_2\text{SH）凝胶}\end{array}\right)+\text{Ca(OH)}_2$$

二次水化反应：

$$m\text{Ca(OH)}_2+\text{SiO}_2+(n-1)\text{H}_2\text{O}\longrightarrow m\text{CaO·SiO}_2\cdot n\text{H}_2\text{O}\quad(\text{CSH})$$

$$m\text{Ca(OH)}_2+\text{Al}_2\text{O}_3+(n-1)\text{H}_2\text{O}\longrightarrow m\text{CaO·Al}_2\text{O}_3\cdot n\text{H}_2\text{O}\quad(\text{CAH})$$

$$m\text{CaO·Al}_2\text{O}_3\cdot n\text{H}_2\text{O}+\text{CaSO}_4\cdot2\text{H}_2\text{O}\longrightarrow m\text{CaO·Al}_2\text{O}_3\cdot3\text{CaSO}_4\cdot(n+2)\text{H}_2\text{O}$$

E 盐或 M 盐

第四节

粉煤灰资源化利用技术

一、生产砖块

粉煤灰是良好的制砖材料，可以用来生产多种建筑用砖，包括蒸养砖、烧结砖、免烧砖和空心砌块等，其中，利用粉煤灰生产蒸养砖应用最为广泛，其生产工艺流程如图 10-10。

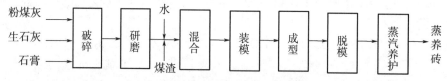

图 10-10　粉煤灰蒸养砖生产工艺流程

粉煤灰蒸养砖的主要原料为粉煤灰、生石灰和碱性激发剂（如石膏）等，有时也会加入一定量的煤渣等作为骨料。制备原料配比一般是粉煤灰用量为 60%～80%、石灰 12%～20%、石膏 2%～3%。粉煤灰、石灰和石膏先按比例调配好，然后进行破碎和研磨；在与煤渣和水混合后，进行装模、挤压成型；成型的砖坯送入窑内，在一定的温度条件下进行蒸养，蒸养结束后出窑，即可获得蒸养砖产品（图 10-11）。

(a)粉煤灰　　　　　　　　(b)蒸养炉窑　　　　　　　　(c)蒸养砖

图 10-11　粉煤灰制砖生产现场

二、生产水泥

利用粉煤灰具有的活性，可以生产粉煤灰硅酸盐水泥。粉煤灰硅酸盐水泥是由粉煤灰和硅酸盐水泥熟料、适量石膏磨细制成的水硬胶凝材料，简称粉煤灰水泥。

粉煤灰水泥的生产原材料包括粉煤灰、硅酸盐水泥熟料和石膏等，粉煤灰的掺加量通常为 20%～40%。硅酸盐水泥生产工艺流程如图 10-12。水泥熟料和石膏经配料后，先进行粉磨，制成硅酸盐水泥；粉煤灰经烘干和粉磨后，与硅酸盐水泥按配比混合后研磨，即生产出粉煤灰硅酸盐水泥。

粉煤灰水泥抗水性较好、水化热低、干缩性和耐热性好，适用于一般民用和工业建筑工程，但由于粉煤灰水泥抗冻性能较差，不适用于受冻工程。

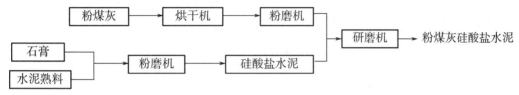

图 10-12 粉煤灰硅酸盐水泥生产工艺流程

三、提取氧化铝

粉煤灰中含有相当量的 Al_2O_3，从中提取 Al_2O_3 是粉煤灰资源化利用途径之一。我国将粉煤灰分为高铝粉煤灰（Al_2O_3 含量 45%～65%）和普通粉煤灰（Al_2O_3 含量低于27%）两类。我国内蒙古、山西等地高铝粉煤灰的分布较多。高铝粉煤灰是一种十分有开发前景的铝资源。通过对粉煤灰中氧化铝的提取，既可减少其对环境的危害，又可缓解我国铝矿资源紧张的问题。

从粉煤灰中提取氧化铝的方法有酸浸法、碱浸法、酸碱综合法、石灰石烧结法等，其中，比较常用的方法是盐酸浸出法和石灰石烧结法。

1. 盐酸浸出法

粉煤灰中的氧化铝可与盐酸反应，而氧化硅等物质不与酸反应或反应过程很慢，因此，可以通过盐酸将氧化铝从粉煤灰中提取出来。其反应原理如下：

$$Al_2O_3 + 6HCl \longrightarrow 2AlCl_3 + 3H_2O$$

盐酸法提取氧化铝的生产工艺如图 10-13。粉煤灰与盐酸按一定比例配成料浆；在高温高压条件下，Al_2O_3 与 HCl 反应，溶出 $AlCl_3$；通过沉降和固液分离，去除反应残渣；再通过吸附去除 $AlCl_3$ 溶液中的杂质，获得比较纯的 $AlCl_3$ 溶液；$AlCl_3$ 溶液经蒸发获得 $AlCl_3$ 结晶体，结晶体通过煅烧获得最终产品 Al_2O_3。

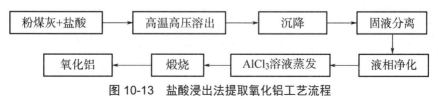

图 10-13 盐酸浸出法提取氧化铝工艺流程

2. 石灰石烧结法

石灰石烧结法的工艺流程如图 10-14 所示。将粉煤灰与石灰石混合，然后在 1300～1400℃ 的温度下进行煅烧；在煅烧过程中，氧化硅与石灰石反应生成难以溶解的硅酸二钙（$2CaO \cdot SiO_2$），氧化铝与石灰石反应生成较易溶解的铝酸钙（$12CaO \cdot 7Al_2O_3$）；通过水介质，把难溶的硅酸二钙分离出来，同时获得铝酸钙溶液；在铝酸钙溶液中加入碳酸钠，把铝酸钙转化成 $NaAlO_2$，$NaAlO_2$ 再进行烘干、高温煅烧，获得 Al_2O_3 产品。其反应原理如下：

① 粉煤灰与石灰石烧结：

$$7(3Al_2O_3 \cdot 2SiO_2) + 64CaCO_3 \longrightarrow 3(12CaO \cdot 7Al_2O_3) + 14(2CaO \cdot SiO_2) + 64CO_2$$

② 用碳酸钠溶出烧结产物：

$$12CaO \cdot 7Al_2O_3 + 12Na_2CO_3 + 5H_2O \longrightarrow 14NaAlO_2 + 10NaOH + 12CaCO_3$$

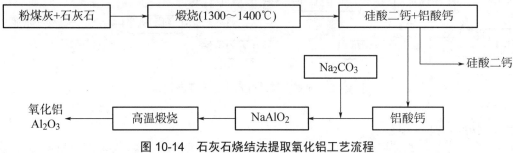

图 10-14 石灰石烧结法提取氧化铝工艺流程

习题

1. 煤矸石是如何产生的？
2. 煤矸石的化学组成和矿物组成主要有哪些？有何特点？
3. 什么是煤矸石的活性？为何煅烧后的煤矸石具有活性？
4. 煤矸石活性的激发方法有哪些？
5. 煤矸石生产烧结砖的工艺是什么？
6. 煤矸石生产水泥的工艺是什么？
7. 粉煤灰是如何产生的？
8. 粉煤灰的化学组成主要是哪些？有何特点？
9. 粉煤灰的矿物组成主要是哪些？有何特点？
10. 粉煤灰的颗粒组成有何特点？
11. 什么是粉煤灰的活性？为什么粉煤灰具有活性？
12. 粉煤灰活性激发方法有哪些？其激发原理是什么？
13. 粉煤灰生产蒸养砖的工艺是什么？
14. 粉煤灰生产水泥的工艺是什么？
15. 从粉煤灰中提取氧化铝的方法有哪些？其原理是什么？

第十一章

冶金工业固体废物处理与利用

冶金工业固体废物主要指金属冶炼过程中所排出的各种废渣。其中主要是炼铁、炼钢和有色金属冶炼产生的高炉渣、钢渣和有色金属废渣等。它们具有量大面广、含有多种金属与非金属元素、可综合利用价值大等特点，但有时危害性也比较大，因此，本章主要介绍这方面的处理与利用技术。

第一节

高炉渣处理与利用

一、产生与性质

1. 产生

生铁是以铁矿石为原料，外加煤炭、石灰石等辅料，在高炉中冶炼而成，高炉渣即生铁冶炼过程中产生的废渣。

在 1400～1500℃ 冶炼温度下，铁矿石中的土质组分（石英、黏土矿物、碳酸盐、磷灰石等）和石灰石等助熔剂化合而成熔融状态，形成以硅酸盐和铝酸盐为主的浮在铁水上面的熔渣，熔渣从高炉中排出后即形成铁渣，也即高炉渣。

高炉渣是冶金行业中产生数量最大的一种废渣，其排出率随着矿石品位和冶炼方法不同而变化。例如，用贫铁矿冶铁时，每吨生铁产出 1.0～1.2 吨高炉矿渣，而用富矿，则只产出 0.25 吨高炉矿渣。根据我国目前矿石品位和冶炼水平，冶炼 1 吨生铁平均约产生 0.6～0.7 吨高炉渣。

钢是由生铁进一步冶炼而成。由高炉生成的铁水通过鱼雷车运往电炉、转炉等炼钢炉；生铁在炼钢炉中冶炼产生钢水，同时产生废渣，并从炼钢炉中排出而形成钢渣。高炉炼铁和电炉、转炉炼钢的连续生产工艺流程如图 11-1 所示，铁渣和钢渣的实物照片如图 11-2 所示。

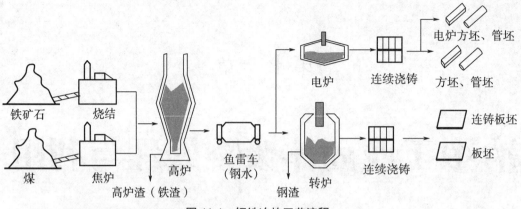

图 11-1　钢铁冶炼工艺流程

(a)铁渣 　　　　　　　　　　(b)钢渣

图 11-2　铁渣和钢渣实物照片

2. 组成

（1）化学组成

由于矿石品位和冶炼方法不同，产生的高炉渣化学成分十分复杂，一般含有十五种以上的化学成分，且波动范围较大，但主要成分基本相同，主要有四种，即 CaO、SiO_2、Al_2O_3 和 MgO，它们约占高炉渣总重的 95%。其中，Al_2O_3 和 SiO_2 来自矿石中的脉石和焦炭中的灰分，CaO 和 MgO 主要来自熔剂。一些特殊的高炉渣还含有 TiO_2、V_2O_5、Na_2O、BaO、P_2O_5、Cr_2O_3、Ni_2O_3 等成分。我国部分高炉渣的化学成分见表 11-1 所示。

表 11-1　我国部分高炉渣的化学成分（质量分数）

名称	化学成分/%								
	CaO	SiO_2	Al_2O_3	MgO	MnO	FeO	S	TiO_2	V_2O_5
普通渣	38~49	26~42	6~17	1~13	0.1~1	0.07~0.89	0.12~0.15	—	—
高钛渣	23~46	20~35	9~15	2~10	<1	—	<1	20~29	0.1~0.6
锰铁渣	28~47	21~37	11~24	2~8	5~23	0.05~0.31	—	—	—
含氟渣	35~45	22~29	6~8	3~7.8	0.1~0.8	0.07~0.08	—	—	—

（2）矿物组成

由表 11-1 可以看出，高炉渣中的 CaO、SiO_2、Al_2O_3 三种成分占约 90%以上，故高炉渣可视为 $CaO\text{-}Al_2O_3\text{-}SiO_2$ 的三元体系。

由岩相分析可知，高炉渣的矿物组分包括：甲型硅灰石（$2CaO \cdot SiO_2$）、硅钙石（$3CaO \cdot SiO_2$）、假硅灰石（$CaO \cdot SiO_2$）、钙镁橄榄石（$CaO \cdot MgO \cdot SiO_2$）、尖晶石（$MgO \cdot Al_2O_3$）、镁蔷薇辉石（$3CaO \cdot MgO \cdot SiO_2$）、镁方柱石（$2CaO \cdot MgO \cdot 2SiO_2$）、铝方柱石（$2CaO \cdot Al_2O_3 \cdot SiO_2$）、斜顶灰石（$MgO \cdot SiO_2$）、透辉石（$CaO \cdot MgO \cdot 2SiO_2$）等。

3. 性质

高炉渣的性能依赖于高温熔渣的处理方法。目前对高炉排出的熔融渣流，采用的处理方法主要有三种，即急冷法（水淬法）、慢冷法（热泼法）和半急冷法，得到的高炉渣分别为水渣、重矿渣和膨珠，其性能也不相同。

（1）水渣的性质

水淬处理工艺就是将热熔状态的高炉矿渣置于水中急速冷却的处理方法。在急冷过程中，高炉渣的绝大部分化合物来不及形成稳定化合物，结果以玻璃态被保留下来形成海绵状的浮石类物质，只有少数化合物形成了稳定的晶体，因此，水渣是一种不稳定的化合物，因而具有良好的活性。

水淬方法有两种，一是渣池水淬，二是炉前水淬。渣池水淬是用渣罐将熔渣拉到距高炉较远的地方，在水池中进行水淬。通常是将熔渣直接倾入水池中，水淬后用吊车抓出水渣，放置在堆场或者装车外运。炉前水淬是在高炉炉台前设置冲渣沟（槽），熔渣在冲渣沟（槽）内被高压水淬冷却成粒，然后输送到沉渣池，水渣经抓斗抓出，脱水后外运。

（2）重矿渣的性质

重矿渣也叫块渣，是高炉熔渣在指定的渣坑或渣场自然冷却或淋水冷却形成的较为致密的矿渣后，再经挖掘、破碎而得到的一种类石料矿渣。由于炉渣化学成分在慢冷过程逐步转变成稳定的结晶相，因而构成的矿物绝大多数不具备活性，这是它与水渣最重要的不同。但是，重矿渣具有密度大、抗压强度高、稳定性强和耐磨性好等特点（见表 11-2）。

表 11-2   重矿渣的物理性能

重矿渣组成	容重/(kg/m³)	空隙率/%	吸水率/%	抗压强度/MPa	松散容重/(kg/m³)	稳定性	热稳定性	耐磨性	抗冻性	抗冲击
密实体	2.5~2.8	111~7	2~0.5	1200~2500	1.15~1.4	绝大部分良好	较天然碎石差	接近石灰岩	合格	良好
密实多孔混合体	1.5~2.4	50~20	9~1	250~1000	0.95~1.15					
多孔体	<1.5	>50	>9	100~200	0.7~1.0					
玻璃体	2.6	13	<0.1	>2400	-1.1					

此外，需要注意的是，重矿渣中有多晶型硅酸二钙、硫化物、游离石灰（CaO）等，当其含量较高时，会导致矿渣结构破坏，称为重矿渣分解。

① 硅酸盐分解：由于硅酸二钙晶型转变，体积膨胀，致使在已凝固的重矿渣中产生的内应力超过重矿渣本身的结合力时，导致重矿渣自动碎裂或粉化，称为硅酸盐分解。因此含有较多硅酸二钙的重矿渣，不能用作混凝土骨料和道路碎石。

② 铁、锰分解：重矿渣中如果含有 FeS 或 MnS，就会在水的作用下形成氢氧化物，

体积相应能增大 38% 和 24%，也能导致矿渣酥碎，称为铁、锰分解。

③ 石灰分解：如果重矿渣中夹有石灰颗粒，石灰遇水消解，也能产生体积膨胀，导致重矿渣碎裂，叫做石灰分解。在使用重矿渣时，特别是将其做混凝土骨料使用时，必须认真分析检验。我国标准规定，将重矿渣碎石试样置于蒸压釜中，在 2 个大气压下进行 2h 的蒸压处理，看矿渣块有无石灰颗粒胀裂现象，评定其是否存在石灰分解。

（3）膨珠的性质

膨珠也叫膨胀矿渣珠，是热熔矿渣进入流渣槽后经喷水急冷、高速旋转的滚筒击碎和抛甩、再经冷却后形成的珠粒。

膨珠的生产工艺有多种，如喷射法、滚筒法等。我国常用的生产方法是滚筒法，其设备简单，主要是由接渣槽、流渣槽、喷水管和滚筒等组成。当热熔渣流过流渣槽时，受到从喷嘴喷出的 600kPa 压力的水流冲击，水和熔渣混合一起流至滚筒上，立即被滚筒打碎、甩出，形成颗粒状的矿渣珠，并落入接收池内（图 11-3）。此外，由于熔渣在冷却过程中会放出气体，产生膨胀，因此，矿渣珠也称膨胀矿渣珠。

膨珠外观大都呈球形，表面有釉化玻璃质光泽，珠内有微孔，孔径大的为 350～400μm，小的为 80～100μm，除孔洞外，其它部分都是玻璃体。膨珠呈现由灰白到黑的颜色，颜色越浅，玻璃体含量越高，灰白色膨珠的玻璃体含量达 95%。有的膨珠表面呈开放性孔穴，无釉化玻璃质光泽。

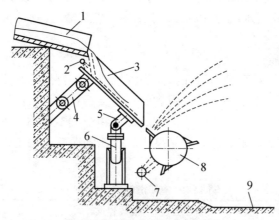

图 11-3 膨珠生产工艺示意图
1—接渣槽；2—高压水喷管；3—流渣槽；4—调角器；5—调节器；6—升降装置；7—冷却水管；8—滚筒；9—接收池

膨珠具有多孔、质轻、表面光滑的特点，松散容重大于陶粒、浮石等轻骨料，强度随容重增加而增大，自然级配的膨珠强度均在 3.5MPa 以上，其孔互不相通，不用破碎，可直接用作轻混凝土骨料。表 11-3 列出了某膨珠的主要物理力学性能。

表 11-3 膨珠的主要物理力学性质

粒径/mm	容重/(kg/m³)		吸水率/%		筒压强度/MPa		空隙率/%
	松散	颗粒	1h	2h	压入 2cm	压入 4cm	
自然级配	1400	2224	3.66	4.17	7.1	29.8	37.2
5～10	1208	2224	2.55	3.45	4.1	16.9	45.8
10～20	1010	2167	3.26	4.23	2.2	5.8	49.3

二、处理利用技术

1. 水渣的利用

水渣的重要特点是具有活性，在水泥熟料、石灰、石膏等激发剂作用下，可显示出水硬胶凝性能，是良好的水泥和混凝土生产原料。我国高炉水渣主要用于生产矿渣硅酸盐水泥和混凝土。

矿渣硅酸盐水泥生产工艺流程如图 11-4 所示。水渣先经烘干机干燥后，用粉磨机粉成细渣粉；同时，水泥熟料和石膏（激发剂）混合后，也磨成细粉，制成硅酸盐水泥；把细渣粉和硅酸盐水泥按比例混合后再次研磨，即形成矿渣硅酸盐水泥产品。

水渣的掺量根据生产的水泥标号而定，一般为 30%～70%，石膏投加量为 3%～5%。目前，我国大多数水泥厂采用 1 吨水渣与 1 吨水泥熟料和适量石膏配合，生产 400 号以上矿渣水泥。

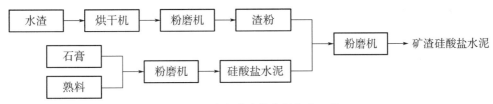

图 11-4　矿渣硅酸盐水泥生产工艺

与普通硅酸盐水泥相比，矿渣硅酸盐水泥具有以下特点：①较强的抗溶出性和抗硫酸盐侵蚀性能，适用于水上工程、海港及地下工程等；②水化热较低，适合于浇筑大体积的混凝土；③耐热性较强，在高温车间及高炉基础等容易受热的地方使用比普通水泥好；④抗冻性不如硅酸盐水泥。

2. 重矿渣的利用

重矿渣的主要特点是密度大、抗压强度高、稳定性强和耐磨性好等，因此，可用于公路、机场、地基工程的地基和筑路材料，也可以用作混凝土骨料。

（1）作骨料配制混凝土

重矿渣经破碎后得到的矿渣碎石可作为混凝土骨料，除了具有与普通混凝土相当的力学性能外，矿渣碎石还具有良好的保温隔热和抗渗性能。目前，我国已将重矿渣碎石混凝土用在 500 号以下各种混凝土和防水工程上，包括有承重要求的部位以及同时要求抗渗、耐热、抗振动等的部位。

（2）地基和筑路材料

由于矿渣的块体强度一般超过 50MPa，相当于或超过一般质量的天然岩石，因此矿渣垫层的强度能够满足地基的要求。一些大型设备的混凝土基础，如高炉基础、轧钢机基础、桩基础等，都可用矿渣碎石作基础原料。

3. 膨珠的利用

膨胀矿渣的松散容重一般为 500～900 kg/m³，比普通混凝土轻 1/4 左右，且内孔隙封闭，吸水少，保温性能好，因此，适合制作内墙板、保温材料以及生产轻混凝土制品等（如建筑物的围护结构）。

第二节

钢渣处理与利用

一、产生与性质

1. 产生

钢渣是炼钢过程中排出的废渣（图 11-1）。钢渣产生率约为粗钢的 15%～20%，主要来自以下三个方面：①生铁料中的 Si、Mn、P 和少量 Fe 氧化后生成的氧化物；②为了使炉渣具备所需的性质，向炉内加入的各种造渣材料，如石灰石、白云石、铁矿石、硅石等；③被侵蚀、剥落下来的炉衬材料和补炉炉料，如 CaO、MgO 等。

根据炼钢所用炉型的不同，钢渣可分为平炉渣、电炉渣和转炉渣。钢渣的形成温度为 1500～1700℃，在此温度下呈液体状态，缓慢冷却后呈块状或粉状。转炉渣和平炉渣一般为深灰、深褐色，电炉渣多为白色。

2. 组成

（1）化学组成

钢渣是由钙、铁、硅、镁、铝、锰、磷等氧化物所组成，其化学组成主要是 CaO、SiO_2、Fe_2O_3、Al_2O_3 等，有的还含有 V_2O_5 和 TiO_2 等，其中钙、铁、硅氧化物占绝大部分。其特点是，CaO 含量占最大比例；铁氧化物是以 FeO 和 Fe_2O_3 的形式存在，并以 FeO 为主，总量大多在 25% 以下。此外，钢渣中一般还含有 P_2O_5 等。各种成分的含量依铁料炉型、钢种不同而异，有较大范围的波动（表 11-4）。

表 11-4　我国部分钢厂钢渣的化学组成　　　　　　　　　单位：%

种类	CaO	SiO_2	Fe_2O_3	Al_2O_3	MgO	MnO	FeO	P_2O_5
首钢转炉渣	52.66	12.26	6.12	3.04	9.12	4.59	10.42	0.62
鞍钢转炉渣	45.37	8.84	8.79	3.29	7.98	2.31	21.38	0.72
太钢转炉渣	52.35	13.22	7.26	2.81	6.29	1.06	13.29	1.30
武钢转炉渣	58.22	16.24	3.18	2.37	2.28	4.48	7.90	1.17
马钢转炉渣	43.15	15.55	5.19	3.84	3.42	2.31	19.22	4.08

（2）矿物组成

钢渣的矿物组成主要是硅酸三钙、硅酸二钙、钙镁橄榄石、钙镁蔷薇辉石、铁酸二钙、RO（RO 代表镁、铁、锰等的氧化物，即 FeO、MgO、MnO 形成的固熔体）、游离石灰（f-CaO）。钢渣的矿物组成与钢渣的化学成分有关，特别是取决于钢渣的碱度。

钢渣的碱度是指其中 CaO 与 SiO_2、P_2O_5 的含量比[CaO/ (SiO_2+P_2O_5)]，比值 0.8～1.80 为低碱度钢渣，比值 1.8～2.5 为中碱度钢渣，比值>2.5 为高碱度钢渣。

在冶炼初期，部分铁水氧化，形成 FeO 和 Fe_2O_3，铁水中的硅被氧化生成 SiO_2。此时，钢渣以 SiO_2、$FeO+Fe_2O_3$、CaO 三元系统为主。而后，由于不断加入大量石灰，石灰的溶解使钢渣的碱度不断提高，并依次发生以下取代反应：

$$2(CaO \cdot RO \cdot SiO_2)+CaO \longrightarrow 3CaO \cdot RO \cdot 2SiO_2 +RO$$
橄榄石渣　　　　　　　　　　蔷薇辉石渣
$$3CaO \cdot RO \cdot 2SiO_2 +CaO \longrightarrow 2(2CaO \cdot SiO_2)+RO$$
硅酸二钙渣
$$2CaO \cdot SiO_2 +CaO \longrightarrow 3CaO \cdot SiO_2$$
硅酸三钙渣

式中，R 代表二价金属，一般为镁离子、亚铁离子、锰离子等，由于其离子半径比较接近，通常形成连续固熔体。

上式中，橄榄石渣主要出现在平炉的初期渣中，含量 40%～60%，碱度 0.9～1.4；蔷薇辉石渣主要出现在平炉后期渣中，碱度 1.6～2.4；在碱度较高的钢渣中，以硅酸二钙渣为主，含量为 40%～60%；在碱度更高的钢渣中，硅酸三钙的含量比较高。由于在碱度较高时，硅酸二钙和硅酸三钙含量较高，因此，高碱度的钢渣具备比较高的活性。

3. 性质

钢渣是多种矿物组成的固熔体，其性质与其化学成分有密切的关系。

① 密度：一般在 3.1～3.6 g/cm^3。

② 容重：通过 80 目标准筛的渣粉，平炉渣为 2.17～2.20 g/cm^3，电炉渣为 1.62 g/cm^3 左右，转炉渣为 1.74 g/cm^3 左右。

③ 耐磨性：由于钢渣致密，因此比较耐磨。钢渣的易磨指数为 0.7，比高炉渣耐磨。

④ 活性：由于钢渣中含有 C_3S、C_2S 等为活性矿物，因此具有活性和水硬胶凝性，尤其当钢渣的碱度较大时，C_3S 和 C_2S 的含量会增加，从而具有较大的活性，可作水泥生产原料和生产建材制品。

⑤ 稳定性：钢渣含游离氧化钙（$f\text{-}CaO$）、MgO、C_3S、C_2S 等，这些组分在一定条件下都具有不稳定性，这是使用钢渣时需要特别注意的。

二、处理利用技术

钢渣的利用方式有多种，其中主要是生产钢渣水泥、作骨料和路材。

1. 生产钢渣水泥

由于钢渣中含有和水泥类似的硅酸二钙、硅酸三钙及铁铝酸盐等活性矿物，具有水硬胶凝性，因此，可以成为生产水泥的原材料，也可作为水泥掺合料。

我国目前生产的钢渣水泥有两种，一是无熟料钢渣水泥，二是熟料钢渣水泥。无熟料钢渣水泥，以石膏作激发剂，其配合比为钢渣 40%～45%、高炉水渣 40%～45%、石膏 8%～12%，标号为 275～325。熟料钢渣水泥是以水泥熟料做激发剂，其配合比为钢渣 35%～45%、高炉水渣 40%～45%、水泥熟料 10%～15%、石膏 3%～5%，标号为 325 以上。熟料钢渣水泥的生产工艺与以水渣为原料生产矿渣硅酸盐水泥的相似（图 11-4）。

钢渣水泥具有后期强度高、耐腐蚀、耐磨性好、水化热低等特点，并且还具有生产简便、投资少、设备少、节省能源、成本低等优点，常用于民用建筑的梁、板、楼梯、砌块等，也可以配制成混凝土，用于工业建筑和设备基础等。

2. 作骨料和路材

钢渣碎石具有容重大、强度大、表面粗糙、稳定性好、不滑移、耐侵蚀、耐久性好、与沥青结合牢固等优良性能，因此，可代替天然碎石，用于铁路、公路、工程回填、修筑堤坝等方面。钢渣碎石用作公路路基，用材量大，道路的渗水排水性能好，对保证道路质量和消纳钢渣具有重要意义。钢渣碎石作沥青混凝土路面，既耐磨又防滑，且路面性质稳定。

但是，利用钢渣碎石需要注意其体积稳定性问题。由于钢渣中的 f-CaO、C_2S、C_3S 等会分解，导致钢渣碎石体积膨胀，出现碎裂、粉化的现象，因此，不能直接用钢渣碎石作混凝土骨料和路材。必须采取措施，促使其完全分解后，才可以使用。比较简单的方法是：把钢渣堆放成堆状，定期向堆内洒水，在此过程中，f-CaO、C_2S、C_3S 等会缓慢分解，放置半年后，分解就可基本完成，再使用就比较稳定了。

第三节

铬渣处理与利用

一、产生与特性

铬是重要的有色金属之一，在工农业生产和日常生活中都有着非常广泛的应用。通常所说的铬渣是指铬浸出渣，是金属铬和铬盐生产过程中产生的固体废物。它是由铬铁矿加入纯碱、白云石、石灰石，在 1100～1200℃ 高温下焙烧，再用水浸出铬酸钠后形成的残渣。

铬浸出渣为浅黄绿色粉状固体，呈碱性。每生产 1 吨重铬酸钠约产生 1.8～3.0 吨铬渣，每生产 1 吨金属铬约产生 12.0～13.0 吨铬渣。

铬渣的化学组成见表 11-5，主要组成是 Fe_2O_3、Al_2O_3、SiO_2、CaO、MgO 和铬等。铬渣的矿物组成比较复杂，其主要的矿物相组成是方镁石、硅酸二钙和铁铝酸钙，大约占 60%～70%的比例；此外，还包含亚铬酸钙、铬尖晶石钠、铬酸钙、四水铬酸钠、铬铝酸钙等。其中，包含有较大比例的类似水泥的物相组成，故铬渣也有水硬性，在空气中容易吸水结块。

铬渣的毒性与其存在的形态有关。六价铬为吞入性毒物、吸入性极毒物，皮肤接触可能导致敏感，还可能造成遗传性基因缺陷，吸入可能致癌，对环境具有持久危险性；三价或四价铬毒性很小，在低浓度情况下是比较安全的。铬渣易被地表水、雨水溶解，这是导致铬渣污染和环境危害的主要原因，此外，铬渣的堆积占用了大量的土地，铬渣细粒随风飘扬，还会造成空气污染。

表 11-5 铬渣的化学组成 单位：%

成分	Fe$_2$O$_3$	Al$_2$O$_3$	SiO$_2$	CaO	MgO	总铬	总 Cr^{6+}	水溶性 Cr^{6+}	酸溶性 Cr^{6+}	H$_2$O
1	8～11	5～6	9～11	29～33	19～27	3～7	2～4	1～3	<2	—
2	9～10	5～6	11～12	30～50	20～30	2～3	—	—	—	—
3	6.79	5.12	11.35	28.44	28.44	5.53	1.11	—	—	14.3～19.25

二、解毒与综合利用

由于铬渣具有毒性，因此，铬渣的解毒是其综合利用的前提和关键。在综合利用前，一般都需要先进行解毒处理，其目的主要是消除六价铬的毒性。解毒主要有两种途径：一是将毒性大的六价铬还原为毒性小的三价铬，并使之生成不溶性化合物；二是在将六价铬还原为三价铬的同时进行综合利用。解毒后，铬渣可制作玻璃着色剂、钙镁磷肥、炼铁熔剂、人造骨粉或铬渣棉瓷料等。

铬渣解毒主要有干法焙烧还原、湿法还原解毒和半干法还原解毒等方法。

1. 干法焙烧还原法

干法解毒是在还原性气氛下焙烧铬渣，把其中的 Cr^{6+} 还原为 Cr^{3+}，并存于玻璃体内，达到解毒的目的。

图 11-5 是旋风炉煤粉干法焙烧还原铬渣工艺流程。燃煤和含有 Na$_2$CrO$_4$ 和 CaCrO$_4$ 的铬渣经粉碎和球磨后，按一定配比（100∶25 或 100∶30）混合，然后送入旋风炉内；通过控制较小的通气量，煤中的碳发生热解气化，产生 CO；CO 与 Na$_2$CrO$_4$ 和 CaCrO$_4$ 反应，生成 NaCrO$_2$ 和 Ca(CrO$_2$)$_2$，把 Cr^{6+} 还原为 Cr^{3+}，从而达到解毒的目的。

由于旋风炉附烧处理铬渣，可以实现大规模的热电联产，既可以发电，又可以处理铬渣，且吃渣量大，不额外消耗能量，经济性较好。

其解毒原理如下。

$$2C+O_2 \longrightarrow 2CO$$
$$2Na_2CrO_4+3CO \longrightarrow 2NaCrO_2+Na_2CO_3+2CO_2$$
$$2CaCrO_4+3CO \longrightarrow Ca(CrO_2)_2+CaO+3CO_2$$

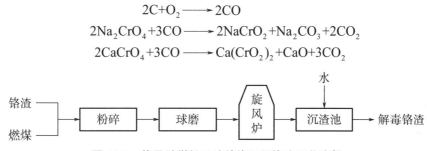

图 11-5 旋风炉煤粉干法焙烧还原铬渣工艺流程

2. 湿法还原解毒法

（1）硫化钠还原法

铬渣经磨细成 120 目的料浆，送至解毒反应器中，加热到 90℃，然后加入 15%硫化钠溶液；在反应器内，硫化钠和 Na$_2$CrO$_4$ 铬渣反应，生成 Cr(OH)$_3$ 沉淀，反应时间大约为 30 min。处理后得到的料液呈无色透明，铬渣中 Cr^{6+} 含量可以降低到 0.5ppm 以下。除了采用硫化钠作还原剂外，还可用硫氢化钠、硫酸亚铁或亚硫酸钠等。

反应原理如下：

$$8Na_2CrO_4+6Na_2S+23H_2O \longrightarrow 8Cr(OH)_3\downarrow+3Na_2S_2O_3+22NaOH$$

（2）浸提-交换法处理铬渣

浸提-交换法解毒铬渣的原则是最大限度地降低渣中水溶态、酸溶态铬的含量。含 Na_2CrO_4 铬渣浸提-交换法解毒工艺如下：铬渣经磨细成 200 目的粉粒，加入一定量的水，一边搅拌一边通入 CO_2，利用 Na_2CrO_4 的水溶性，通过 CO_2 作浸取剂，把 Cr^{6+} 从铬渣中浸提出来，浸提液中的 Cr^{6+} 通过离子交换法再进行回收。

浸提后，铬渣中残留的 Cr^{6+} 含量明显降低，但为了进一步降低其中 Cr^{6+} 的含量，常在浸提后的铬渣中投加 $BaCl_2$，通过生成 $BaCrO_4$ 沉淀，把残留中的 Cr^{6+} 固定在残渣中，以实现最大化的铬渣解毒。

根据报告，采用此工艺，可回收铬渣中大部分的 Cr^{6+}，Cr^{6+} 整体去除率可达 96.7%以上，并且设备简单，投资省，操作维护方便，不产生二次污染。

铬渣中 Cr^{6+} 固定的反应原理如下：

$$Na_2CrO_4 + BaCl_2 \longrightarrow BaCrO_4\downarrow+2NaCl$$

3. 半干法还原解毒法

半干法解毒是将铬渣、适量的煤和黏土按一定比例混合，然后粉磨为粉末状，利用黏土的塑性，加水滚动成球，再送入立式窑炉内煅烧；在 1300℃ 的高温下，料球中的煤炭发生气化生成 CO，并与铬渣发生强烈的还原反应，铬酸钠（Na_2CrO_4）和铬酸钙（$CaCrO_4$）中的 Cr^{6+} 还原为 Cr^{3+}，从而达到解毒的目的（图 11-6）。

半干法解毒原理和干法解毒的相同，不同之处在于：在半干法解毒中，铬渣和燃煤做成料球，燃煤与铬渣接触密切，化学反应效果好；此外，料球中含有一定量的水分，气化效果好，还原能力强。

图 11-6 半干法解毒流程

习题

1. 什么是冶金工业固体废物？它主要包括哪些废物？
2. 高炉渣的化学组成主要是什么？有何特点？
3. 高炉渣的矿物组成主要是什么？有何特点？
4. 水淬渣、重矿渣和膨珠是如何形成的？它们各有哪些主要特性？
5. 什么是重矿渣的分解？它对重矿渣的利用有何影响？
6. 为什么水淬渣可以用来生产矿渣硅酸盐水泥？其生产工艺如何？
7. 重矿渣有哪些利用途径？利用重矿渣作混凝土骨料和地基时需要注意什么问题？

8．膨珠有哪些用途？

9．钢渣的化学组成主要是什么？有何特点？

10．钢渣的矿物组成主要是什么？有何特点？

11．钢渣有哪些利用途径？为什么钢渣可以用来生产钢渣水泥？

12．铬渣主要来源于哪里？其主要的危害特性是什么？

13．铬渣干法焙烧还原法的原理是什么？有何优点？

14．硫化钠湿法还原解毒铬渣的原理是什么？

15．铬渣半干法还原解毒工艺流程是什么？有何特点？

第十二章

机电工业固体废物处理与利用

机械电子工业固体废物是指机械、电子行业机电设备加工制造过程中及其产品报废后产生的废物。机电工业固体废物包含的种类非常多，无法一一讲述，本章选择报废汽车、典型废弃电子电器设备进行介绍，其它机电废物的处理利用可以参考之。

第一节

报废汽车的拆解与回收利用

一、产生与材料组成

1. 产生

汽车作为重要的陆路交通工具，在现代生活中扮演着越来越重要的角色。随着我国国民经济的快速发展，社会对汽车的需求量逐年增多，汽车保有量呈现逐年上涨的趋势。据国家统计局相关数据，2000 年我国民用汽车保有量为 0.16 亿辆，2010 年达到了 0.78 亿辆，截至 2020 年已经超过了 2.7 亿辆。

随着汽车使用达到一定年限，其主要部件由于磨损、老化，已不能完成正常功能，汽车必须按时做报废处理。汽车保有量加速累积，相应的报废汽车也随之大批量产生。

2. 结构组成

各类汽车的总体结构有所不同，但基本上都是由动力总成系统、底盘、车身和电气设备四个部分组成，典型汽车的总体结构如图 12-1 所示。动力总成系统是汽车的动力装置，其作用是将进入发动机气缸的燃料放出的热能转换为机械能并输出动力；底盘是汽车构成的基础，由传动系、行驶系、转向系和制动系四大部分组成；车身用于乘坐驾驶员、旅客或装载货物；电气设备由电源（发电机、蓄电池）、发动机的启动系、点火系及照明、信号和仪表装置、各种电子设备、微处理器等组成。

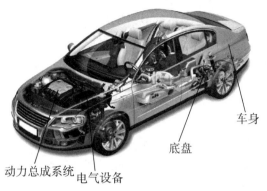

图 12-1　典型汽车的总体结构

3. 材料组成

制造汽车的主要材料有金属材料、塑料、橡胶、玻璃、纤维等，不同的汽车在设计制造时所选的材料也有所不同。一般来讲，钢铁的占比最大，达 80%左右；有色金属占3%～4.7%，主要是铝、铜、镁合金和少量的锌、铅及轴承合金；其它材料占 15%左右。报废汽车中各种材料组成如表 12-1 所示，可以看出，报废汽车有着很大的回收利用价值。

表 12-1　报废汽车的金属材料组成

组成	轿车		卡车		公共汽车	
	质量 /(kg/台)	质量占比 /%	质量 /(kg/台)	质量占比 /%	质量 /(kg/台)	质量占比 /%
铁	35.7	3.2	50.8	3.3	191.1	3.9
钢	871.2	77.7	1176.7	76.1	3791.1	76.6
有色金属	52.4	4.7	72.3	4.7	146.7	3.0
其它	161.8	14.4	246.1	15.9	817.8	16.5
合计	1121.1	100	1545.9	100	4946.7	100

二、拆解与回收利用

1. 拆解

报废汽车在进行回收利用前首先需要进行拆解。拆解是对产品或装配体进行拆卸使其成为零部件，或解除零部件之间的约束或联结使之分离的操作过程。

报废汽车总体上按照"从外到里"的顺序进行拆解，并将拆解下来的零部件或材料进行分类。报废汽车的拆解工艺流程如图 12-2 所示。

图 12-2　报废汽车拆解工艺流程图

① 拆卸蓄电池和车轮（为避免蓄电池余电放电，需首先拆卸）；

② 拆卸危险部件（如安全气囊）；

③ 抽排各种液体，包括未用完汽柴油、发动机机油、变速器齿轮油、液力传动液、制动液、挡风玻璃清洗液和制冷剂等；

④ 拆除外部零部件，如保险杠、车灯、玻璃等；

⑤ 拆除内部零部件，如仪表、座椅、底板、内饰件等；

⑥ 拆解主件，如底盘、发动机、变速器、散热器等；

⑦ 对剩下的车身壳体进行破碎和压实处理，打捆后运往再生利用厂。

报废汽车经拆解后，会产生大量的零部件和材料。动力总成系统、底盘、车身和电气设备四个部分拆解后的零部件和材料见图 12-3 和表 12-2。

图 12-3　报废汽车的拆解及拆解后的零部件

表 12-2　报废汽车拆解后主要零部件及材料列表

结构名称	零部件名称	拆解后材料	结构名称	零部件名称	拆解后材料
动力总成系统	发动机	钢、铝等	车身	车体	钢材等
	变速箱	钢、铝、锌等		车门	钢材等
	散热器	钢、铜、铝等		座椅	皮革、织物、钢材等
	发动机室盖	钢材和其它材料		行李箱盖	钢材等
	发动机机油	锅炉燃料		挡风玻璃	玻璃
	冷却液	锅炉燃料			
底盘	悬架	钢材等	电气设备	蓄电池	铅、硫酸等
	前保险杠	钢材等		电路板	稀有金属
	后保险杠	钢材等		线束	铜、塑料等
	车轮	轮胎、钢、铝等		电机	钢铁等
	齿轮油	锅炉燃料		空调器	钢铁等
	制动器	钢材等		音视频设备	钢铁等

2. 回收利用

经拆解后得到的总成、零部件和材料，按照"再使用、再制造、再利用"的原则进行回收利用。

（1）再使用

报废汽车按规定期限进行强制报废时，由于使用程度、行驶公里等情况的不同，部分拆解零部件经测试检验后，符合使用标准，可以作为其它车辆维修时的替代零部件使用，这就是所谓的再使用。再使用包括直接使用和梯次利用两种。

在零部件质量较好时，可以直接再使用。不能直接再使用时，可以进行梯次利用，梯次利用有两层含义：一是从等级较高的车种流向等级较低的车种；二是从消费层次较高的用户或地区流向消费层次较低的用户或地区。当零部件不能在原车上使用时，可以在要求较低的车辆上使用或转为它用，以最大限度地利用其使用价值。

报废汽车拆解零部件的再使用，可以减少再加工的社会成本（如金属零件的再冶炼、再加工），节省资源消耗，降低维修、制造成本，是废旧汽车拆解行业的利润来源之一。

（2）再制造

再制造是再使用的另一种形式，它以退役零部件为"原件"，采用现代制造技术恢复零部件的尺寸、形位方差和性能，使其达到使用标准，形成再制造产品。再制造的重要特征是：再制造产品的质量和性能能够达到甚至超过新品，而成本只为新品的 50%左右；可以节能、节材，对环境的影响和资源的消耗显著降低。一般来说，再制造产品和新产品一样，享有相同的质保标准，如再制造发动机和新发动机享有同样的保修期或保修里程。

再制造作为废旧汽车退役零部件的一种重要利用方法，包括两种方式：一是总成类再制造，二是零部件类再制造。

图 12-4 是发动机总成的整机再制造工艺流程，它首先对构成发动机总成的零部件进行拆解，完全损坏的零部件直接报废，有可能修复的经检测进一步确认，确认可以修复的零部件进行再加工，经检测合格后，再组装成新的发动机整机。整个工艺流程主要包括拆解、检测、清洗、零部件再加工、检测、总装、整机性能测试等。

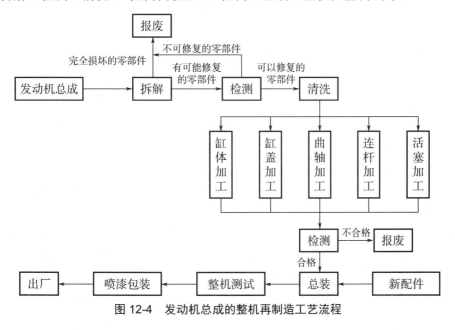

图 12-4　发动机总成的整机再制造工艺流程

（3）再利用

对报废汽车拆解所产生的零部件和材料，如果无法进行再使用或再制造的，可以进行材料化再利用。对完全报废的零部件，经拆解、分类后，可以获得钢铁、有色金属和其它非金属材料。这些材料经过再加工后，可以生产新的材料和产品。报废汽车材料回收利用的工艺流程见图 12-5。

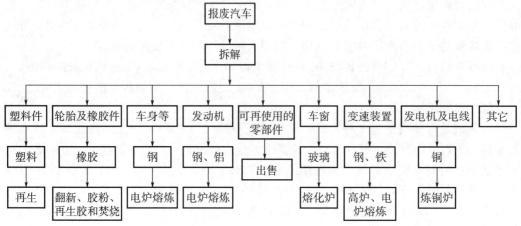

图 12-5　报废汽车材料回收利用的工艺流程

① 钢铁材料

废旧汽车拆解产生的钢铁材料大致分为普通钢材、优质钢材、铸钢、铸铁等。为提高回收利用率，必须首先对其进行分类和预加工。由于钢铁在汽车材料中所占比例很大，钢铁的合理利用和循环利用非常重要。

拆解下来的钢铁材料，大多经过破碎、压实等预加工后，分别送往不同的专业处理厂进一步加工利用。例如，废钢材送钢厂、废铸铁送铸铁厂进行进一步冶炼，生产出新的钢、铁材料或钢铁产品。

② 有色金属材料

在报废汽车的拆解件中，尽管有色金属所占比例不大，但其利用价值却较高，且由于我国有色金属资源比较匮乏，应对含有色金属的零部件进行精心拆解、分类，采用最合理的加工方式对其进行再利用。

对拆解获得的有色金属如铜、铝等，一般是经过分类后送往相应的冶炼厂进行重新炼制，生产出新的铜、铝材料，再用来加工新的产品。例如，铜可以采用火法冶炼，获得纯度 99% 以上的纯铜；如果需要得到纯度更高的铜，则可采用电解法进行进一步的精炼，得到高纯度的电解铜。铝的冶炼一般在铝熔炼炉内完成，可以把铝熔炼成高纯度的铝块、铝锭等。

③ 非金属材料

非金属材料包括玻璃、塑料、轮胎及其它橡胶材料等。玻璃经破碎后，可以替代石英砂生产新的玻璃或经烧结生产其它玻璃材料等；轮胎及其它橡胶材料可以用来生产翻新轮胎、胶粉、再生胶或者焚烧发电等；废塑料可以再生，用来生产再生塑料制品等。

第二节

废弃电子电器设备的处理与利用

一、产生和材料组成

1. 产生

废弃电子电器设备（waste electronic and electrical equipment，WEEE）简称电子废物，它是指废弃电子电器产品、设备及其零部件。WEEE包括办公设备及计算机产品、通信设备、视听产品及广播电视设备、家用及类似用途产品、仪器仪表及测量监控产品、电动工具和电线电缆共七类。

随着电子技术的飞速发展，越来越多的性能更好、功能更全的电子产品被广泛使用，电子产品的应用领域也在不断地扩展，且更新速度越来越快，从而导致WEEE产生量的迅速增加。据相关数字统计，全球每年产生的电子设备废料高达2000万~5000万吨，并以每年3%~8%的速度增长。据美国国家环保局估计，美国每年产生的电子废弃物达2.1亿吨，欧盟每年废弃的电子设备高达600万~800万吨，且每年以16%~28%的速度增长，是城市垃圾增长速度的3~5倍。

我国的WEEE产生量也十分巨大。根据国家统计局统计数据，我国2000年手机、微型计算机设备、电视机、电冰箱四项家电的保有量为1.11亿台，2010年达到了1.44亿台，截至2020年已经超过了21亿台。根据产品的使用寿命推算，我国将有越来越多的电子电器产品进入报废期，迫切需要进行回收、处理和利用。

2. 材料组成

电子废物的特点是既有资源属性又有污染属性。电子废物的资源属性主要体现在其含有大量有用的资源，如铁、铜、铝、塑料、玻璃等，具有很高的回收利用价值（表12-3），因此，电子废物也被称为"城市矿产"，其资源和能源消耗远远低于矿山一次资源。

表 12-3　典型电子废物中的主要资源含量　　　　　　　单位：%

种类	钢铁类	铜	铝	塑料	CRT玻璃	保温材料	印刷电路板	电线	压缩机	电机	其它
CRT电视机	8	2	0.2	15	55	—	6	1			12.8
电冰箱	40	3	2	20	—	12	—	0.5	15	4	3.5
洗衣机	30	5	5	40	—	—	1	0.5		10	8.5
空调器	30	18	10	16	—	—	1	0.5	20	—	4.5
台式微型计算机主机	22	—	5	25			30	2			16
CRT电脑显示器	13	1	1	12	55		6	1	—	—	11

另外，电子废物又具有明显的污染属性，主要体现在两个方面：一是电子废物本身

含有的有害物质或有害成分，二是对电子废物不规范的回收利用所带来的二次环境危害。德国 Richter 等详细地研究了电子废物中的有毒成分的分布。他们将取自于商业回收公司的各种电子废物中的数十种印刷线路板进行拆解，按功能、大小和数量将印刷线路板及元器件分成 34 个种类，分别对其含有的有机污染物和重金属的成分进行了分析。结果发现，电子废物含有不同种类的有毒成分，包括多氯联苯、多溴联苯、多环芳烃、溴化阻燃剂以及铅、汞、六价铬、镉等，这些有害成分对人类的生存环境和身体健康存在严重的危害（表 12-4）。

表 12-4　电子废物中含有的有毒有害物质

零部件、元器件及材料	有毒有害物质	零部件、元器件及材料	有毒有害物质
含多氯联苯系列的电容器	PCBs、PCT	含有卤化阻燃剂的塑料	Br、Pb、Cd
电池	Hg、Pb、Cd 及易燃物	氯氟烃、氢氯氟烃等或含有碳氢化合物的制冷剂	CPC、HCFC、HFC、HCs
含镉的继电器、传感器、开关等电接触件	Cd	石棉废物及含有石棉废物的元件	粉尘
含汞的开关	Hg	调色墨盒、液体和膏体、彩色墨粉	Pb、Cd、特殊碳粉
印刷电路板	Pb、Cd、Cr、Br、Cl	耐火陶瓷纤维的原件	玻璃状的硅酸盐纤维
阴极射线管（CRT）	Pb	含有放射性物质的部件	离子化辐射
气体放电灯等背投光源	Hg	硒鼓	Cd、Se

二、废弃电子电器的回收利用

在我国，电子产品经消费者使用报废后，一部分流入二手市场，经检验仍可使用的作为二手商品进行销售；次品经过重新组装维修翻新后，作为二手商品进行销售；无法再继续使用的废旧电器则经过拆解回收有用材料，不能回收利用部分进行填埋、焚烧等无害化处理。但也有不少数量的废弃电子电器被随地堆放、丢弃或者露天焚烧，是我国面临的主要环境问题之一，我国废弃电子电器的流向如图 12-6 所示。

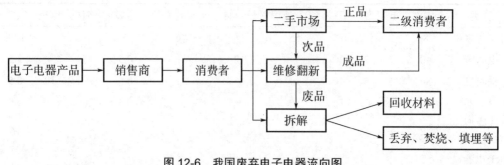

图 12-6　我国废弃电子电器流向图

在废弃电子电器回收利用过程中，将其进行拆解并将拆解所得元器件进行合理分类，是回收利用的重要预处理工序，也是回收利用的起点。废弃电子电器拆解与回收利用的总原则是：获得最大的利润，使零部件材料得到最大限度的利用，简化剩余物质的回收工艺，并使最终产生的废弃物数量最小。

由于拆解过程一般是按装配的逆向过程进行的，因此每种废弃电子电器的拆解工艺不尽相同，下面仅对电脑和电冰箱两种典型家电的拆解做详细介绍。

三、报废电脑的拆解与回收利用

随着信息技术的发展，微型计算机制造业快速发展，并不断升级换代。微型计算机主要指台式微型计算机和便携式微型计算机（含掌上电脑）等信息事务处理设备。微型计算机主机主要由外壳、光驱、键盘、鼠标、电源盒、内存、电源线、散热器、印刷电路板、风扇、CPU 等组成，其结构组成如图 12-7 所示。

图 12-7　台式电脑和笔记本电脑的结构组成

与废电视机等相比，微型计算机体积较小，且部件价值较高。拆解工艺的核心是有价值部件和含有害物质部件的识别与分离。微型计算机拆解的工艺流程见图 12-8。拆解产物有金属、塑料、印刷电路板、电线等，图 12-9 是拆解流水线和拆解后获得的金属。

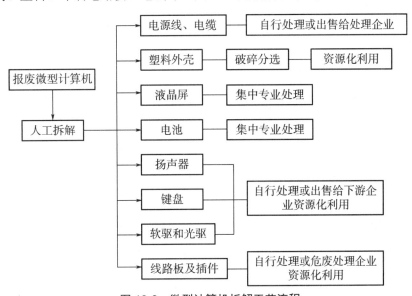

图 12-8　微型计算机拆解工艺流程

图 12-9　微型计算机拆解流水线和拆解后获得的金属材料

电脑主机和显示器经过拆解后,可以获得多种材料,主要包括金属、玻璃等无机材料和塑料、树脂等有机高分子材料两大类型。报废电脑典型拆解物见表 12-5。

表 12-5　电脑主机和显示器的拆解物

电脑主机拆解物,质量分数/%		电脑主机拆解物,质量分数/%		LCD 电脑显示器拆解物,质量分数/%	
铁金属	48.86	硬盘	5.51	金属	38.92
塑料	4.46	喇叭	0.41	塑料	37.66
印刷电路板	12.79	电线	1.29	印刷电路板	11.89
光驱	9.62	其它	0.41	液晶面板	9.19
电源	12.08			背光灯	1.08
软驱	4.57			电线	1.26

四、报废电冰箱的拆解与回收利用

电冰箱是一种带有制冷装置的低温冷冻设备。家用电冰箱主要由制冷系统、电气控制系统和隔热保温系统等部分组成,其结构如图 12-10 所示。制冷系统主要由电动机、压缩机和制冷剂等组成,电动机是电冰箱电气系统的动力部分,它和压缩机一起被密封在同一壳体中,成为全密闭压缩机组;电气控制系统由启动继电器、温度控制器、照明灯和开关灯组成;电冰箱主要通过充填隔热材料的保温层实现隔热保温功能。

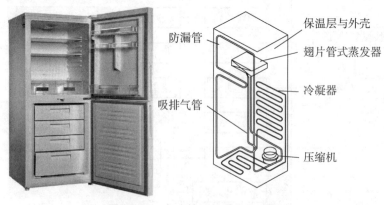

图 12-10　电冰箱及其结构示意图

报废电冰箱处理工艺流程如图 12-11 所示,它包括抽取制冷剂和矿物油、人工拆解、破碎分离、钢铁材料的磁选、有色金属分选等。

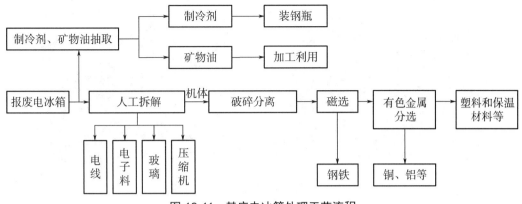

图 12-11　某废电冰箱处理工艺流程

电冰箱通过拆解和分离分选后，得到的材料包括钢铁、有色金属、塑料、保温材料、制冷剂和矿物油等，这些材料将进入下一步的再生利用（表 12-6）。

表 12-6　电冰箱拆解后的材料

组成部分	重量约占比例/%	部件、零件或材料
钢铁	53	侧板、门面板、压缩机、压缩机后罩、压缩机托板、门铰、毛细管、干燥过滤管、回气管、蒸发器、冷凝器、储液器、焊接点等
有色金属	6	
塑料	37	ABS 或 HIPS 内胆、PVC 门封、ABS 定位板、ABS 或 PP 顶盖板、门拉手、PU 发泡层、海绵、ABS 电器盒、橡胶件等
其它	4	制冷剂、玻璃层架、玻璃门、印刷电路板等

第三节

废印刷电路板的处理与利用

一、印刷电路板的材料组成

印刷电路板（PCB）是基础电子元件产品之一，广泛应用于家用电器、信息、通讯、消费等电子领域。废印刷电路板是最难处理处置的电子废弃物之一，同时也是各类废弃电子电器的共性问题。

PCB 是指装载有各种电子元器件的电路板，包括印制线路、电阻、电容、集成电路等元件，它的基板材料通常为玻璃纤维强化酚醛树脂（或环氧树脂）。笔记本电脑和电视机的印刷电路板如图 12-12 所示。

PCB 成分非常复杂，不但含有各种金属，也含有对环境有害的物质。金属可分为两大类，即基本金属和稀贵金属，有害物质包括铜、锌、铅、溴化阻燃剂等。因此，它既有可利用的价值，也有一定的环境危害性。典型 PCB 成分组成如表 12-7 所示。

图 12-12　笔记本电脑和电视机印刷电路板

表 12-7　典型 PCB 成分组成

组成		含量/%	组成		含量/%
金属	铜	20	惰性氧化物	硅	15
	锌	1		氧化铝	6
	铝	2		碱土金属氧化物	6
	铅	2		其它	3
	镍	2		合计	30
	铁	8	塑料	C-H-O 聚合物	25
	锡	4		含氮聚合物	1
	其它金属	1		卤素聚合物	4
	合计	40		合计	30

二、机械回收技术

机械回收由拆解、破碎和磨碎、分选等部分组成。图 12-13 是国外某废印刷电路板机械回收工艺流程。

拆解一般在流水线上作业,目前还是主要由手工完成,其作用是把含有害物质的元件拆卸下来,便于后面获得安全的材料。

拆解后的电路板板体先进行粗破碎,粗颗粒再经磨碎,得到更为细小的粉末混合物,以利于后续的分选。

先通过风选,分离出轻质组分,如玻璃纤维和树脂粉等;再通过电力分选,把其它非金属组分从细粉中分离出来;金属组分后续进入磁选和涡电流分选等环节。

通过磁选把具有磁性的黑色金属(钢

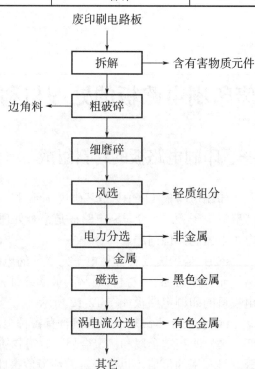

图 12-13　国外某废印刷电路板机械回收工艺流程

铁材料）和非磁性的有色金属分离开来，再通过涡电流分选，把有色金属分选出来。剩下的就是其它杂物组分了，可以作焚烧或填埋处置。

机械回收采用的都是常规技术，比较成熟和简单，没有废水和废渣的产生，比较环保，但系统分离效率和金属分离精度比较低。

三、火法冶金技术

火法冶金技术最早应用于从电子废物中提取贵金属，也是目前使用较多的从废家电中回收金属的技术。其原理是：利用高温加热废印刷电路板，使得金属组分变成熔融状态，非金属组分变成气体逸出，从而实现两者的分离，然后，再通过其它方法对不同的金属组分进行分离。

图 12-14 是利用火法冶金技术从废印刷电路板中回收金、铜等金属的工艺流程。首先，对废印刷电路板进行破碎处理，然后通过通氧焚烧，使大部分非金属组分气化，实现非金属组分与金属组分的分离，还有一部分呈浮渣形式浮于金属熔融物料的上层，可直接去除。金、铜等金属则在熔融状态下与其它金属形成合金，再通过电解得到铜和部分有色金属，最后通过精炼得到金和其它贵金属。

火法回收废印刷电路板中贵金属的方法相对简单，处理效率高，但燃烧会产生大量有毒有害气体，容易导致二次污染，此外，过程能耗也比较高。

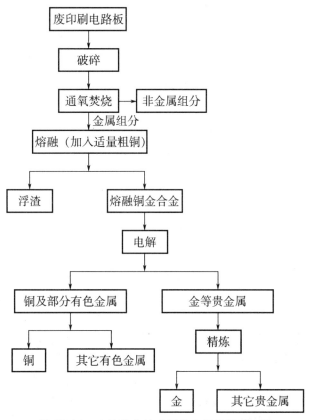

图 12-14　火法冶金技术回收金属的工艺流程

四、湿法冶金技术

湿法冶金技术是目前应用较为广泛的回收贵金属的技术,湿法回收贵金属主要有氰化法、硫脲法、硫代硫酸盐法和碘化法等。其中,硝酸-王水湿法浸出工艺比较成熟,其基本原理是:利用不同贵金属在硝酸-王水试剂中溶解特性的差异,实现不同贵金属组分的分离和回收,其工艺流程见图 12-15 所示。

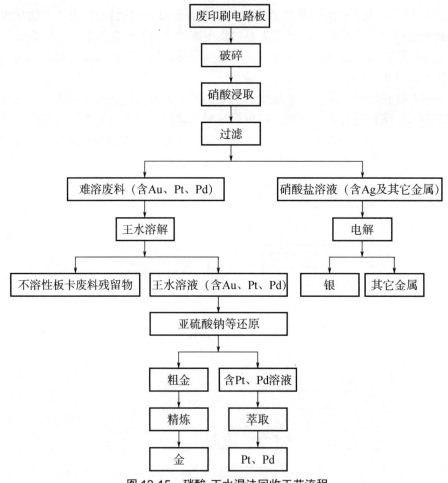

图 12-15 硝酸-王水湿法回收工艺流程

首先,将经过破碎处理后的废印刷电路板浸泡在约 9mol/L 的硝酸中,并适当加热,使得其中的 Ag、贱金属和 Al_2O_3、CuO、CuO、ZnO、TiO_2、NiO 等氧化物溶解;然后,经过滤得到含银及其它有色金属的硝酸盐溶液,再用电解法把银回收出来。

由于金、铂、钯等贵金属不溶于硝酸,因此仍留在电路板废料中,将此时的废料浸泡在王水中,加热至微沸状态,金、铂、钯等贵金属就会溶解到王水溶液中;经过滤后,将滤液蒸发浓缩至一定体积,用亚硫酸钠、甲酸、硫酸亚铁等还原剂将溶液中的金还原成金的颗粒沉淀下来,再通过精炼获得高品位金;铂、钯则以配合物形式留在溶液中,再用萃取法把铂、钯分离出来。

在此期间，发生的主要化学反应如下：

$$Ag+2HNO_3 \longrightarrow AgNO_3+NO_2+H_2O$$

$$Au+4HCl+HNO_3 \longrightarrow HAuCl_4+2H_2O+NO$$

$$3Pt+18HCl+4HNO_3 \longrightarrow 3H_2PtCl_6+8H_2O+4NO$$

$$3Pd+18HCl+4HNO_3 \longrightarrow 3H_2PdCl_6+8H_2O+4NO$$

$$2HAuCl_4+3Na_2SO_3+3H_2O \longrightarrow 2Au\downarrow+3Na_2SO_4+8HCl$$

$$H_2PtCl_6+Na_2SO_3+H_2O \longrightarrow H_2PtCl_4+Na_2SO_4+2HCl$$

$$H_2PdCl_6+Na_2SO_3+H_2O \longrightarrow H_2PdCl_4+Na_2SO_4+2HCl$$

与火法回收工艺相比，湿法回收工艺具有如下特点：贵金属的回收率和回收精度高，废气排放少，提取贵金属后的残留物易于处理。因此，该法目前比火法冶金回收技术应用更为普遍和广泛。

习题

1. 汽车由哪几部分组成？报废汽车拆解后能够获得哪些有用材料？

2. 什么是"再制造"技术？用框图表述发动机再制造工艺流程。

3. 废弃电子电器设备（WEEE）含有哪些可回收利用的材料？含有的有害物质有哪些？

4. 微型电脑拆解后能够获得哪些有用材料？其是如何拆解和回收利用的？

5. 电冰箱拆解后能够获得哪些有用材料？其是如何拆解和回收利用的？

6. 废印刷电路板（PCB）含有哪些有用材料？哪些有害材料？

7. 什么是废印刷电路板的机械回收工艺？其有何特点？

8. 什么是废印刷电路板的火法冶金技术？其有何特点？

9. 什么是废印刷电路板的湿法冶金技术？其有何特点？简述废印刷电路板的硝酸-王水湿法回收工艺。

第十三章

石化与轻工业废物处理与利用

石油化学工业是以石油炼制工业的产品为原料，生产基本有机原料、合成材料、精细化工产品等化学品的工业。由于生产过程、原料和产品差异性大，石化工业产生的固体废物种类繁多，成分复杂，形态各异，且许多废物具有易燃、易爆、有毒、易反应和有刺激性气味等特征，需要给予特别的关注。常见的石化工业废物有废塑料、废橡胶、废酸液、废碱液、废矿物油、废有机溶剂和废催化剂等。

轻工业是提供生活消费品的工业部门，包括食品、酿造、制药、纺织、日用化工、日用玻璃、化学纤维及其织品、生活用木制品等行业。轻工业产品大部分是生活消费品，这些产品经消费后最终变成了废物，且产生数量大、种类繁多。

本章重点介绍石化和轻工业产生的部分典型废物的回收利用技术。

第一节

废纸的回收利用

一、产生

就重量而言，在城市生活垃圾中，废纸占有量最大，它一般占到垃圾总量的 25%～40%。由于废纸的数量大，它的回收利用对整个垃圾处理而言有着重要的影响。废纸的回收利用有多方面的益处，包括：减少森林的砍伐量，保护森林资源和生态环境；节约造纸成本和减少能量的消耗；显著减少垃圾的填埋量和节约填埋土地等。据计算，每吨磨木浆需用 $2m^3$ 的木材和 $1300kW \cdot h$ 电能，每吨化学浆需用 $5m^3$ 的木材，并消耗大量蒸汽、电力和化学药品。如果能把废纸回收利用起来，则可以大大减少能耗和对资源的消耗。

我国废纸的回收主要通过个体收购者和小区回收站回收，收购的废纸送往纸品生产厂或者处理厂进行处理利用。比较干净的废纸主要用来生产再生纸和再生纸板，受污染的废纸一般用来生产衍生燃料（RDF）或者直接焚烧。

二、再生利用技术

1. 生产再生纸

废纸再生的方法按是否添加化学药品分为两种,即机械法和化学法。

机械法不用添加化学药品,废纸经破碎制浆后,通过除渣器除去杂物,即可生产再生纸。这种方法用水量很少,水污染较轻,但由于没有脱墨,一般用来制造低档纸或纸板。

化学法主要用于废纸脱墨,脱墨后可生产同档次的再生纸等。

废纸的一般再生工序包括:打浆、筛选、除渣、洗浆、均化、浮选、脱墨、漂白和烘干等(图13-1)。

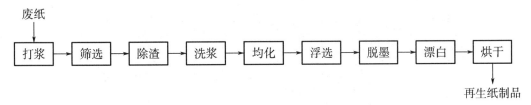

图 13-1 再生纸生产流程

打浆:废纸的打浆处理是整个流程的第一步。目前广泛采用水力碎浆机碎解废纸,并把其打成浆状。这种水力碎浆机具有良好的疏散作用而又不会破坏纸浆中的纤维,并能把废纸中含有的泥沙等杂质从废纸中分离出来。

筛选:通过筛分,除去尺寸大于纤维的杂质,尽量减少浆料中的干扰物质,如薄纸片、塑料、黏胶物质、尘埃颗粒以及纤维束等。

除渣:进一步去除杂质,一般在专门的除渣器中进行。除渣器一般分为正向除渣器、逆向除渣器和轻重杂质除渣器等。一个除渣系统需要配置的段数视其生产量、所要求的纸浆清洁程度以及允许的纤维流失大小而定。

洗浆:洗浆是为了去除微细杂质、细小纤维等,进一步纯化纸浆,以获得高质量的纸品。洗涤设备根据其洗浆浓缩范围大致分为三类:低浓洗浆机,出浆浓度 8%以下,如斜筛、圆网浓缩机等;中浓洗浆机,出浆浓度 8%~15%,如斜螺旋浓缩机、真空过滤机等;高浓洗浆机,出浆浓度 15%以上,如螺旋挤浆机、双网洗浆机等。

均化:均化是用机械方法进一步浆化浆液,把纸张纤维均匀地分布于废纸浆中,以获得均匀一致的浆料,从而改善纸品品质和外观质量;同时,把油墨和其它更微细的杂物均质化,以利于后续的浮选分离。

浮选:浮选是为了把残留的、更微细的杂物(包括油墨颗粒)进一步分离出来。它是根据物质表面疏水性的不同,在一定条件下,使疏水性的杂物附着于气泡上浮而分离。浮选工序的主要设备为槽式浮选机。应根据油墨和其它微细颗粒的大小、数量多少、需要去除的污染物的状况以及浮选槽的特点等因素,合理确定加入空气量的最佳比例。一般空气量应为浮选槽浆量的 30%~60%。

脱墨:脱墨是废纸再生利用的关键程序。脱墨的目的是为了使废纸纤维恢复甚至超过原纸的白度、净化度、柔软性及其它特性,达到要求的产品指标,保证产品的品质。

脱墨方法一般有两种：一是水洗法，即通过水力碎浆机将油墨分散为不超过 15μm 的油墨粒子，再通过二到三段洗涤，将油墨粒子洗掉；二是浮选法，即废纸通过水力碎浆机碎浆后，加入脱墨剂，使油墨凝聚成为大于 15μm 的粒子，然后通过浮选，使油墨粒子从纸浆中分离出来。

漂白：经上述工序去除油墨后的废纸浆，其色泽一般会发黄和发暗。为进一步提高白度，生产出合格的再生纸，必须对其进行漂白。漂白过程中应考虑废纸原料的类型、再生纸张的目标以及再生纸的质量要求等因素。目前常用的漂白方法有氧气漂白、臭氧漂白、过氧化氢漂白和高温过氧化氢漂白等方法。

烘干：通过加热干燥，脱除纸张中的水分，保证纸品的质量。

图 13-2 所示是某再生纸生产的浆化、喷浆与烘干生产情况。

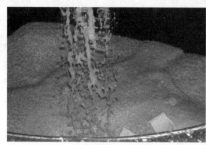 

浆化　　　　　　　　　　　喷浆与烘干

图 13-2　某再生纸生产情况

2. 生产高强度纸板

以旧杂志、废纸板等为原料可以生产高强度纸板。这种材料密度几乎与中密度纤维板、木屑板相同，所以可以代替木制板材作为地板材料和墙壁材料等的底衬材料，还可用于生产包装箱、盒等；除了具有木质纤维的吸放湿性、隔音效果外，还具有优良的吸音效果，因此，还可以用作建筑物的隔热隔音材料等。

图 13-3 是国外开发的某高强度纸板生产工艺流程。废纸原料经过破碎机破碎后，进入打浆机加水打浆；浆料送入分选机去除泥沙等杂物，再在加压脱水机中挤压脱水；脱水浆料通过高频压缩成型机加工成纸板，然后经过干燥和切割，生产出高强度的纸板。其生产原料为 100%废旧纸箱和纸板等，不使用黏合剂，生产的纸板还可以多次再生利用；废纸处理量 80kg/h，纸板生产能力为 10 张/h，纸板面积 1219mm×1219mm。

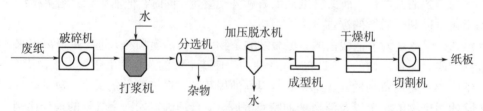

图 13-3　国外开发的某高强度纸板生产工艺流程

3. 生产衍生燃料

一些受污染、低品质的废纸不再适合直接回收利用，但由于废纸的有机物含量高、具有较高的热值，因此，可以把其制成衍生燃料（refuse derived fuel，RDF），作为替代燃料使用。一般废纸的化学成分与热物理性质如表 13-1 所示。

废纸的热值比一般垃圾高，甚至比一般泥煤还要高，而且容易燃烧并燃烧完全，燃烧烟气污染组分含量少，净化容易。

表 13-1 一般废纸的化学成分与热物理性质

项目	分析指标	项目	分析指标	项目	分析指标
C/%	40～60	O/%	25～55	纸的绝干量/%	90～93
H/%	5～10	灰分/%	4～10	废纸灰分软化点/℃	大于 1000
S/%	0.10～0.20	(Na+K)/%，绝对干纸	0.1～0.2	废纸的燃烧值/(kJ/kg)	160000～340000
N/%	0.05～0.15	Cl/%，绝对干纸	0.01～0.08		

将废旧纸张制成 RDF 是实现废旧纸张能量回收的一种方式。以不可回收的废纸作为原料，在干燥、造纸和石灰煅烧行业具有很广泛的市场用途，可以作为煤、焦炭和石油的替代物。对于 RDF 而言，与相同热值的煤和焦炭相比，其生产成本只有后者的约 1/4，因此具有广阔的应用前景。

图 13-4 所示为废纸制取 RDF 的一般工艺流程。废纸经破碎、风力分选、磁选、涡电流分选等，将铁、铝等金属杂物去除掉，然后经过脱氯工艺分选出氯乙烯等含氯塑料，再加压成型，最终得到 RDF。制成的 RDF 可以作为热解、焚烧的原料，用于生产能源。

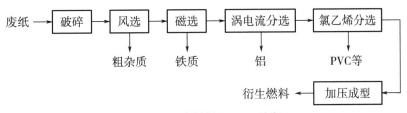

图 13-4 废纸制取 RDF 流程

第二节

废塑料的回收利用

一、产生与性质

塑料是一种以高分子聚合物（或称合成树脂）为主要成分，同时添加填料、增塑剂、润滑剂、稳定剂、着色剂等多种助剂而制成的复合材料，具有可塑性、弹性、耐腐蚀性、绝缘性和较高的强度等特点。由于其具有质轻、加工方便、产品美观、经济适用等许多优良的性能，因而广泛应用于工业、农业、电子、国防、建筑以及日常生活的各个领域。

废塑料中主要的塑料种类有低密度聚乙烯、高密度聚乙烯、聚丙烯、聚苯乙烯和聚氯乙烯等。其中，一般废旧塑料（以包装材料为主）约占 50%，产业形成的废旧塑料约占 45%。随着塑料应用领域的拓宽和使用量急剧增加，废旧塑料污染及"白色污染"问题已经越来越为社会所关注。

废塑料的特点是：产生量大、品种多；难以降解、环境影响持续时间长；回收、分离、处理、利用难度大。从改善环境、充分利用资源、有利于社会发展的角度考虑，应对废塑料进行回收利用。目前，废塑料的回收利用途径主要有直接再生利用、改性再生利用和热能回收等。

二、回收利用技术

1. 直接再生利用

直接再生利用亦称原级再生，是指不需改性，将废塑料经过分选、清洗、破碎、塑炼、造粒等加工成再生塑料产品。

直接再生的特点是工艺比较简单，投资和生产成本低；但是，由于废旧塑料本身的老化，直接再生的塑料的强度、韧性等性能会降低，使用寿命也会缩短。

直接再生的一个典型例子是饮料瓶的再生。许多饮料瓶都是由热塑性聚酯（polyethylene terephthalate，PET）生产的，具有产生量大、相对清洁、利用价值高等优点。通过直接再生，可以制备出 PET 原料，再次用于 PET 瓶的生产。美国可口可乐公司的 PET 饮料瓶有 95% 是再生的。废 PET 饮料瓶典型的再生工艺流程如图 13-5 所示。

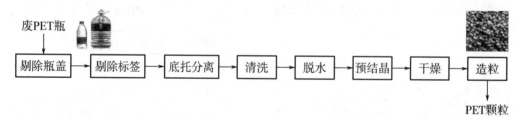

图 13-5　废 PET 饮料瓶典型的再生工艺流程

（1）剔除瓶盖

PET 瓶的瓶盖大多由铝合金或者高密度聚乙烯（high density polyethylene，HDPE）等非 PET 塑料制得，在粉碎之前应将其剔除。铝合金制的瓶盖，本身具有较高的经济价值，可以直接回收利用；如果混入 PET 料中，会磨损后续粉碎刀具，并由于其与 PET 的不相容性，会影响回收的 PET 料的物理机械性能和产品质量。

（2）剔除标签

国内 PET 瓶的标签大多由 PVC 薄膜制得。PVC 薄膜的热稳定性较差，在高温下容易分解。PET 的挤出造粒加工温度高达 265℃ 左右，PVC 料会在这种高温下发生严重分解和焦化，导致回收粒料品质大幅度下降，甚至失去应用价值。因此，必须提前剔除 PVC 标签。

目前，国内主要依靠人工分拣的方法剔除 PET 瓶上的 PVC 标签。在 PET 瓶粉碎之前，标签完整性较好，容易取下和分离。也可对整个瓶子进行粉碎，然后依据 PET 和 PVC 比重的不同，通过重力分选，把 PVC 分离出来。

（3）底托分离

目前国内大量使用有底托的 PET 瓶，其底托由 HDPE 制成，瓶体则由 PET 制成，通过热熔胶把两者粘合为一体。由于 HDPE 和 PET 材料性质不同，为保证回收 PET 的纯度和品质，在粉碎之前，需先将底托分离出来并除去粘结在瓶体上的热熔胶。分离底托可以采用机械切割的方法，也可以通过加热使热熔胶失效后，将底托取下，然后再对 HDPE 底托进行单独的回收利用。

（4）清洗

清洗包括洗涤液清洗和清水漂洗两个步骤。洗涤液由洗涤剂加水配成，其主要作用是促进油脂之类的杂物及粉尘等的分离。清水漂洗可采用普通自来水，去除可溶性杂质，并把泥沙等不溶性杂质分离出去。

（5）脱水

清洗后的 PET 碎片含有大量水分，为了有利于后续结晶过程的进行、减少加热能耗，需要对 PET 碎片进行脱水。脱水通常在普通的离心脱水机中进行。

（6）预结晶

当 PET 温度升高到一定温度时，具有分子间相互作用的多个分子链会进行局部重排，产生球状结晶，从而提高其熔融温度，防止后续高温干燥过程中 PET 发生粘结和结块现象。预结晶可以在普通的干燥箱中进行，也可以在专门的预结晶干燥机中进行。保持 PET 干燥温度 120℃ 或稍高，至 PET 碎片失去透明性，即可认为预结晶过程完成。

（7）干燥

采用离心脱水一般只能使 PET 碎片含水率降低至约 2%，还需要在更高温度下加热干燥，使得水分含量降至 0.05% 以下，以避免 PET 在后续挤出造粒过程中发生高温水解，导致 PET 分子量的下降。通常，需要在 150℃ 的干燥烘箱中再干燥 6 小时以上，才能达到含水率要求。

（8）造粒

造粒加工通常采用螺杆挤出机，将 PET 熔融并挤出形成料条，料条经水冷却以后，喂入切粒机中，切成圆柱形的塑料粒子。切粒一般采用旋刀式切粒机，为确保切粒效果，切粒刀一般采用硬质合金材料。

通过上述过程，最终获得符合质量要求的 PET 再生颗粒，可用于 PET 的再制造或作为其它 PET 产品的生产原料。

2．改性再生利用

改性再生是指通过物理或化学方法改变废塑料的性能，获得性能优良的再生塑料产品。

废塑料的改性方法分为物理改性和化学改性两种。物理改性是指在不改变塑料本身化学结构的前提下进行改性的一种方法。例如，通过添加一些无机填充物料（碳酸钙、滑石粉、氢氧化铝等）来增加塑料的强度、韧性和弹性。化学改性是指通过化学反应，使废塑料的化学结构发生改变，生成一种新的聚合物的方法。化学改性方法有共混改性、接枝改性、交联改性等。常用的改性方法有如下几种。

（1）填充改性

填充改性分为只使用无机粒子的充填和同时投加表面活化剂的充填。无机粒子充填比较简单，但再生塑料的性能不高。与无活化剂的充填相比，经表面活化剂活化处理的"塑料-填料"共混物的性能会有较大提高，甚至还可能高于原塑料的性能。因此，填充改性通常都采用表面活化剂处理。表面活化剂实际上是一种偶联剂，起到紧密连接塑料和充填物的作用，因此，再生出的塑料具有更好的性能。

常用的充填无机粒子有碳酸钙（$CaCO_3$）、滑石粉（$3MgO \cdot 4SiO_2 \cdot H_2O$）、高岭土（$Al_2O_3 \cdot 2SiO_2 \cdot 2H_2O$）、钛白粉（$TiO_2$）、氢氧化铝[$Al(OH)_3$]等，其中 $CaCO_3$ 应用最为广泛。常用的表面活化剂有低分子表面活化剂和高分子表面活化剂两类，低分子表面活化剂有硅烷类[$(RO)_3SiR'X$]和钛酸酯类[$(RO)_mTi-(OX-R'-Y)_n$]等，高分子表面活化剂有烯类单体或者直接使用成品高分子材料。

（2）增强改性

有些塑料在使用后强度会降低，需要对其进行增强。增强改性通过纤维与热塑性片材进行热复合，来增强再生塑料的强度。通过纤维增强改性后，再生塑料的强度、力学性能和耐热性能会大大提高。例如，回收的热塑性塑料（如 PP、PVC、PE 等）经纤维增强改性后，其强度和模量等甚至可以超过原塑料。通常采用的增强纤维有玻璃纤维、天然纤维、合成纤维和人造纤维等。

（3）共混改性

塑料在使用中会发生老化，导致树脂的大分子链发生降解。通过共混改性可以提高再生塑料的韧性和耐冲击性能。共混改性是将不同的两种或两种以上聚合物通过物理、化学方法掺混，获得性能优良的高分子材料。例如，通过废塑料与具有韧性链段的橡胶、刚性粒子进行共混改性，可以提高再生塑料的抗冲击性、耐热性等。

通过物理、化学改性，可以获得各种复合材料，例如木/塑复合、塑料/粉煤灰复合、塑料/玻璃复合材料等，并进一步加工成不同的再生塑料产品。经过改性后，再生塑料产品的某些性能可以达到甚至超过原塑料产品的性能，可以替代原塑料或者其它原料生产的产品。例如，利用废塑料和树木、秸秆粉末为原料，通过改性可以生产出各种复合木塑板材，用于公园和休闲场所等，在实际中有着非常广泛的应用（图 13-6）。

废塑料复合木塑地板型材　　　　　　废塑料复合木塑板材应用

图 13-6　废塑料复合木塑地板型材及其应用

3. 热能回收

对于污染严重、清洗分离困难、无法直接回收利用的混杂废塑料，可以采用直接焚烧、热解制油、制成 RDF 等方法回收能量。

废塑料的热值很高，能够直接焚烧，从中回收能量，并且能够使有毒有机化合物完全分解。据测定，聚乙烯与聚苯乙烯的燃烧热值高达 46000kJ/kg，超过燃料油的平均值44000 kJ/kg，聚氯乙烯的热值也高达 18800 kJ/kg。回收废塑料的热量潜力巨大，热能利用前景广阔。

通过热解，可以获得汽油、柴油、焦油等燃料油，是废塑料能量回收和避免二次污染的重要途径之一。德国、美国、日本等都建有大规模的工厂，我国在北京、西安、广州也建有小规模的废塑料热解制油厂。热解原理和相关工艺技术见第七章的内容。

此外，废塑料也可制成 RDF，然后再进行焚烧处理。

第三节

废旧橡胶的回收利用

废旧橡胶制品以废旧轮胎为最多，其次为管、带、内胎、密封件、垫板、鞋底等。废旧橡胶回收利用主要有轮胎翻新、生产胶粉、生产再生胶和回收热能等。

一、轮胎翻新

轮胎翻新是最有效、最直接而且非常经济的利用方式。它是指旧轮胎经局部修补、加工、重新贴覆胎面胶之后，再进行硫化，以恢复其使用价值的一种方法。

轮胎在使用过程中最普遍的破坏方式是胎面的破损，其它部分损伤较少，使用寿命较长，因此，只要把破损的胎面部分修补好，整个轮胎就可以重新使用。轮胎翻新既可延长轮胎的使用寿命，又可以减少废轮胎的产生量。棉帘线轮胎可翻新 1～2 次，尼龙帘线轮胎可翻新 2～3 次，钢丝帘线轮胎可翻新 3～6 次。每翻新一次，平均行驶里程可达 50000～70000km，是新胎寿命的 60%～90%，翻新所耗原料为新胎的 15%～30%，价格仅为新胎的 20%～50%。由于该法耗能少，成本低，真正实现了物尽其用，所以受到各国的重视。美国 60% 以上的废轮胎得到翻新，欧盟废轮胎翻新率达到 25%以上。

轮胎翻新的工艺流程如图 13-7 所示。旧轮胎经过初检后，不够翻新标准的作为废轮胎处理，可翻新的进入翻新流程。旧轮胎经过打磨露出新的表面，并进行无损扫描确定轮胎状态；在胎面涂胶浆后填补疤伤，再贴上新的胎面，进行成型；将包封套套在粘好胎面的轮胎上，进行硫化处理，使预制好的胎面胶条与胎体硫化成一个整体；硫化后，通过修饰除去翻新硫化产生的溢胶边等；有的在外部喷涂表面保护剂，以改善翻新轮胎的外观质量并对轮胎起保护作用；翻新的轮胎经检验合格后，填发翻新轮胎产品合格证，即可出厂销售。轮胎翻新的部分生产过程和翻新后的轮胎如图 13-8 所示。

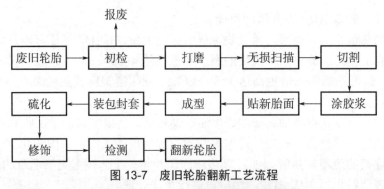

图 13-7　废旧轮胎翻新工艺流程

打磨　　　　　　涂胶浆和贴新胎面　　　　　硫化　　　　　　　翻新轮胎

图 13-8　轮胎翻新的部分生产过程和翻新后的轮胎

二、生产胶粉

胶粉是通过机械粉碎废橡胶而得到的一种粉末状物质。

废橡胶通过预处理、粉碎、分离、筛选和研磨等工序即可生产出胶粉。胶粉生产的关键是粉碎，粉碎有常温粉碎法和低温冷冻粉碎法两种，其中，低温冷冻粉碎法已在第四章第二节中作了介绍，这里主要介绍常温粉碎工艺。

常温粉碎法是指在常温下通过机械作用把废橡胶粉碎成胶粉的一种方法。由于废橡胶具有弹性，无法通过机械的冲击力进行粉碎，因此，通常采用机械剪切、碾磨和撕拉的方法将其切断和磨碎。通过常温机械粉碎生产的胶粉，其表面凹凸不平、呈毛刺状态，具有较大的表面积，有利于活化改性，与基质橡胶的结合力也比较大。

常温粉碎法生产胶粉的工艺过程如图 13-9 所示。首先用切碎机 1 将废橡胶切碎成 50mm 左右的胶块，然后在粗碎机 2 上粉碎成 20mm 左右的粗胶粒；通过粗筛分 3 去除大的杂物、通过磁选机 4 分离出钢丝后，筛上粗胶粒进入细碎机 5（磨碎机）进行细粉碎，细粉粒经过磁选机 6 进一步去除钢丝，再通过分选机 7 分离出轮胎中的纤维、通过筛分机 8 筛分得到胶粉；筛下物再通过磁选机 9、粉碎机 10、分选机 11 和筛分机 12，实现胶粉、纤维和钢丝的二次分离。经过上述过程，获得粒径为 40～200μm 的细胶粉。这种方法可生产出占废旧轮胎质量的 75%～80% 的胶粉、15%～20% 的废钢丝、5% 的废纤维。

胶粉生产主要是粉碎和分选，工艺流程短，生产设备简单，无需脱硫处理，可直接掺于生胶中，取代部分生胶，从而降低橡胶制品的生产成本。胶粉的应用范围也很广，主要在两个方面：一是橡胶工业，因为胶粉原料来源于废旧橡胶制品和轮胎，所以胶粉可再用于生产橡胶制品或者轮胎；二是非橡胶工业，如用于地板跑道及铺路材料和橡胶板、胶管、胶带、胶鞋等的生产材料等（图 13-10）。

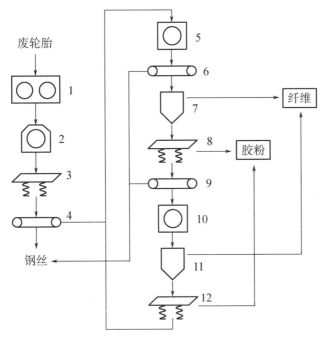

图 13-9　常温粉碎法生产胶粉工艺流程

1—切碎机
2—粗碎机
3, 8, 12—筛分机
4, 6, 9—磁选机
5, 10—细碎机
7, 11—纤维分选机

图 13-10　再生胶粉及应用

三、生产再生胶

再生胶是指废旧橡胶经过粉碎、脱硫等物理化学处理过程,变成具有塑性和黏性的、能够再硫化的一种橡胶。再生胶是处在生胶和硫化橡胶之间结构状态的一种再生橡胶。

我国再生橡胶生产主要有油法、水油法、高温高压动态脱硫法等。图 13-11 是某废旧橡胶生产再生胶的工艺流程。

首先,废旧橡胶按照外胎类、杂胶类、胶鞋类进行分类,除去非橡胶杂质,然后将大小厚薄不一的胶料进行切割,以便于水洗和粉碎,保证设备安全运行。

水洗后的胶料要基本无泥沙杂质,干燥后,通过粉碎机将大块的废旧橡胶破碎成小的胶块,然后在光辊粉碎机中进行细碎,使胶粒粒径小于 1mm;细碎后经筛选和风选除去纤维杂质,然后加入软化剂、活化剂、增塑剂等进行再生,再生完成后进行脱硫处理。

脱硫后的胶料进入捏炼工序,以提高胶料的可塑性;然后通过滤胶清除胶料中的杂质，尤其是金属杂质，以提高胶料纯度；滤胶后进行精炼，精炼后的胶料平整细腻，无明显颗粒和杂质，可塑性进一步提高；从精炼机上下来的薄胶片，绕卷在一个转轴上，由自动切割刀将胶片割开取下，即为再生橡胶成品。

再生胶具有如下优点：与原橡胶相比，生产成本比较低；具有良好的可塑性，易与生胶和配合剂混合；收缩性小，能使制品有平滑的表面和准确的尺寸；流动性好，硫化速度快等。

再生胶应用范围随着橡胶工业和其它工业的发展而逐渐扩大，目前，在轮胎、胶管、输送带、自行车胎、胶鞋、胶板等方面有比较广泛的应用。

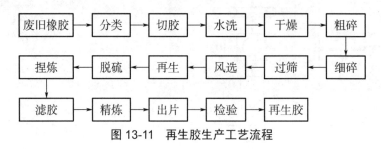

图 13-11　再生胶生产工艺流程

四、回收能量

废旧橡胶是一种高热值材料（29～37MJ/kg），可以做燃料使用。废旧橡胶的回收能量方式有两种。一是直接燃烧回收热能。例如，美国哥伦比亚先后建造了两个废旧轮胎焚烧发电厂，焚烧能力为每天 3 万条废旧轮胎（约合每天 270 吨），规模最大的是英国的焚烧工厂，可日焚烧 370 吨废旧轮胎，获得的能量主要用于发电。二是将废旧轮胎破碎，然后按一定比例与其它可燃废物混合，制成衍生燃料（RDF），可用于高炉冶炼、水泥窑和火力发电等，能代替部分燃煤，既处理了废物，又可以节约能源。

第四节

废酸与废碱液的回收利用

一、产生与性质

酸和碱是最基本的化工产品，有着非常广泛的应用。废酸主要产生于化工和钢铁产业，包括有机物的硝化、酯化、磺化、烷基化和催化等过程，或产生于钛白粉生产、钢铁酸洗和气体干燥等过程，也包括改变了原有的理化性能而不能继续使用的酸。废碱液主要来自石油和化工生产过程中，例如，因采用 NaOH 溶液吸收 H_2S、碱洗油品和裂解气而产生的含有多种复杂组分的废碱液。

我国是酸碱生产和消费大国，随着酸碱消费量的不断增长，废酸和废碱液的产生量越来越大。我国废酸的产生具有以下特点：

① 来源广泛、行业分散。除了钛白粉、芳烃硝化、染料、石油加工和钢铁酸洗等主要行业外，还有其它几十种化工产品生产中都有废酸产出。

② 废酸产生总量较大，但单个企业产出的废酸量常常并不大。废酸量高于 5 kt/a 以上的企业较少，许多企业每年的废酸产出量仅几百吨。

③ 废酸浓度普遍偏低，杂质含量偏高，直接利用比较困难。

高浓度的废酸和废碱液具有强烈的腐蚀性，即使低浓度的废酸和废碱液，如果进入土壤和水系，也会抑制动植物生长，严重时可能导致动植物死亡。此外，废碱液还常含有毒的硫化物、酚类、油类、杂环芳烃等，具有难闻的恶臭气味。因此，不论是国内还是国外，都把废酸和废碱液列为危险废物。

二、废酸的回收利用

废酸处理主要有酸碱中和、废酸浓缩、热解、化学氧化等工艺。一般需要根据废酸量、废酸浓度、杂质成分及含量、处理后酸的用途等采取不同的处理工艺，有时需要几种工艺配合使用。这里只介绍热解法，其它方法可参考相关资料。图 13-12 是利用热解法回收废硫酸的工艺流程。

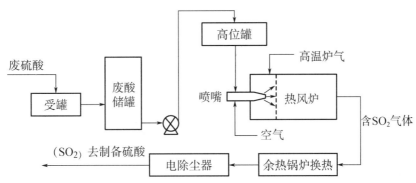

图 13-12　废硫酸热分解工艺流程

（1）基本原理

热解法是在可控空气条件下热解废硫酸，使有机物与硫酸反应还原成 SO_2，从生成的混合气中回收 SO_2，再经传统的催化装置氧化成 SO_3，进一步与 H_2O 反应生成新的硫酸产品。废硫酸的分解反应为吸热反应，在 1000～1100℃ 的高温下进行。在热分解过程中，废酸液中的有机杂质生成 CO_2 和水。其热分解过程如下：

$$H_2SO_4（液）\longrightarrow H_2O（汽）+ SO_3（气）$$
$$SO_3（气）\longrightarrow SO_2（气）+ 1/2O_2（气）$$

分解生成的 SO_2 再通过如下反应过程制备出新的硫酸产品。

$$SO_2（气）+ 1/2O_2（气）\longrightarrow SO_3（气）$$
$$SO_3（气）+ H_2O（汽）\longrightarrow H_2SO_4（液）$$

（2）工艺过程

将废硫酸（质量浓度 80%～82%）送至制酸厂，放入受罐中，然后借泵输至废酸贮罐和高位罐，借重力作用将定量的酸液与压缩空气混合后送入热风炉。热风炉是硫酸生产的主要设备，内部有空气换热管，是高温炉气的换热器，高温炉气进热风炉时的温度为 1100℃，出热风炉时降至 700℃ 左右。借助压缩空气将废硫酸分散成 100～200μm 大小的雾滴，喷入热风炉内，进行热分解反应。分解产生的 SO_2 气体排出热风炉后，经余热锅炉换热降温，再经电除尘器净化后，获得纯净的 SO_2 气体，然后进入后续的硫酸制备环节，制成新的硫酸产品。

三、废碱液的回收利用

废碱液的回收利用包括酸碱中和法、氧化法、生物法和综合利用法等。其中，综合利用法可以回收有用资源，是应用比较广泛的废碱液的处理与利用方法。

例如，图 13-13 是某厂通过 CO_2 碳化从废碱液中回收碳酸钠、环烷酸和烷基酚的工艺流程。该工艺包括碳化、分离、分解、干燥四个单元过程。

（1）碳化过程

废碱液中含有 $NaOH$、RC_6H_4ONa 和 $RCOONa$ 等组分。废碱液先经加热脱油、除杂，然后泵送至碳化塔中；废碱液从塔顶喷入，经喷头形成雾状，CO_2 从塔底送入，在碳化塔内，CO_2 与雾化的废碱液进行逆流接触，发生如下化学反应：

$$2NaOH+CO_2 \longrightarrow Na_2CO_3+H_2O$$
$$2RC_6H_4ONa+CO_2+H_2O \longrightarrow Na_2CO_3+2RC_6H_4OH$$
$$2RCOONa+CO_2+H_2O \longrightarrow Na_2CO_3+2RCOOH$$
$$Na_2CO_3+CO_2+H_2O \longrightarrow 2NaHCO_3$$

（2）分离过程

碳化液泵送至分离塔，在分离塔中把环烷酸（$RCOOH$）和烷基酚（RC_6H_4OH）分离出来；剩下的含有碳酸钠（Na_2CO_3）和碳酸氢钠（$NaHCO_3$）的母液送入分解罐进行 $NaHCO_3$ 分解。

（3）分解过程

为了保证 Na_2CO_3 产品质量，需要将碳化液中的 $NaHCO_3$ 全部转化成 Na_2CO_3。将含有 $NaHCO_3$ 的碳化液，在塔中用蒸汽直接加热，$NaHCO_3$ 脱氢后生成 Na_2CO_3。

$$2NaHCO_3 \longrightarrow Na_2CO_3+CO_2+H_2O$$

（4）干燥过程

采用气流式喷雾干燥，将 Na_2CO_3 溶液与热风炉热空气进行逆流接触，将 Na_2CO_3 中含有的水分汽化蒸发，干燥后得到固体 Na_2CO_3。

分离塔产生的废渣由塔底部排出，另作处理；碳化塔、分离塔、分解罐和干燥塔产生的尾气通过除尘塔净化后达标排放。通过该工艺，可以使废碱液得到处理，并能回收碳酸钠、环烷酸和烷基酚产品。

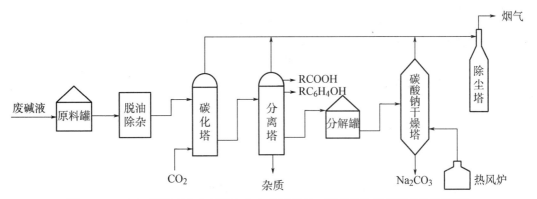

图 13-13　CO_2 碳化回收废碱液中含有的碳酸钠、环烷酸和烷基酚的工艺流程

第五节

废矿物油和废有机溶剂的回收利用

一、产生与性质

1. 废矿物油

废矿物油是在矿物油开采、加工以及油产品使用过程中产生的。它是指矿物油因受杂质污染、氧化和热的作用，改变了原有的理化性能而不能继续使用，被更换下来的油。

废矿物油主要包括：石油开采和炼制产生的油泥和油脚；矿物油类仓储过程中产生的沉积物；机械、动力、运输等设备的更换油及清洗油；金属轧制、机械加工过程中产生的废油；含油废水处理过程中产生的废油及废泥；变质的、不能再使用的润滑油等。

废矿物油含有多种有毒有害物质，这些物质一部分是新油的添加剂（如磷酸盐、硫化物、水杨酸等），一部分是新油在使用过程中由于受到污染、产生化学变化后和添加剂分解的产物。这些物质经过高温、高压、氧化、缩合等过程后，分解产物成分更为复杂、也更具危害性，部分废矿物油中还有可能含有二噁英、多氯联苯等强致癌性物质；此外，加入矿物油中的微量金属元素，或在使用过程中由于金属部件的磨损进入废矿物油的金属元素（如铅、锌、铬、铝、钡等），也会对环境造成危害。因此，世界各国都把废矿物油列为危险废物。

2. 废有机溶剂

废有机溶剂主要产生于基础化学原料生产、机械加工、印刷、电子元件制造、皮革鞣制加工、毛纺织和染整精加工等行业，例如含有有机溶剂的废液、水洗液、母液、工业废水处理产生的污泥等。

废有机溶剂大多具有易燃性、腐蚀性、易挥发性或反应性等特性，对环境的危害性大，被我国列为一类危险废物。例如，有机溶剂甲乙酮、乙酸丁酯、苯、二甲苯等，它们在大气中会与氮氧化物发生反应产生臭氧（O_3），它是形成光化学烟雾的主要因素，也会影响植物生长，减少庄稼收成和危害森林。但是另一方面，废有机溶剂中有相当部分具有较高的回收利用价值，如三氯乙烯、二氯甲烷、异丙醇等，可以通过再生利用技术获得符合要求的再生产品实现其资源化利用。

二、废矿物油回收利用

废矿物油的回收利用方法主要有两种途径：一是再生，二是焚烧。

对那些没有受到太多污染、物化性能比较好的废油，如发动机油、液压油、导热油等，适合通过再生的方法，获得再生油品，实现废矿物油的再利用；对受污染比较严重、物化性能差、已经基本不能满足产品使用要求的废矿物油，一般都作焚烧处理。

1. 再生利用

目前，已经开发了多种废矿物油的回收利用工艺技术。图13-14所示为某废机油"硫酸-黏土"法回收工艺流程，它包括以下几个工序。

① 预处理：预处理包括除杂和脱水。由于废矿物油中含有少量的水分，还含有一定量的颗粒物（如磨损下来的金属微粒、燃烧生成的炭粒、灰尘等），所以首先需去除杂质和水分。根据油水难溶和水的沸点比机油低等特点，通过加热矿物油到120℃让水分蒸发出来，通过沉淀、过滤、离心等方法去除杂质。

② 蒸馏：废机油中可能含有少量的汽油和柴油，利用其沸点的不同，通过蒸馏，把汽油和柴油分离出来。

③ 酸洗：酸洗的目的是对废油进行初步的净化处理，去除废油中的金属颗粒、聚合物、添加剂、氧化和降解产物等。它是通过投加的硫酸与废油中的这些杂质发生反应，生成硫酸盐等沉淀物或者其它物质，然后进行分离。通常，加入的硫酸浓度为92%～98%，用量为废油量的5%-7%（视机油脏污程度而定）。

④ 分离：酸洗后会产生酸渣，需要分离出来，并作进一步的无害化处理。

⑤ 黏土脱色：通过精馏得到的油品颜色一般还比较深，通常使用黏土等作为漂白剂，通过黏土的吸附作用，去除其中黑色的物质组分，处理后，再生油品在视觉上能够和原油相媲美。脱色通常是将油升温到120～140℃，加入一定量的活性黏土，然后保持恒温和持续搅拌半小时，再在110～120℃温度下恒温静置12小时，脱色过程即可完成。

⑥ 过滤：脱色过程中会产生黏土废渣，需要通过过滤分离出来。

⑦ 精馏：虽然通过上述处理过程获得的矿物油纯度已经比较高了，但其中通常还含有其它微量的杂质，尚不能完全达到油品的质量标准（如气味、黏度、热氧化稳定性与抗氧化稳定性等），因此，还需要通过精馏对其进行进一步的净化处理，以获得完全符合质量要求的再生机油成品。精馏分加氢和不加氢两种。加氢精馏需要在高温、加氢气条件下进行，在此条件下，如果油品中含有氯和硫组分，它们就会在催化剂的作用下被转变为氯化氢和硫化氢，并从油品中分离出来。

"硫酸-黏土"是比较典型的废油回收方法，在我国有着比较普遍的应用。该法的优点是工艺流程简单、投资和运行成本低，缺点是会产生废气、废酸和残渣等，需要进行进一步的处理。

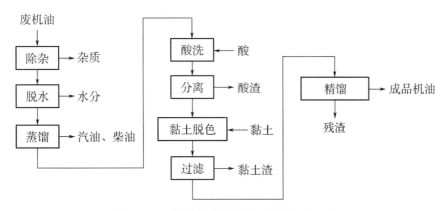

图 13-14 "硫酸-黏土"法回收废机油工艺

2. 焚烧处理

废矿物油具有较高的热值，因此，可以采用焚烧技术进行处理。这样，既可以处理掉废矿物油，又可以回收利用部分热量、减少处理成本。由于废矿物油是危险废物，通常送往危险废物集中处理厂，和其它危险废物一起焚烧，也可以送往水泥厂，进行水泥窑协同焚烧。

三、废有机溶剂回收利用

废有机溶剂回收利用的途径主要有两种：一是再生利用，即通过再生处理，将废溶剂转变成新的溶剂；另一个是焚烧处理，即利用废溶剂的热值，直接作燃料或与其它燃料混合焚烧。其中，废有机溶剂的再生利用技术具有运行成本低、工艺可靠性高、操作简单、再生产品品质好、二次污染易于控制等特点，是目前工程应用最为广泛的废有机溶剂回收利用技术。

1. 再生利用

废有机溶剂的再生主要采用物理方法，利用不同种类有机溶剂的物理性质的不同（如沸点、密度、溶解度等），实现废有机溶剂的再生。废溶剂再生常用的单元操作有吸收、吸附、离心、冷凝、蒸馏、过滤、液-液萃取、膜分离、中和、沉淀等。

图 13-15 是某废有机溶剂蒸馏再生利用工艺流程，包括预处理、蒸馏、精馏等环节。

（1）预处理

由于废有机溶剂中可能混有泥沙、灰尘、机械加工或磨损产生的金属微粒等杂质，在进入蒸馏前，一般都需要进行预处理。预处理可以通过沉淀、加热沉淀、投加絮凝剂等方法，把不溶性的杂质颗粒分离出来。

（2）蒸馏

将废有机溶剂泵入蒸馏塔，蒸馏塔夹套内通有导热油，高温导热油对废溶剂进行加热，通过控制导热油的流量、塔釜的温度等，让有机溶剂蒸发；产生的蒸汽进入冷凝器，降温后变成液态溶剂，成为初级产品，并存储在初级产品罐中。预处理没有完全去除的部分金属碎屑、油泥等不挥发、不易挥发的杂质则留在塔中。蒸馏残渣（液）从蒸馏塔底部排出，送至有资质的废物处理单位进行最终处置。

（3）精馏

从蒸馏塔中回收的有机溶剂通常还含有少量杂质，需要进行进一步的精制，才能达到产品标准。因此，在蒸馏后，一般都需要进行二次精馏处理。精馏在精馏塔中进行，有机溶剂被加热成蒸汽，从精馏塔排出后，在冷凝器中冷凝为液态，获得再生的有机溶剂产品。残留的少量杂质不蒸发，留在精馏塔中，作为残渣（液）排出。

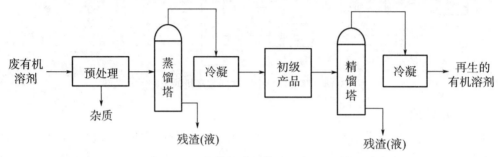

图 13-15　废有机溶剂蒸馏再生工艺流程

2. 焚烧处理

废有机溶剂具有一定的热值，采用焚烧技术处理废有机溶剂是一种简单、高效、可行的处理方法。它既可回收利用部分热量、降低处理成本，又可焚烧掉有害物质，达到废物综合利用、保护环境的目的。

一般废有机溶剂焚烧处理工艺流程包括预处理、高温焚烧、余热回收及烟气处理等。废有机溶剂可以单独焚烧，也可以和其它废物一起焚烧。对被列为危险废物的废有机溶剂，一般和其它危险废物一起焚烧（如水泥窑协同焚烧）。和一般废物焚烧不同的是，废有机溶剂焚烧通常需要增加一个预处理环节，预处理主要包括废液的过滤、蒸发浓缩、调节黏度等，其目的就是为了减少后续烟气处理难度、提高焚烧效率等。

习题

1. 简述废纸生产再生纸的工艺流程。
2. 简述废纸生产高强纸板的工艺流程。
3. 简述废纸制取衍生燃料（RDF）的工艺流程。
4. 什么是废塑料的直接再生？以 PET 饮料瓶为例说明废塑料直接再生工艺流程。
5. 什么是废塑料的改性再生？改性再生的方法有哪些？
6. 废橡胶的回收利用途径有哪些？
7. 简述废旧轮胎翻新的工艺流程，各工艺环节的作用是什么？
8. 简述废橡胶生产胶粉的工艺流程。

9．简述废橡胶生产再生胶的工艺流程。

10．利用热解法回收废硫酸的原理是什么？简述其回收的工艺流程。

11．利用碳化法回收碳酸钠、环烷酸和烷基酚的原理是什么？简述其回收的工艺流程。

12．废矿物油的回收利用途径有哪些？简述"硫酸-黏土"法回收废机油的工艺流程。

13．废有机溶剂回收利用途径有哪些？简述废有机溶剂蒸馏再生利用工艺流程。

第四篇
农业固体废物处理与利用

第十四章

作物秸秆处理与利用

第一节

作物秸秆的产生与利用

一、产生量

我国是世界上最大的农业国家，每年产生的作物秸秆在 9 亿吨左右，约占全球秸秆总产量的 19% 左右。玉米秸秆、稻草和麦秸是秸秆的主要来源，约占总秸秆量的 82%，其中玉米秸秆 3.5 亿吨、稻草 2.2 亿吨、麦秸 1.6 亿吨（表 14-1）。

表 14-1　主要谷物及秸秆产量（2020 年）

农产品种类	产量/万吨	草谷比	秸秆量/万吨	秸秆量占比/%
稻谷	21186	1.06	22457.2	25.8
小麦	13425.4	1.2	16110.5	18.5
玉米	26066.5	1.34	34929.1	40.2
豆类	2287.5	1.6	3660	4.2
薯类	2987.4	1.34	4003.1	4.6
棉花	591	1.7	1004.7	1.2
油料	3586.4	1.34	4805.8	5.5
总量	70130.2	—	86970.4	100

二、结构组成

秸秆的化学结构和成分组成非常复杂，其中主要组分是纤维素、半纤维素和木质素，此外，还含有其它少量组分，如树脂、淀粉、果胶、单宁、色素、无机物等。纤维素和半纤维素皆由碳水化合物组成，而木质素则为芳香族化合物。秸秆的结构组成示意图如图 14-1 所示。

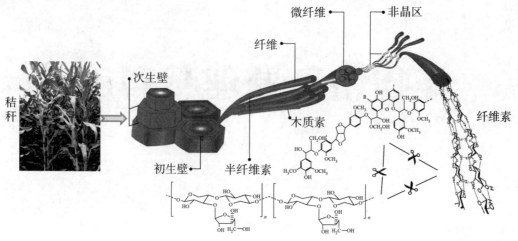

图 14-1 秸秆的结构组成

纤维素是 D-葡萄糖基通过 1,4-糖苷键连接而成的线状高分子化合物（图 14-2）。纤维素是不溶于水的均一聚糖，是植物细胞壁最主要的组成部分之一，主要存在于初生壁和次生壁中。植物细胞壁中纤维素的含量可占其干重的 50%以上，是自然界中含量最多、分布最广的多糖。

纤维素是天然高分子化合物，分子链长、分子聚合度高。在天然状态下，木材的纤维素分子链长度约为 5000nm，相应地约含有 10000 个葡萄糖基，即平均聚合度约为 10000；草类作物（如稻草、麦秸等）纤维素的平均聚合度稍低于木材。此外，纤维素的微观物理结构也比较复杂，一部分纤维素糖单元之间有序排列，形成结晶区，另一部分为无序排列，形成无定形区。由于分子内和分子间的氢键作用力，结晶区高度有序、结构紧密且斥水，使得纤维细胞壁具有较高的强度，以保证植物的正常生长。但另一方面，高聚合度和结晶区的存在也导致纤维素生物降解性能降低。

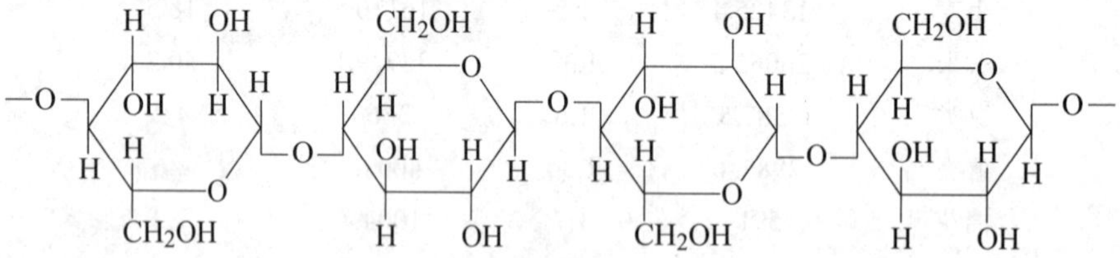

图 14-2 纤维素的分子结构

半纤维素是由两种或两种以上单糖构成的不均一聚糖，且大多带有短支链结构。构成半纤维素的糖基主要是戊糖单体和己糖单体等，包括木糖、葡萄糖、阿拉伯糖、半乳糖等。各种植物的半纤维素含量、组成、结构均不相同，即使同一种植物的半纤维素一般也会有多种结构。半纤维素的分子聚合度较低（100～200），并呈非结晶的聚集态，因此，半纤维素比纤维素组分相对容易被微生物降解。图 14-3 显示的是某植物的半纤维素的分子结构。

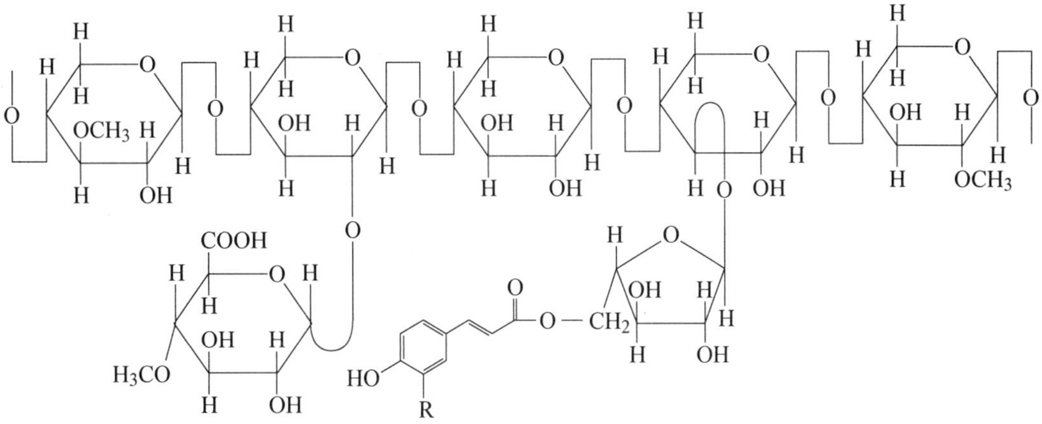

图 14-3　半纤维素的分子结构

木质素是由苯基丙烷结构单元通过醚键和碳碳键连接构成的具有三维网状结构的高分子化合物。苯基丙烷是木质素的基本骨架，但其芳香核部分有所不同，根据—OCH_3数量的差别，大致分成愈创木基丙烷、紫丁香基丙烷和对羟基苯丙烷三种类型（图 14-4）。这些结构单元通过共聚化，形成复杂大分子的木质素结构。由于木质素是天然高分子聚合物，在不同植物中，其结构有很大的不同，即使同一原料不同部位的木质素结构也不一样。图 14-5 是某植物的木质素结构，可以看出，它是一种网状结构的无定形高分子化合物，结构非常复杂，因此，很难被一般的微生物降解。

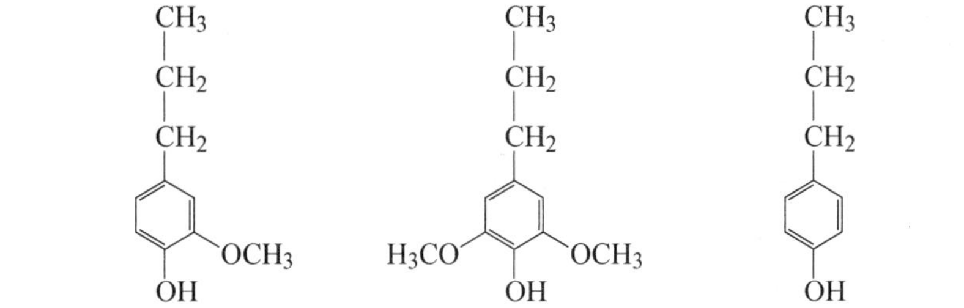

愈创木基丙烷(G)　　　紫丁香基丙烷(S)　　　对羟基苯丙烷(H)

图 14-4　木质素的基本结构单元

在秸秆细胞壁中，纤维素、半纤维素和木质素并不是单独存在的，而是紧密联系在一起的。研究发现，半纤维素会将微纤维丝包裹其中，同时又与木质素通过共价键相连，这种木质素与碳水化合物（纤维素、半纤维素）通过化学键连接到一起形成的结合体称为"木素-碳水化合物"复合体（lignin-carbohydrate complex，LCC）。这种异质性的高分子复合体结构致密且稳定，构成了秸秆中的天然生物抗降解屏障，从而导致秸秆难以被微生物有效降解。因此，如果要采用生物方法对秸秆进行转化利用，通常都需要进行预处理改性，以破坏秸秆的物理和化学结构，提高其可生物降解性能。

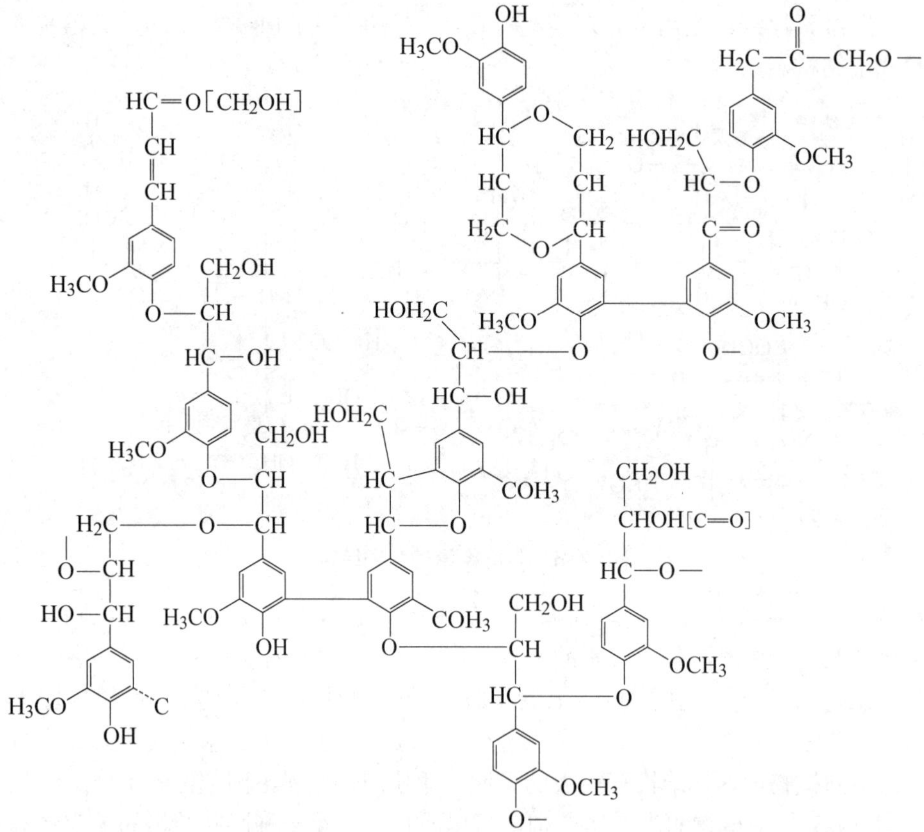

图 14-5　木质素的分子结构

三、成分组成

作物秸秆产量高、分布广、种类丰富，且蕴含大量的氮、磷、钾等元素和有机质等，是一种多用途可再生生物资源。不同作物秸秆的主要组分和养分含量有很大的不同，见表 14-2 和表 14-3。

表 14-2　不同作物秸秆的主要组分含量

农作物	纤维素/%	半纤维素/%	木质素/%	粗脂肪/%	粗蛋白/%	灰分/%
水稻	40.5	21.5	14.2	1.4	4.4	13.0
小麦	41.2	27.7	18.5	1.3	3.6	6.0
玉米	38.8	23.5	20.2	1.0	3.7	4.7
油菜	33.9	18.2	15.3	1.0	4.5	4.8
花生	31.1	11.5	26.0	2.0	9.6	11.6
土豆	32.5	25.7	16.3	1.8	10.8	12.3
甘薯	29.2	8.8	10.5	5.3	16.5	9.1
大豆	57.0	17.9	18.0	2.7	1.1	2.6
棉花	35.0	20.8	23.2	3.8	7.0	9.5

表 14-3　不同作物秸秆的氮磷钾养分含量

秸秆类别	农作物	N/%	P_2O_5/%	K_2O/%
谷物	水稻	0.82	0.13	1.90
	小麦	0.54	0.09	1.16
	大麦	0.51	0.13	2.35
	玉米	0.89	0.11	0.99
油料	油菜	0.64	0.13	2.01
	花生	1.64	0.15	1.56
豆类	大豆	0.89	0.09	0.64
	豌豆	2.17	0.17	1.02
	绿豆	1.41	0.22	0.96
薯类	土豆	2.35	0.49	2.76
	甘薯	1.97	0.43	1.93
其它	棉花	0.85	0.22	1.63

四、利用现状

全国秸秆可收集量约为 $8.2×10^8$ t，综合利用总量达到 $6.7×10^8$ t，秸秆综合利用率达到 81.7%。未利用的秸秆大多露天焚烧，导致严重的大气污染或引发火灾和交通事故问题，因此，迫切需要进行处理和利用。

秸秆的利用方式可以归纳为肥料化、饲料化、燃料化、基料化和原料化五个方面，分别占已利用量的 47%、18%、12%、3%和 2%。

① 肥料化：作物秸秆肥料化利用的主要形式是秸秆还田，该技术是我国秸秆资源化利用方式中较传统的模式，因其具有方法简单、成本低等优势，目前被广泛应用。一是直接还田，亦即粉碎后，直接翻耕到土壤中，通过土壤微生物降解和作为肥料利用；二是间接还田，即通过牲畜喂养"过腹"或通过生化处理后，再作为腐熟肥料还田。

② 饲料化：作物秸秆含有大量碳水化合物和其它养分，是草食牲畜重要的粗饲料来源，我国 80%以上的作物秸秆可用作饲料。目前，秸秆饲料化包括直接饲喂、青贮或黄贮后以及微生物发酵处理后饲喂等。通过青贮等处理后，可以提高饲料中可溶性糖、粗蛋白和乳酸等营养成分含量，进一步改善秸秆饲料的品质，同时，改善动物的适口性，提高动物采食量。

③ 燃料化：作物秸秆是一种良好的燃料化原料资源。秸秆燃料化利用技术多种多样，根据转化方式不同，主要分为直燃发电或供热、秸秆气化、固化成型和厌氧消化生产沼气等。

④ 基料化：作物秸秆含有大量的纤维素、半纤维素、木质素和氮磷钾等养分，是生产栽培基质的良好原料，秸秆基料主要用于食用菌、蔬菜、花卉等栽培。其中，秸秆

基料栽培食用菌应用最为广泛。

⑤ 原料化：原料化是以秸秆为原料生产纸浆造纸、建筑材料、轻质板材、包装材料、编织材料、餐具、降解膜等产品，具有环境友好和可再生的优点。

本章重点介绍燃料化中的固化成型燃料、直接燃烧发电、热解气化和厌氧消化技术。

第二节

秸秆固化成型燃料技术

秸秆固化成型（straw densification briquetting fuel，SDBF）是指在一定温度与压力作用下，将松散、密度低的生物质材料压制成有一定形状的、密度较大的成型燃料的技术，也称为秸秆致密成型技术。固化成型燃料密度高，具有储存、运输、使用方便，清洁环保，燃烧效率高等优点。成型燃料密度一般为 $0.8 \sim 1.4 g/cm^3$，燃烧性能相当于中质烟煤。既可作为农村居民的炊事和取暖燃料，也可作为城市分散供热的燃料或发电原料等。

一、成型原理

植物细胞中含有纤维素、半纤维素和木质素（或称木素），一般占植物体成分的 2/3以上，其中纤维素的含量在禾本科植物的茎秆中占 40%～50%；木素的含量在禾本类中占有 14%～25%。秸秆原料固化成型一般要经历密实填充、表面变形与破坏、塑性变形和粘接成型等过程。

① 密实填充：在外力的作用下，完成对模具有限空间的填充之后，固体成型燃料达到了在原始微粒尺度上的重新排列和密实化，物料的容重增加。

② 表面变形与破坏：秸秆固化成型通常伴随着原始微粒的弹性变形和因相对位移而造成的表面破坏。

③ 塑性变形：在外力进一步增大后，由应力产生的塑性变形使空隙率进一步降低，密度继续增高，颗粒间接触面积的增加比密度的提高要大几百甚至几千倍，将产生复杂的机械啮合和分子间的结合力。

④ 粘接成型：生物质颗粒间黏结有三种方式，分别是固体颗粒间桥接、粒子间镶嵌结合、颗粒之间的黏结力（图 14-6），其中，木质素软化起主要的作用。木素是一类以苯丙烷单体为骨架，具有网状结构的无定形高分子化合物。在常温下木素主要部分不溶于任何有机溶剂，属非晶体，没有熔点但有软化点。当温度达 70～110℃ 左右时，木素发生软化，黏结力开始增加；在 200～300℃ 时，软化程度加剧而达到液化，此时加以一定压力，便可使其与纤维素和半纤维素等紧密粘接在一起，再通过一定形状的成型孔眼，形成具有固定形状的压缩成型棒或颗粒燃料。

(a) 固体架桥　　　　　　(b) 机械镶嵌　　　　　　(c) 黏结力

图 14-6　生物质颗粒联结机制

二、影响因素

　　影响压缩成型的主要因素有原料种类、含水率、粒度、成型压力、成型模具的形状尺寸及成型温度等。

　　① 原料的种类：不同种类的原料，因自身理化特性以及组织结构的固有差异性，其成型特性也呈现较大差异，通常根据原料成分如木质素、提取物、纤维素和脂肪含量来研究其对成型燃料强度和耐久性的影响。如秸秆等农业废弃物，本身堆积密度小，易于成型；而木质类生物质却难以成型，主要是因为在压力作用下物料变形较小。

　　② 原料的含水率：原料的含水率是生物质压缩成型过程中需要控制的一个重要参数。原料的含水率过高或过低都不能很好地成型。例如：对于颗粒成型燃料，一般要求原料的含水率在 15%~25%左右；对于棒状成型燃料，要求原料的含水率不大于 10%。在含水率为 13%~20%时稻草成型颗粒耐久性最佳；在含水率为 25%时，芒草、柳枝和小麦秸秆的成型产率最高。

　　③ 原料的粒度：原料粒度也是影响压缩成型的重要因素，对于某一确定的成型方式，原料的粒度应不大于某一尺寸。如对于直径为 6mm 的颗粒成型燃料，通常要求原料的粒度不大于 5mm。一般来说，粒度小的原料容易压缩，粒度大的原料较难于压缩。但冲压成型时，要求原料有较大的尺寸或较大的纤维，原料粒度小反而容易产生脱落。

　　④ 成型压力与模具尺寸：成型压力是植物材料压缩成型最基本的条件。只有施加足够的压力，原材料才能被压缩成型。但成型压力与模具（成型孔、成型容器）的形状尺寸有密切关系。

　　⑤ 成型温度：加热温度也是影响成型的一个显著因素。通过加热，一方面可使原料中含有的木素软化，起到粘结剂的作用；另一方面还可以使原料本身变软，变得容易压缩。温度过低，不但原料不能成型，而且能耗增加；温度增高，电机能耗可以减小，但成型压力小挤压不实，会导致棒料容易断裂破损、表面过热烧焦，烟气也会较大，通常，加热温度一般控制在 150~300℃ 之间。

三、工艺流程与成型设备

1. 工艺流程

秸秆收集后，先通过自然干燥或由烘干系统进行脱水，然后进行粉碎处理。粉碎后的秸秆由输送装置送入压块成型机，致密成型后的秸秆压块即为燃料产品，产品包装后进行销售。

秸秆固化成型一般的加工工艺流程如图 14-7 所示。

原料 → 风干 → 粉碎 → 成型 → 产品 → 包装 → 销售

图 14-7　秸秆固化成型一般的加工工艺流程

2. 成型设备

根据成型原理的不同，压缩成型机可分为螺旋挤压式、活塞冲压式和压辊式三类。根据温度的不同，螺旋挤压式分为热压成型和常温成型；根据驱动动力的不同，活塞冲压式可分为机械驱动式和液压驱动式两类；根据压模形状的不同，压辊式分为平模、环模、对辊式和柱塞式。

（1）活塞式成型机

原料的成型是靠活塞的往复运动产生的挤压力实现的。粉碎物料由活塞杆推入套筒内，在一定温度下，套筒中物料在外力作用下密度提高，内部发生木质素胶合，在喉管处收缩，形成棒状或块状致密体，并从套筒中挤出，成型产品密度一般为 0.8～1.19 g/cm³。其进料、压缩和出料过程都是间歇进行的，活塞每工作一次可以形成一个成型压块或棒（图 14-8）。当成型压块或棒从出口处被挤出时，在自重的作用下自行分离。

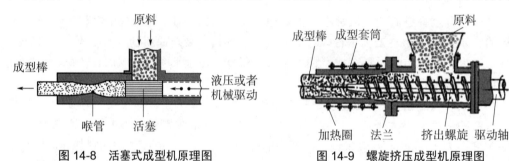

图 14-8　活塞式成型机原理图　　　　图 14-9　螺旋挤压成型机原理图

（2）螺旋挤压成型机

螺旋挤压成型机通过螺旋产生的挤压力把物料挤压成致密的棒状。此类成型机最早被研制开发出来，是当前各地推广应用较为普遍的一种机型，其结构原理如图 14-9 所示。根据压缩成型过程中粘结机理的不同，螺旋挤压成型机又可分为加热和不加热两种。一种是没有辅助加热，但需预先在物料中加入粘结剂（如原料本身具有粘合作用的可不加），然后在锥形螺旋输送器的压送下压力逐渐增大，到达压缩喉口时物料所受压力达到最大。物料在高压下密度增大，并在粘结剂的作用下结成固体块。压缩块从成型机的出口处被连续挤出。另一种是在成型机压缩模外设置一段加热装置，以软化纤维素、并使木素受热塑化具有黏性，使原料挤压成型。外部加热温度一般维持在 150～300℃ 的温度，物料含水率控制在 8%～12%，挤压力度可调节，成型产品一般为直径 50～60 mm 的空心棒（图 14-10）。

（3）压辊式成型机

压辊式成型机主要由环模（或平模）和压辊两大关键部分组成。压辊绕自身的轴线转动（图 14-11），在它的外表面上加工有齿或槽，既便于物料的压入，同时又可以防止打滑；环模（或平模）的外表面上加工有一定数量的成型孔。当生物质物料进入到环模（或平模）之间时（图 14-12），由于两者的相对运动，使得物料不断地被压入环模（或平模）的成型孔内，然后被从孔内挤出。根据模孔型式的不同，可以挤出不同形状的成型颗粒燃料[图 14-13(a)和(b)]。在出料口处设置有切断装置，在其作用下成型燃料被切成一定长度的颗粒。压辊式成型机能耗较低，但工作时模板与辊子的磨损较大，更换和维护比较困难。

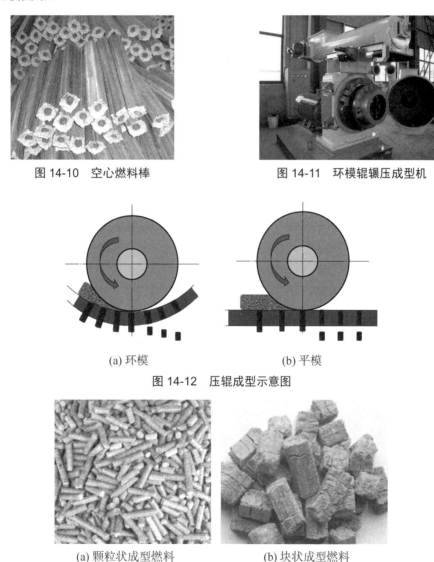

图 14-10　空心燃料棒　　　　　　图 14-11　环模辊辗压成型机

(a) 环模　　　　　　　　　　(b) 平模

图 14-12　压辊成型示意图

(a) 颗粒状成型燃料　　　　　(b) 块状成型燃料

图 14-13　成型燃料实物

四、成型燃料的物理特性及燃料性能

秸秆压缩成型后，其密度大幅度提高（0.8～1.4g/cm³），更便于贮存、运输和使用；

强度明显增强，炭的燃烧更加充分；能量密度增大，炉温大大提高，燃烧时间明显延长；需氧量趋于平衡，燃烧过程比较稳定，燃烧热效率可提高 10%左右。不同原料成型燃料性能不同，如表 14-4 所示。

表 14-4　不同原料成型燃料性能比较

项目	缩写/单位	玉米秸秆块状燃料	小麦秸秆块状燃料
热值	$Q/(kcal/kg)$	3770±300	3676±300
挥发分	$V_{daf}/\%$	71.45	67.36
水分	$M_{ad}/\%$	≤12	≤12
灰分	$A/\%$	5.93	8.9
固定碳	FC/%	10.62	11.74
硫分	$S_{ar}/\%$	0.12	0.18
变形温度	$D_t/℃$	1005	1068
软化温度	$S_t/℃$	1325	1377
流动温度	$F_t/℃$	1400	1430
密度	$\rho/(t/m^3)$	1.1±0.1	1.1±0.1
堆积密度	t/m^3	>0.6	>0.6
尺寸	LWH/mm	32×32×30	32×32×30

第三节

秸秆热解气化与直燃发电

一、秸秆热解气化

秸秆热解气化是以农作物秸秆、稻壳、木屑、树枝等废弃物为原料，在绝氧或缺氧条件下，在热解气化炉中，通过控制燃烧，使之产生含一氧化碳、氢气、甲烷等可燃气体和生物质炭等的热化学过程。包括秸秆空气气化、半气化和干馏气化三种工艺。

（1）气化工艺

气化工艺是指在反应器（气化炉）中通入部分空气，以空气作为气化介质，使秸秆发生部分燃烧，产生的热量用于加热自身并使之发生分解和气化。秸秆中的碳水化合物基于一系列热化学反应和燃烧反应转化为可燃气体、木醋液、木焦油和灰渣。该气化工艺以获得可燃气体为主要目的，可燃组分大多被转化成了气体，可燃气体通过净化处理，可用于炊事、供暖和发电等。副产物主要是液态的木醋液、木焦油等，难以回收利用，易对环境造成二次污染。由于依靠的是自身发生部分燃烧产生的热量加热，其过程实际上是"气化"。其特点是，采用空气为介质，生产成本低；通常采用上吸式或下吸式固定床反应器，运行简单，投资和运行成本低；产生的可燃气体一般用于农村炊事或供暖，处理能力不大，在我国农村使用较多；可燃气体热值低，并存在二次污染问题。

（2）炭-气（油）联产工艺

炭-气（油）联产工艺是基于空气气化工艺研发而来。炭-气（油）联产是指通过控制空气量或者采取外部加热的方法，控制气体（或液体）和生物质炭的产出比例，以同时获得较多的生物质炭和一定量的可燃气体，满足不同的使用需求。

（3）炭化工艺

炭化工艺是指在无氧条件下，通过间接加热使秸秆发生分解，秸秆中的碳水化合物基于一系列热化学反应转化为生物质炭、可燃气体等。由于没有供氧，秸秆本身不会发生部分燃烧，在挥发分析出后，形成了多孔的生物质炭，副产物是高热值的可燃气体。和空气气化不同，这种工艺以获得生物质炭产品为主。由于依靠的是外部加热，其过程实际上是"热解"，而不是"气化"。

目前，我国秸秆热解主要用于制取生物质炭，气化主要用于集中供气和中小型气化发电。生物质炭可以替代常规由煤制取炭材料，用于炊事或炭基肥料等；气化集中供气可以解决农村炊事用能和供暖等问题。

秸秆气化集中供气是 20 世纪 90 年代以来在我国发展起来的一项生物质能源利用技术。它是在农村的一个村或组，建立一个气化站，将产生的可燃气体通过输气管网输送、分配到用户，从而为一定规模的村镇居民供气。集中式秸秆气化供气系统由五部分组成：进料系统、气化机组、净化系统、燃气输配系统和用户燃气系统。常以自然村为供气对象，燃气主要供农户炊事用能或供暖。某集中式秸秆气化供气系统工艺流程如图 14-14 所示。

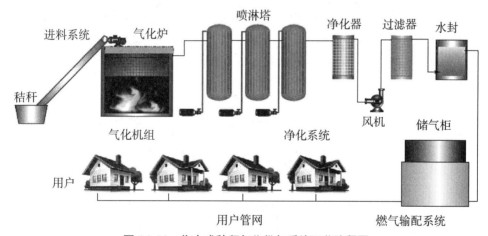

图 14-14　集中式秸秆气化供气系统工艺流程图

进料系统包括秸秆粉碎机和上料机，首先将秸秆均匀地送入秸秆专用粉碎机，将秸秆粉碎成 20mm 左右长度的碎料，再用输送机将粉碎后的秸秆均匀地送进气化炉中进行气化；气化系统的主要设备是气化反应炉；净化系统包括喷淋塔、净化器、风机、过滤器和水封等；燃气输配系统包括储气柜和用户管网等。气化炉内的秸秆发生气化反应，生成可燃气体，气体包含 CH_4、H_2、CO、CO_2、乙烷、丙烷等成分（表 14-5）。

气化炉所产生的燃气含有焦油、粉尘、水分等，需要进行净化处理才能使用。燃气经三级喷淋塔，将气体冷却后经净化器和过滤器除湿、除焦油，进行气水分离，最后加压送往储气柜。

燃气经净化后，通过输配管网送至用户。燃气输配系统包括贮气罐、附属设备和地下、地上输气管网、压力控制设备等。以自然村为单元的秸秆气化集中供气系统是一个小型的燃气供应系统，其主管一般采用潜层直埋的方式铺设在地下，管道的材质有钢管、铸铁管和塑料管等。用户燃气系统由煤气表、滤清器、阀门、专用燃气灶具等组成。

表 14-5　秸秆气化气组分

分析项目	分析结果	分析项目	分析结果
甲烷/%	0.5～5	氦气/%	0.5
氢气/%	8.5～16	氧气/%	1.21
一氧化碳/%	11～22.5	二氧化碳/%	10～14
乙烷/%	1.6	氮气/%	48.9～56.8
丙烷/%	0.57	合计/%	100
乙烯/%	0.95	低位热值/(MJ/m³)	3.7～5.3
丙烯/%	0.37	焦油及灰分/(mg/m³)	4.8

二、秸秆直燃发电

经测定，秸秆热值约为 15000kJ/kg，相当于标准煤的 50%，因此，可以和煤炭一样用来发电。秸秆直燃发电是指秸秆直接送入直燃锅炉燃烧，锅炉产生高压过热蒸汽，并推动蒸汽轮机运转发电，产生的电力并入附近电网。发动机产生的高温尾气通过冷凝器降温和换热，产生的热水供锅炉使用。降温后的烟气通过除尘净化系统处理，达标排放。锅炉产生的飞灰和灰渣被收集起来，其中含有丰富的钾、镁、磷和钙等肥料养分，可用作无机肥料使用。图 14-15 是秸秆直燃发电原理示意。

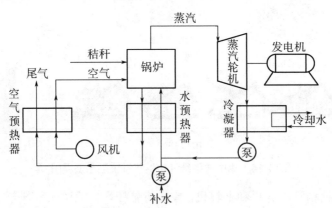

图 14-15　秸秆直燃发电原理示意

秸秆直燃发电系统包括进料系统、生物质锅炉、换热器、汽轮发电机组、冷却系统、除尘系统、飞灰和灰渣处理系统等组成，图 14-16 所示是一个完整的秸秆直燃发电系统。

相比于生物质气化后再在蒸汽锅炉中燃烧发电，秸秆直燃发电省去了气化过程，减少了设备投资和运行费用，同时也提高了秸秆的利用率，此外，由于燃烧速度快，秸秆直燃发电可以大量消纳秸秆，处理能力很强。但是，直燃发电秸秆使用量很大，收集半径常常超过几十公里，收运成本高，导致发电成本高。

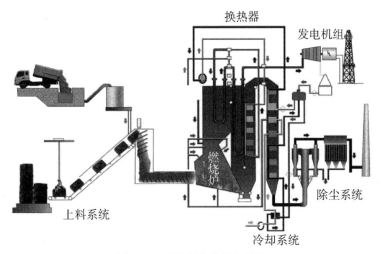

图 14-16　秸秆直燃发电系统

第四节

秸秆厌氧消化技术

一、秸秆厌氧消化工艺

秸秆厌氧消化技术又称秸秆沼气技术或秸秆生物气化技术。它是指以秸秆为主要原料，经厌氧消化生产沼气的技术。

秸秆厌氧消化工艺流程如图 14-17 所示。秸秆先经机械粉碎，粉碎成 1cm 左右的颗粒，然后进行预处理。预处理的目的是破碎秸秆物料的化学结构，以提高其生物降解性能，提高后续厌氧消化的效率。预处理后的秸秆投入厌氧发酵罐，接种后封罐进行厌氧发酵。产生的沼气经脱水、脱硫净化后贮存，再由管网输送到用户或者发电等。与常规畜禽粪便生产沼气工艺相比，主要不同在于增加了预处理，此外，厌氧发酵反应器型式和运行参数也不同，而其它环节（如净化、压缩、贮存和管网等）基本相同。

二、秸秆厌氧消化关键技术

由于秸秆特殊的物料性质，其预处理技术、厌氧消化工艺参数、反应器和进出料设备等与常规的粪便消化有很大的不同，主要表现在如下几个方面。

1. 预处理

与通常的易降解物料如粪便、垃圾等不同，秸秆在进入厌氧消化前，一般都需要进行预处理，以改善其生物降解性能、提高产气能力、缩短消化时间。

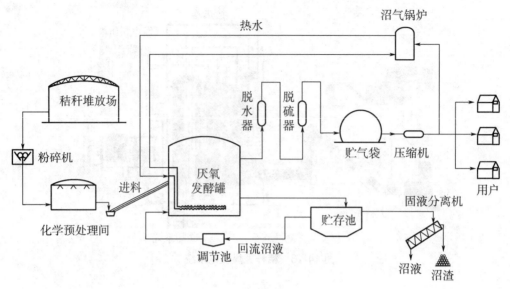

图 14-17　秸秆厌氧消化工艺流程

　　常用的秸秆预处理方法有物理、化学、生物及复合预处理等。在各种预处理方法中，化学预处理因其预处理过程简单、时间短等受到广泛关注。常用的化学试剂包括尿素、氢氧化钠、氢氧化钾、氨水等，在常温或中温条件下，将化学试剂与水混合后喷入秸秆，在充分混匀后堆放在预处理间内，经过 2～3 天的时间，预处理即可结束。根据试验，经过氢氧化钠预处理后，玉米秸秆的单位 VS 甲烷产量比未预处理组提高 34.2%～73.4%，降解率比未处理组提高 55.4%～72.4%（图 14-18）。由于沼液中含有丰富的水解酸化菌和产甲烷菌，通过控制温度、时间等预处理条件，可以强化沼液中的水解酸化菌，抑制产甲烷菌，通过水解酸化菌对秸秆进行预水解酸化，以提高秸秆的生物降解性能。研究发现，在 35℃ 条件下，用猪粪、餐厨和麦秸为原料厌氧发酵后的沼液对麦秸进行预处理（3 天），麦秸的甲烷产量比未处理组提高 33.6%～54.5%，降解率比未处理组提高 14.6%～62.2%（图 14-19）。

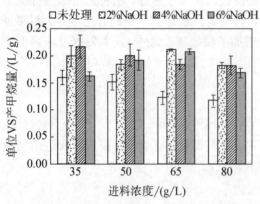

图 14-18　NaOH 预处理玉米秸秆产甲烷量对比

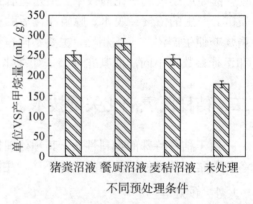

图 14-19　不同沼液预处理麦秸产甲烷量对比

从上可以看出，通过化学和生物预处理，可以明显提高秸秆的产气率，其内在的原因是通过化学反应和生物酶的作用：①破坏秸秆致密的物理结构，降低纤维素的晶体结构，增大厌氧消化的表面积，提高秸秆的可利用性；②破坏秸秆的化学结构，使得木质素与纤维素、半纤维素之间以及木质素、纤维素和半纤维素内部连接键发生部分断裂，一方面可以把纤维素和半纤维素从木质素的"包裹"中"释放"出来，提高微生物对基质的可及性，另一方面，把难降解的复杂大分子成分降解成易降解的中小分子成分，提高物质成分的可消化性。

图 14-20 是未处理和预处理后玉米秸秆的扫描电子显微结构对比情况。可以看出，未处理玉米秸秆的物理结构非常致密，微生物难以触及，可消化量受到很大限制，但经过氢氧化钠预处理后，玉米秸秆的物理结构变得松散，可利用面积和可消化量大大提高。此外，秸秆化学结构破坏后，会生成多种中小分子的中间产物，目前，还不清楚这些中间产物的种类和产生量。但由于挥发性脂肪酸（VFAs）是代表性的易降解中间产物，因此，可以通过分析物料中 VFAs 的含量，间接评价预处理产生的易降解成分产生量的大小，VFAs 含量增加越多，说明有更多的纤维素和半纤维素被分解了。图 14-21 是玉米秸秆在 35℃预处理 24 小时后的 VFAs，预处理后玉米秸秆中 VFAs 含量为 4555～9222mg/L，沼液预处理后 VFAs 含量最高，是 KOH 和 NaOH 预处理组的 1.9～2.0 倍。

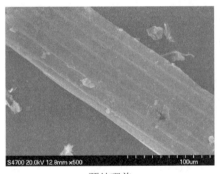 

预处理前　　　　　　　　　　　　预处理后

图 14-20　预处理前后玉米秸秆扫描电镜图

2. 厌氧消化技术参数

由于秸秆特殊的物料特性，导致其厌氧消化参数与一般易降解物料有很大的不同，这些不同包括 C/N 比和微量元素、消化时间、消化温度、有机负荷率、搅拌等。

（1）C/N 比和微量元素

碳（C）和氮（N）是微生物生长代谢最主要的营养元素，厌氧微生物生长代谢最适 C/N 比在 20～30 之间。但是，秸秆含碳量高、含氮量低，C/N 比在 40～110 之间，因此，

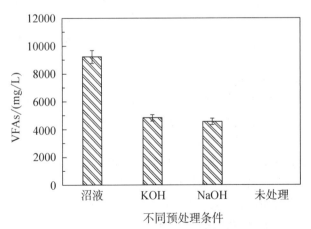

图 14-21　玉米秸秆在 35℃预处理 24 小时后的 VFAs

秸秆厌氧消化需要进行 C/N 比调节。常通过添加尿素、氯化铵、碳酸氢铵等化学物质或动物粪便等方式进行调节，以保证营养物质的平衡。此外，秸秆的微量元素含量也很低，微量元素参与厌氧消化细胞合成代谢和酶的分泌过程，对提高厌氧消化效率、维持系统的稳定具有重要作用，因此，秸秆厌氧消化除了要进行 C/N 比调节外，为了进一步提高产气性能，有时还需要添加微量元素，常见的微量元素是 Fe、Ni、Co、Zn、Se等。研究发现，通过补充 Ni 和 Co 微量营养元素，中温和高温消化中稻草的沼气产量分别提高了 37% 和 46%。

（2）消化时间

消化时间主要取决于物料的生物降解性能，一般来说，物料越难降解，所需消化时间越长，反之则短。例如，对易降解的有机废物如厨余垃圾、餐厨垃圾、畜禽粪便等，消化时间一般在 25～30d。但秸秆是一种难降解物料，需要更长的时间消化。研究发现，未经预处理的原秸秆，需要 60～80d 的时间才能够完成消化；经氢氧化钠和氨预处理的秸秆，生物降解性提高了，所需消化时间明显缩短，一般在 40d 左右即可。

（3）消化温度

温度是影响微生物生命活动最重要因素之一，对于厌氧微生物的生长与动力学速率具有显著的影响。通常，厌氧消化一般都选择在中温 38℃ 和高温 55℃，因为，在这两个温度下厌氧消化效率最高。但是，最近的研究发现，玉米秸秆的最佳厌氧消化温度为 44℃，在此温度下，甲烷产量比 35℃、38℃ 和 41℃ 提高了 16.2%～40.6%。可见，通常认为的最适中温 38℃ 和高温 55℃ 消化温度，对秸秆厌氧消化并不适用。出现这种情况的原因尚不是非常清楚，但可以初步认为：秸秆的主要成分是纤维素和半纤维素，能够对秸秆进行厌氧消化的微生物主要应该是纤维素和半纤维素降解菌，这类菌群的群落结构和生长特性与垃圾、粪便等的可能有很大的不同，因此，最适消化温度也可能不同。这只是初步的分析，具体原因尚需进一步深入研究。

（4）有机负荷率

有机负荷率（OLR）与有机物种类、生物降解性和消化时间等因素有关，最佳的有机负荷率实际上是由各因素平衡来确定的。不同种类和性质的有机物，可以采用的有机负荷率有很大的不同，其范围变化很大。对一般固体物料，OLR 可达 5～10 kgCOD/($m^3 \cdot d$) 和 4～6kgVS/($m^3 \cdot d$)，甚至更高。但是，秸秆厌氧消化采用的 OLR 比较低，一般在 2～4kgVS/($m^3 \cdot d$)之间，过高 OLR 会导致系统酸化和产气量降低，这应该和秸秆性质与其它物料不同有关。

（5）搅拌

常见的物料（如垃圾、粪便、污泥等）流动性、均匀性比较好，搅拌比较容易，物料的传热传质好，不是影响厌氧消化的关键问题。但秸秆密度低、体积大、非均相、流动性差，在反应器中容易吸水膨胀、飘浮和结壳，分布不均匀，导致厌氧微生物与物料接触不充分、营养物质的传递和传质效果差，因此，搅拌就显得非常重要。这也是秸秆和常规物料明显不同的地方。搅拌的要求是既能够使秸秆颗粒均匀分布在反应器内，搅拌的能耗还要尽可能的低。

3. 厌氧发酵微生物

尽管都是厌氧微生物，但是不同原料厌氧消化微生物的群落结构是明显不同的。例如，餐厨垃圾主要成分是淀粉、蛋白质、脂肪等，纤维素和半纤维素含量较低，餐厨垃圾厌氧消化就会以能够消化淀粉、蛋白质、脂肪等的微生物菌群为主导，消化纤维素和半纤维素的菌群就会处于次要地位。但是，秸秆的主要成分是纤维素和半纤维素，秸秆厌氧消化就会以能够消化纤维素和半纤维素的微生物菌群为主导，其它菌群则会处于次要地位。

图 14-22 是麦秸（WS）、猪粪（PM）和餐厨垃圾（FW）厌氧消化系统中细菌和古菌在门水平上的相对丰度分析结果。可以看出，在麦秸厌氧消化系统中，细菌中能够降解木质纤维系类原料的拟杆菌门 Bacteroidetes 和厚壁菌门 Firmicutes 是最主要的优势菌群，它们的总相对丰度为 54.5%，高于猪粪和餐厨垃圾的相对丰度[图 14-21(a)]。不同原料的厌氧消化系统中古菌也存在明显差异[图 14-21(b)]。在麦秸厌氧消化系统中，甲烷鬃菌属 *Methanosaeta* 相对丰度为 15.0%，明显低于猪粪和餐厨中 *Methanosaeta* 的相对丰度 33.6%和 46.0%；而麦秸厌氧消化系统中 norank_p_*Bathyarchaeota* 的相对丰度为 48.6%，又明显高于猪粪和餐厨厌氧消化系统中的相对丰度 21.6%和 2.4%。此外，麦秸厌氧消化系统中 norank_c_Deep_Sea_*Euryarchaeotic_Group_DSEG* 的相对丰度为 27.8%，而在另外两个系统中几乎没有检测到。

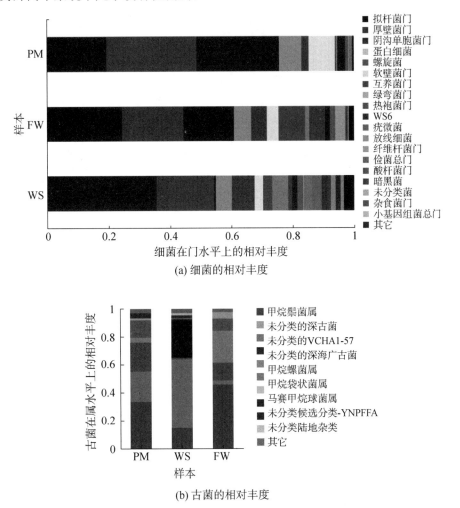

(a) 细菌的相对丰度

(b) 古菌的相对丰度

图 14-22　不同原料厌氧消化系统中细菌和古菌在门水平上的相对丰度

习题

1. 秸秆的结构组成主要包括哪些?
2. 我国秸秆利用方式包括哪几种?
3. 秸秆固化成型的定义是什么?
4. 秸秆固化成型原理是什么?
5. 影响秸秆固化成型的主要因素有哪些?
6. 秸秆固化成型工艺包括哪些工序?
7. 秸秆固化成型机主要有哪几类?
8. 成型燃料特性如何?
9. 什么是秸秆热解气化?
10. 秸秆气化气组分包括哪些?
11. 秸秆直燃发电系统主要包括哪几部分?
12. 简述秸秆厌氧消化工艺。
13. 秸秆厌氧消化的关键技术有哪几方面?

第十五章

畜禽粪便处理与利用

第一节

畜禽粪便的产生与利用

我国是畜牧业生产大国，畜牧业废弃物排放量大、污染严重。畜禽养殖废物指畜禽养殖过程中产生的固态废物和液态废物。固态废物主要包括畜禽粪便、垫料和来自养殖过程的畜禽尸体等，其中粪便为主要废物。液态废物主要包括尿液、冲洗水及少量生活废水。畜牧养殖业造成的水污染物排放量中化学需氧量1000.53万吨、氨氮11.09万吨、总氮59.63万吨、总磷11.97万吨，是我国主要的污染源之一。

一、产生量

我国畜禽养殖区县有2981个，规模化养殖场37.88万个，2020年，我国畜禽养殖业产生的畜禽粪便和尿液量约为54.6亿吨（表15-1），粪便污染物特性如表15-2所示。

表 15-1　2020 年畜禽粪便理论产生量[①]

产量	牛	马	驴	骡	骆驼	猪	羊	合计
日产粪量/kg	20.0	10.0	10.0	10.0	10.0	6.0	1.5	–
日产尿量/kg	34.0	15.0	15.0	15.0	15.0	15.0	2.0	–
年产粪量/万吨	69803.3	1340.3	848.3	227.4	150.0	89024.4	16783.5	178177.2
年产尿量/万吨	118665.7	2010.4	1272.4	341.1	225.0	222560.9	22378.0	367453.5
合计/万吨	188469.0	3350.7	2120.7	568.5	375.0	311585.3	39161.5	545630.7

① 2021 年中国统计年鉴-国家统计局。

表 15-2　畜禽养殖粪便产生量及污染物浓度

养殖种类	日排泄量/[kg/(头或只)]	COD/(mg/kg)	NH₃-N/(mg/kg)	TP/(mg/kg)	TN/(mg/kg)
猪	2.0～3.0	52000	3100	3400	5900
奶牛	20～30	31000	1700	1200	4400
肉牛	15～20				
肉鸡	0.10	45000	4800	5400	9800
蛋鸡	0.15				
肉羊	2.0	46000	800	2600	7500

二、成分特征

畜禽粪便含有多种易降解成分，含水率高，容易分解产生臭液、臭味和滋生蚊虫，此外，还含有大量有害病原菌（如大肠杆菌等），从而对环境造成污染，因此，需要进行无害化处理后才能利用。畜禽粪便有机物含量高，并含有动植物生长所需的营养元素，如氮（N）、磷（P）、钾（K）和微量元素等，因此，可以有多种利用途径。表 15-3 所示的是畜禽粪便的肥料营养成分，可以看出，它是一种价值较高的肥料资源。

表 15-3　畜禽粪便中主要成分含量　　　　　　　　　　　　单位：%

种类	水分	有机物	氮（N）	磷（P₂O₅）	钾（K₂O）
猪粪	82.0	16.0	0.60	0.50	0.40
猪尿	94.0	2.50	0.40	0.50	1.00
牛粪	80.6	18.0	0.31	0.21	0.12
牛尿	92.6	3.10	1.10	0.10	1.50
羊粪	65.5	31.4	0.65	0.47	0.23
鸡粪	50.0	25.5	1.63	0.54	0.85
鸭粪	56.6	26.2	1.10	1.40	0.62

三、处理利用

目前，我国禽畜粪便综合利用率为 72%，禽畜粪便处理与综合利用的方式有多种，其中最主要的是肥料化、能源化、饲料化和达标排放等。

肥料化主要是好氧堆肥，通过堆肥化可以把畜禽粪便转化成稳定的腐殖质，并通过堆肥过程中产生的高温灭杀有害致病菌，获得安全的肥料生产原料，进而生产有机肥、有机-无机复合肥或者营养土等。

能源化主要是通过厌氧消化生产沼气，沼渣沼液用作生产肥料，沼渣用于生产固态有机肥等，沼液常用于生产液体有机肥或者处理后达标排放。

饲料化主要是利用特殊的生物方法把畜禽粪便转化成蛋白饲料，常见的是利用粪便养殖蚯蚓和黑水虻，蚯蚓和黑水虻用作家禽、鱼类的蛋白补充饲料等。

达标排放主要针对部分水冲粪。水冲粪是指通过水冲洗清除粪便而产生的含固量较低的粪水。这里粪水需要通过厌氧、好氧和深度处理，达到水排放标准后排放。

由于肥料化和能源化处理能力大、应用广泛，因此本章重点介绍好氧堆肥和厌氧消化两种主要的畜禽粪便处理与利用技术。

第二节
畜禽粪便好氧堆肥处理与利用

畜禽粪便通过无害化处理才能安全地作为肥料使用，好氧堆肥化是有效的处理利用手段之一。通过堆肥化处理，可以实现粪便的稳定化，并利用堆肥发酵产生的热量灭杀有害病原菌和野草籽，将其转变成优质、安全的有机肥料。施于农田后，有助于改良土壤团粒结构，提高土壤有机质含量和肥力，防治土壤污染，促进农作物增产和改善产品品质等。

一、好氧堆肥

如第五章所述，好氧堆肥方式有多种，针对畜禽粪便的特性，目前主要采用的堆肥方式有条堆法、槽式堆肥、高位发酵床和高温发酵仓堆肥等。

1. 条堆式堆肥

条堆式堆肥的特点是粪便被堆积成长条状，并平行排列起来，通过翻堆机对物料进行翻转搅动，使空气与物料接触，从而实现好氧堆肥化过程（图 15-1）。条堆式堆肥大多采用室内翻堆式条堆进行堆肥，因而可在各种气候条件下运行。

图 15-1　条堆式堆肥翻堆机作业

条堆的高度、宽度和形状随着原料的性质和翻堆设备的类型而变化，条堆的断面可以是梯形、不规则四边形或三角形，常见的堆体高 1～1.2m、宽 2～8m，条堆堆体的长度可根据堆肥物料量和堆场的实际位置来确定，一般在 30～100m。堆肥过程中要对条堆进行周期性的翻动，以给堆料供给足够的氧气，并使堆料充分混合，堆肥产品更加均匀。当堆肥过程完成后，拆除堆体并清除出发酵车间，再进行下一个批次的堆肥过程。

条堆式堆肥对物料的适应性强，投资少、运行成本低、管理简易，该法比较适合场地不受限制、对环境要求不太高的地区。但占地面积大、堆肥时间长、堆肥效率低，臭气难以控制。

2. 槽式堆肥

槽式堆肥主要由拌混区、进料端、发酵槽、往复行走式翻堆机和出料端等组成（图15-2）。粪便原料在拌混区进行水分调节和与配料混合后，从进料端送入发酵槽。在发酵槽的两边铺设有两条轨道，在轨道上安装有一个行车，行车上装有一台可以左右移动的翻堆机，通过翻堆机的翻动对物料进行翻抛，获得氧气并把物料向前推进。当翻堆机从左向右完成一次翻抛时，行车带着翻堆机向前移动一格，翻堆机再从右向左进行下一个行程的翻抛，直到把发酵槽内的物料全部翻抛一次。之后，重复上述过程，直到发酵结束。

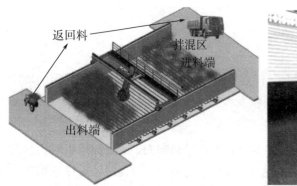

图 15-2　槽式好氧堆肥

这种槽式好氧堆肥技术发酵高温持续时间长，病原体杀灭率可达99%以上；发酵时间可以调整，能保证粪便腐熟充分；发酵槽长宽不受限制，可以实现粪便的大规模处理，处理能力大；全机械化生产，生产效率高，自动化程度高。但由于发酵槽是敞开的，热量散失量大，臭味气体收集和处理难度大，需要建设臭味气体净化设施。

影响堆肥的因素主要包括碳氮比、粪便含水率、料层厚度、翻堆时间和频率、物料密度、通风供氧等。表 15-4 列出了槽式堆肥的主要运行参数，包括最低和最佳控制条件及其说明等。

表 15-4　槽式堆肥主要运行参数

项目	最低条件	最佳条件	说明
料层厚度	1.0～1.3m	1.6～2.0m	保温
温度	45～60°C	大于 55°C 保持 5 天以上	杀菌杀虫
翻抛次数	2～5 天/次	1 天/次	供氧和散热
物料水分	45%～65%	55%	保证好氧菌生长
物料密度（透气率）	不大于 0.9	0.7～0.85	保证氧气扩散

项目	最低条件	最佳条件	说明
通气量	$0.05m^3/(min \cdot m^3)$	$0.08\sim0.2m^3/(min \cdot m^3)$	保证好氧需求
通气均匀度	曝气点 4 个$/m^2$	$8\sim12$ 个$/m^2$	使氧气均匀扩散
通气压力	21kPa	$30\sim60$kPa	保证氧气穿透料层
碳氮比（C/N 比）	$10\sim30:1$	$25:1$	保证菌种的正常生长
厂房高度	高于 3m	$5\sim6$m	便于废气的排放

3. 高位发酵床

高位发酵床属于异位发酵床的一种，其特点是畜禽舍分为上、下两层结构，上层为养殖区，下层是粪尿发酵区。在上层养殖的畜禽产生的粪尿通过漏缝地板落入下层，下层铺有一层垫料（稻壳、锯末等），粪尿落在垫料上；下层设置有通风装置，以提供充足的氧气供粪尿和垫料好氧发酵，发酵过程类似于静态堆肥法（图 15-3）。当上层的养殖结束、畜禽出栏后，下层粪便发酵也基本完成了，这时对下层进行清理，清除出来的发酵料可以用来生产有机肥料等（图 15-4）。

该种养殖舍的设计有特定的要求，最主要的是需要采用两层结构，上、下两层具有不同的功能。上层养殖舍的高度一般为 2.5～2.8m，地面为漏缝地板，缝隙宽度为 1cm 左右，下层垫料厚度在 60～80 cm 之间。

该种粪便处理方法的特点是：养殖过程无需用水冲洗，从源头上减少了粪污的产生量；养殖的畜禽和产生的粪尿始终保持分离状态，可有效保持上层养殖空间良好的环境，能够大大减少畜禽疾病的发生；畜禽养殖和粪尿处理一体化同步进行，结构紧凑、占地面积小、运行管理简便、处理成本低；但由于养殖舍是两层结构，前期的建设投入会比较高。

图 15-3　高位畜禽舍

图 15-4　发酵粪堆

4. 高温发酵仓

高温发酵仓是一种立式高效快速好氧发酵反应器。它通常由 5～8 层组成，堆肥物料由塔顶进入，在重力或搅拌器的作用下，由塔顶一层层地向塔底移动，移动至塔底即完成一次发酵过程。

高温发酵仓好氧发酵的工艺流程如图 15-5 所示。首先，将畜禽粪便、秸秆等辅料以及高温发酵菌按比例配好，然后通过料斗提升到发酵仓的顶部，再由顶部料口加入到高温发酵仓内。对发酵料的要求是水分控制在 40% 左右、C/N 比在 25 左右。在发酵仓的底部设有高压风机,通过风机强制通风供氧,在充足的供氧条件下,发酵仓内的好氧微生物开始发酵,好氧发酵自身产生的热量使仓内堆体的温度快速上升,进入高温发酵阶段;如果发酵温度不够高温,可借助辅助加热设备进行升温。一般情况下,加料后 6 小时左右料温可达 80～100℃,之后,会维持高温段 10～12 小时。待有机组分大部分分解后,高温发酵菌活动产生的热量逐渐减少,堆料温度开始降低,在温度下降到 60℃ 左右时,一次发酵基本完成,即可从发酵仓的底部出料(图 15-6)。

该方法的特点是:发酵采用高温发酵,发酵效率高、发酵时间短,并可有效灭杀有害致病菌、保证出料的卫生安全;发酵在一个密闭的"仓室"内进行,产生的臭味气体少,容易收集控制;发酵仓结构紧凑,占地面积小;运行简单、方便,处理成本低;但发酵时间短,堆料一次发酵不完全,通常需要进行二次腐熟。

图 15-5　高温发酵仓好氧发酵工艺流程

图 15-6　高温发酵仓

二、堆肥效果鉴别方法

堆肥腐熟的好坏,是鉴别堆肥质量的一个综合指标。可以根据其颜色、气味、硬度、堆肥浸出液、堆肥体积等来进行初步的判断。

① 颜色气味:腐熟堆肥变成褐色或黑褐色,有黑色汁液,具有氨臭味,用铵试剂快速检测,其铵态氮含量显著增加。

② 手感:用手握堆肥,湿时柔软而有弹性;干时很脆,易破碎,有机质失去弹性。

③ 堆肥浸出液:取腐熟堆肥,加清水搅拌后(肥水比例 1∶5～1∶10),放置 3～5 分钟,其浸出液呈淡黄色。

④ 堆肥体积:比开始堆肥时的体积缩小 1/2～2/3。

达到上述指标的堆肥,是肥效较好的优质堆肥,可施于各种土壤和作物。坚持长期施用,不仅能获得高产,对改良土壤、提高地力都有显著的效果。

但是,真正评价畜禽粪便堆肥质量的是中华人民共和国农业农村部 2019 年 1 月 17 日发布的《畜禽粪便堆肥技术规范》(NY/T 3442—2019)。该标准在有机质含量、含水量、种子发芽率、大肠杆菌和重金属含量等方面都有明确的指标,详见第五章的表 5-2。

第三节

畜禽粪便厌氧消化处理与利用

我国畜禽养殖业非常发达,其养殖规模、地域分布、清粪方式和周边环境区别很大,从而形成了以厌氧消化技术为核心的多种处理利用方式和模式,本节重点介绍其中的 4 种。

一、小型养殖场种养结合模式

种养结合模式是将种植业和养殖业相互结合的一种生态模式,即将畜禽养殖场产生的粪便作为原料,通过厌氧发酵的方式得到沼气,沼渣沼液生产有机肥料用于种植作物,作物给畜禽养殖业提供食源,从而形成一种"养殖业-沼气/肥料-种植业-养殖业"的循环模式,如图 15-7 所示。

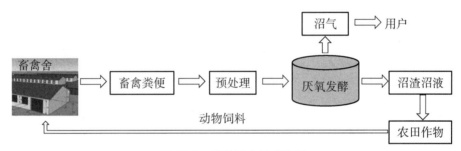

图 15-7 种养结合模式流程

种养结合模式的特点是利用畜禽养殖粪污作为原料,以大型厌氧消化技术为纽带,发展有机茶种植、特色水产品养殖和绿色蔬果种植园等。针对不同地域、不同气候、不同地形的种养结合也各不相同,可形成"猪-沼-茶""猪-沼-果"和"猪-沼-菜"等多种种养结合的生态循环模式。

二、养殖小区集中处理模式

"集中处理"模式是对周边分散的养殖场(小区、养殖户)的畜禽粪便和(或)粪水实行专业化收集和运输,然后送到专门的粪便处理中心,并按资源化、无害化要求进行集中处理和综合利用的一种模式。

在我国许多地方,畜禽养殖场聚集程度比较高,一个区域内建设有多处养殖场,但每个养殖场的规模都不是很大,要求每个小养殖场都建设一个厌氧消化设施就比较困难,因此,对各养殖场的粪便进行收集,然后集中到处理中心进行厌氧消化处理。如图15-8 所示,将养殖场(户)的养殖废物统一收集至集中处理中心,在处理中心将畜禽粪便先进行除杂、除毛等预处理,然后进行厌氧发酵,产生的沼气通过发电机进行发电,发出的电并入电网，发电机产生的余热用于发酵罐加热，产生的沼渣和沼液再由集中处理中心返回到周边土地中进行消纳。

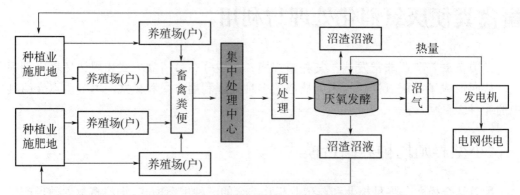

图 15-8　畜禽粪便集中处理模式示意图

集中处理模式特点：相对于分散处理，集中处理具有主业性和专业性特征，是由"副业"转为"主业"、由"业余"转为"专业"的处理模式。集中处理中心的设施设备满负荷、均衡运行，设备利用率高，生产效率高，规模效益容易体现。在专业技术力量投入、基础设施装备水平和管理精细化程度等方面都有明显优势。

三、大型养殖场沼气发电模式

对大型养殖场，畜禽养殖规模大，粪便产生量大，通常需要建设规模化的厌氧消化设施才能对粪便进行完全的处理，厌氧消化产生的沼气可以用于发电并网、锅炉供热或者提纯后制取高品位的生物天然气，其中沼气发电是最常见的利用方式。

一个完整的大型厌氧消化工程通常包括原料预处理、厌氧消化、沼气净化、沼气利用、沼渣沼液利用以及系统监控等部分组成。

图 15-9 所示为一个大型养牛场沼气发电工程工艺流程。由牛舍清除出来的牛粪，先在匀浆池进行进料浓度的调配、预加热，同时去除沙石和杂物；调配好的牛粪被泵入厌氧发酵罐，在其中进行厌氧消化生产沼气。从厌氧发酵罐出来的沼气先经脱硫，然后送入贮气袋中暂存；贮气袋的出气经脱水和增压后，进入沼气发电机发电，发出的电并入周边的电网；发电机的余热用于加热热水，热水用于加热进料和厌氧发酵罐中的发酵料。发酵罐排出的发酵残余物，经固液分离，沼渣用作固态有机肥料，沼液作液态有机肥料，从而实现了牛粪的生态循环利用。

该工程用于该牛场 1 万头奶牛养殖产生的牛粪、牛尿及污水的处理，生产的沼气通过净化后发电并网，沼渣沼液用作生态农业的有机肥料。可日处理牛粪 280 吨、牛尿 54 吨和冲洗水 360 吨；建有 4 座单体 2500m³ 厌氧发酵罐，总发酵容积 10000m³，采用 37℃ 中温发酵，可年产沼气 360 万立方米；配备 1.26 兆瓦热电联产沼气发电机组，年发电量 800 万千瓦时；年产有机肥料 18 万吨；每年减排温室气体 35000 吨 CO_2 当量。

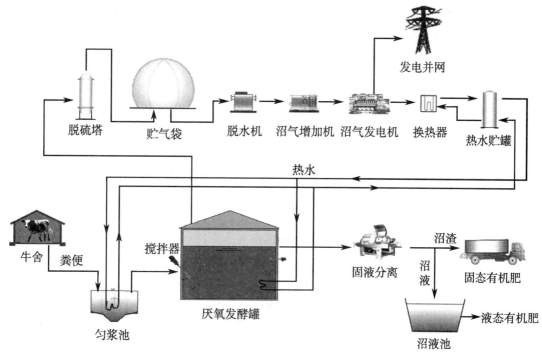

图 15-9　大型厌氧消化工艺流程

四、达标排放模式

如果是水冲粪，产生的粪水含固量很低（一般在 5% 以内）、产生量也很大，周边土地无法完全消纳，因此，需要进行一系列的处理后达标排放。

达标排放模式是将养殖场（小区）产生的低含固粪水通过厌氧和好氧生化处理、物化深度处理等，使出水水质达到国家排放标准和总量控制要求的一种处理模式。我国制定的《畜禽养殖业污染物排放标准》（GB 18596—2001）要求 COD 低于 400mg/L、NH^3-N低于 80mg/L、TP 低于 8mg/L，粪水处理后达到此标准，才可以排放。

达标排放的工艺流程如图 15-10 所示。粪水首先进入厌氧消化反应器，通过厌氧消化去除大量易降解有机物，产生的沼气用为燃料。接下来是好氧处理环节，通过好氧处理进一步去除尚未降解的有机物，并通过硝化、反硝化去除氨氮；好氧可选择活性污泥法、生物膜法、膜生物反应器等。化学处理一般采用絮凝剂去除悬浮物，减少总 COD的量。之后，一般还需要进行深度处理才能够达到排放标准，深度处理常采用粗滤、纳滤和反渗透等方法。最后，还需要进行消毒处理，以灭杀粪便中含有的大肠杆菌等有害致病菌，实现处理水的安全排放。

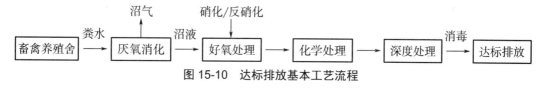

图 15-10　达标排放基本工艺流程

达标排放模式的特点：粪水深度处理后，实现达标排放，不需要建设大型粪水贮存池，可减少粪污贮存设施的用地。但粪水处理成本高，大多养殖场难承受。这种处理模式适用于粪水产生量大、养殖场周围没有配套农田的规模化养殖场。

习题

1. 畜禽粪便的成分特征是什么？
2. 畜禽粪便处理利用方式主要包括哪几种？
3. 目前畜禽粪便堆肥方式有哪些？
4. 堆肥效果的初步鉴别指标包括哪些？
5. 畜禽粪便处理与利用模式有哪几种？
6. 什么是种养结合模式？
7. 什么是集中处理模式？
8. 大型养殖场沼气发电模式工艺流程是什么？
9. 达标排放模式工艺流程是什么？

第五篇

危险废物处理处置

第十六章

危险废物鉴别、贮存与收运

第一节

危险废物的产生与特性

一、定义

危险废物（Hazardous Wastes）又称"有害废物"。发达国家虽然对危险废物已经建立了各种法规和制度，但关于危险废物的定义，各国有不同的提法，在国际上还没有形成统一的定义。

世界卫生组织（World Health Organization，WHO）将危险废物定义为：一种具有物理、化学或生物特性的废物，需要特殊的管理处置过程，以免引起健康危害或产生其它有害环境的作用。

美国《资源保护与回收法》（Resource Conservation and Recovery Act，RCRA）对危险废物定义为：危险废物是一种固体废物或几种固体废物的组合，由于其数量、浓度、物理化学性质或传染性，可能①引起或严重地导致死亡人数的增长，或者是导致不可逆转的疾病增加；②在处理、贮存、运输、处置或管理不当时，会对人体健康或环境产生严重的危害或潜在性危害。

我国《中华人民共和国固体废物污染环境防治法》将危险废物定义为"列入国家危险废物名录或者根据国家规定的危险废物鉴别标准和鉴别方法认定的具有危险特性的废物"。

二、来源

危险废物的产生来源比较广泛而复杂，遍及各个生产行业和日常生活中。一般来说，可以把危险废物的来源划分为生产活动和生活活动两大来源，生产活动又可以根据产业划分。按照危险废物产生的来源，可将其分成以下几类。

① 生活危险废物：主要产生于人们日常生活，如过期药品、废荧光灯管、废含镉镍和含汞电池、废油漆及其包装物等。

② 工业危险废物：来自工业领域的各个生产环节、制造过程及其产品消费过程，主要集中在冶金、矿业、能源、石油、化工等行业，如废矿物油、废有机溶剂、精蒸馏残渣、油泥、部分有色金属冶炼废渣等。

③ 农业危险废物：主要产生于病虫害防治、除草、养殖场消毒和用药等过程，如杀虫剂、除草剂、消毒剂、兽药等。

④ 其它危险废物：主要产生于医疗、教育和科研事业单位等。这类行业危险废物产生量虽然不大，但是种类繁多，危害性较大。如医疗废物、学校和科研部门产生的废化学试剂、动物试验品、生物试验废物等。

三、特性

不同于一般的固体废物，危险废物具有特殊的物理、化学和生物毒性，包括腐蚀性、易燃性、反应性、毒性和感染性等。我国对危险废物危险特性的定义如表 16-1 所示。

表 16-1 我国对危险废物危险特性的定义

序号	危险特性	危险特性的定义
1	腐蚀性	易腐蚀或者溶解组织、金属等物质，具有酸或碱（pH 值≥12.5 或≤2.0）的性质。
2	易燃性	易于着火和持续燃烧的性质。
3	反应性	易于发生爆炸或者剧烈反应，或反应时会挥发有毒气体或烟雾的性质。
4	毒 性	经吞食、吸入或皮肤接触后，可能造成死亡或严重损害人类健康的性质，例如诱发癌症或增加癌症发生率、引起人类的生殖细胞突变并能遗传给后代等。
5	感染性	携带病原微生物、能引发感染性疾病传播的性质，例如医疗废物、病毒试验废物等。

第二节

危险废物的鉴别

危险废物的鉴别是危险废物环境管理的重要环节。鉴于危险废物具有易燃性、反应性、腐蚀性、毒性、感染性等危害特性，一旦进入环境极易造成严重的环境污染事故，因此，必须有严格的危险废物鉴别程序、方法和制度，从危险废物的产生源头就鉴别出来，以便区别于一般废物进行分类和全过程控制管理。

一、鉴别方法

根据各国的实践和有关文献，目前危险废物的鉴别方法包括名录鉴别法、特性鉴别法和试验鉴别法三种。

1. 名录鉴别法

名录鉴别法是指国家或地区的固体废物环境管理行政机构把已知的危险废物汇总列表,制定危险废物名录,凡是属于该名录中所列的废物均是危险废物。这种鉴别方法简单明了,直观易懂,目前世界上很多国家都不同程度地采用了这种鉴别方法。但是由于危险废物来源广泛,成分复杂,多数情况下几种废物混杂在一起,仅依靠危险废物名录无法鉴别出所有危险废物,因此还需要借助其它鉴别方法。

2. 特性鉴别法

特性鉴别法是指按照废物是否具有腐蚀性、易燃性、反应性、毒性和传染性等危险特性对其进行鉴别,从而判定该废物是否属于危险废物。危险废物的特性鉴别必须对废物的所有特性进行鉴别,换言之,如果对某种废物进行鉴别以判定其是否属于危险废物的话,就需要对该废物是否具有腐蚀性、易燃性、反应性、毒性和传染性等所有危险特性依次进行鉴别或判定。倘若该废物不具备任何上述危险特性,才能确认该废物不属于危险废物;倘若该废物具有上述危险特性中的任意一种或几种属性,就可判定其为危险废物。这种方法需要判定的内容过多,比较费时费力。

3. 试验鉴别法

试验鉴别法是指通过一定的试验程序和方法来鉴别某种废物的组成,以判定其是否属于危险废物。事实上,很多情况下仅仅依靠名录鉴别法和特性鉴别法还不能完全判别某种废物是否属于危险废物,这时就需要通过试验分析来进行鉴别。例如,美国发展了固体废物毒性浸出实验(toxicity characteristic leaching procedure,TCLP)来鉴别浸出毒性,通过生物实验来鉴别急性毒性等。我国已先后颁布了多项危险废物鉴别标准和技术规范,例如,GB 5085.2《危险废物鉴别标准 急性毒性初筛》,用于指导危险废物的试验鉴别。

二、鉴别程序

鉴别程序是判断某种废物是否属于危险废物的鉴别步骤和过程。根据危险废物的定义可知,危险废物首先属于固体废物,并且具有腐蚀性、易燃性、反应性、毒性和传染性等危险特性的某一种或某一些特性。通常情况下,名录鉴别法要结合特性鉴别法、试验鉴别法进行,组成一个完整的鉴别程序。不同国家有不同的危险废物鉴别程序。

1. 美国危险废物鉴别程序

根据美国的资源保护与回收法,危险废物鉴别程序主要是通过固体废物鉴别、单独管理或者豁免管理、危险废物名录鉴别、危险特性鉴别等过程进行危险废物的鉴别。其鉴别过程分为如下四个步骤(图16-1)。

① 是否属于固体废物。根据美国 RCRA 法,危险废物首先必须是固体废物。如果废物不属于固体废物,就可以判定该废物不属于危险废物。

② 是否在固体(或危险)废物豁免之内。并非所有具有危险特性的物质都必须归类为危险废物来进行管理。某些废物可能含有有害物质,但如果其危害性很小或者产生

量很小，为了减少管理成本，可以不把其归为危险废物，而是归为一般固体废物进行管理，这就是所谓的"豁免"。例如，家庭废物中的废溶剂、废杀虫剂和废旧含汞电池等，具有一定的危害性，但产生量很小，如把这类废物列为危险废物，会因为废物的种类多、混合程度高、不易处理等带来许多管理问题。因此，美国环境保护署（EPA）危险废物管理法规中把这些废物从危险废物中排除了出去，以减少管理内容和管理成本。

③ 是否在危险废物名录中。如果废物已列在危险废物名录中，则属危险废物；如果未列入名录中，则需要测定其危害特性，然后再做判断。

④ 未列入名录的废物是否具有危险废物特性。EPA 规定，如果某废物未列在名录中，但通过鉴别表现出了危险废物的特性，则判定其属于危险废物。

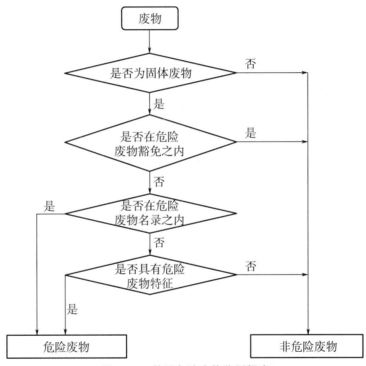

图 16-1　美国危险废物鉴别程序

2. 我国危险废物鉴别程序

在我国，按照《危险废物鉴别标准　通则》（GB 5085.7—2019），危险废物鉴别按照以下四个步骤进行鉴别（图 16-2）。

① 依据法律和 GB 34330 规定，判断待鉴别的物品、物质是否属于固体废物，不属于固体废物的，则不属于危险废物。

② 经判断属于固体废物的，则首先依据《国家危险废物名录（2021 年版）》进行鉴别，凡列入《国家危险废物名录（2021 年版）》的固体废物，属于危险废物；否则，进入下一步鉴别程序。

③ 未列入《国家危险废物名录（2021 年版）》，但不排除具有腐蚀性、易燃性、毒性、反应性和感染性的固体废物，则依据相关标准进行鉴别。凡具有其中一种或一种以上危险特性的固体废物，属于危险废物。

④ 对未列入《国家危险废物名录（2021年版）》，且根据危险废物鉴别标准无法鉴别，但可能对人体健康或生态环境造成有害影响的固体废物，由国务院生态环境主管部门组织专家认定。需要注意的是，该程序只有在必要时，才会进行。如果经过前面的程序已经可以确定废物的危险特性，就不需要走该程序了。

此外，对一些具有危险特性的废物，如果产生量小、危害性不大，我国也实行豁免清单管理制度。在所列的豁免环节，若满足相应的豁免条件，可以按照豁免内容的规定实行豁免管理，具体可查阅《危险废物豁免管理清单》。

在我国《国家危险废物名录（2021年版）》中，共包括了50个危险废物类别467种危险废物，其中，HW01-HW18具有行业来源特征，以来源命名；HW19-HW50具有成分特征，以危害成分命名。

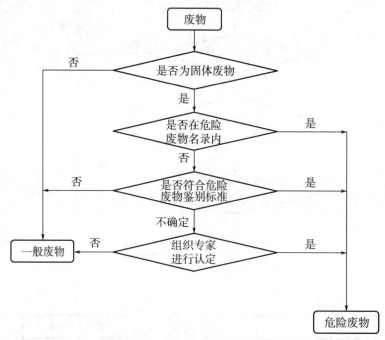

图 16-2　我国危险废物鉴别程序

3. 危险废物混合和处理处置后的鉴别规则

（1）危险废物混合后的判定规则

具有毒性、感染性中一种或两种危险特性的危险废物与其它物质混合，导致危险特性扩散到其它物质中，混合后的固体废物属于危险废物。

仅具有腐蚀性、易燃性、反应性中一种或一种以上危险特性的危险废物与其它物质混合，混合后的固体废物经鉴别不再具有危险性的，不属于危险废物。

危险废物与放射性废物混合，混合后的废物应按照放射性废物管理。

（2）危险废物处理处置后的判定规则

仅具有腐蚀性、易燃性、反应性中一种或一种以上危险特性的危险废物利用和处置后产生的固体废物，经鉴别不再具有危险特性的，不属于危险废物。

具有毒性危险特性的危险废物利用过程产生的固体废物，经鉴别不再具有危险特性的，不属于危险废物。

除国家有关法规、标准另有规定的外，具有感染性危险特性的危险废物利用处置后，仍属于危险废物。

第三节

危险废物贮存与收运

由于危险废物特别的危害特性，在其收集、贮存和运输期间必须注意进行不同于一般废物的特殊管理。我国《固废法》明确规定，收集、贮存和运输危险废物，必须按照危险废物特性分类进行，禁止混合收集、贮存、运输、处置性质不相容、未经安全性处置的危险废物。

一、危险废物的贮存

1. 贮存要求

危险废物的产生部门、单位或个人，都必须备有安全存放危险废物的专用容器。一旦废物产生出来，必须及时将其妥善地放进容器内，并加以妥善保管，直至运出产生地，做进一步的处理处置。危险废物贮存的一般要求如下。

① 所有盛装危险废物的贮存容器，都应清楚地标明内盛装物品的类别、数量、日期与危害性等。

② 禁止将不相容的危险废物在同一容器内混装。

③ 无法装入常用容器的危险废物可以用防漏胶袋等盛装。

④ 装载液体、半固体危险废物的容器内应留足够空间，容器顶部与液体表面之间保留 100 mm 以上的空间。

⑤ 盛装危险废物的容器必须完好无损，容器材质和衬里与危险废物要相容。

⑥ 液体危险废物可注入易于清空的桶中，桶上要开有放气孔，直径不超过 70 mm。

2. 贮存容器

危险废物的贮存容器如图 16-3 所示。

① 危险废物的贮存容器包括标准容器、非标容器和特殊容器。

② 危险废物贮存常用的标准容器包括钢桶、塑料桶、集装袋和复合塑料编织袋等，其种类和规格应根据危险废物的特性和贮存要求等条件综合确定。

③ 危险废物贮存常用的非标容器包括贮柜、贮槽、非标罐和箱子等，其种类和规格应根据危险废物的特性和贮存要求等条件综合确定。

④ 危险废物贮存使用的特殊容器主要包括非标大型贮罐、混凝土贮池、集装箱等，其种类和规格应根据危险废物的特性和贮存要求等条件综合确定。

图 16-3　危险废物的贮存容器

3. 贮存设施

危险废物的贮存是指在危险废物中转、再利用、无害化处理及最终处置前，将其放置在符合环境保护规定要求的场所（设施）的过程。贮存场所是指按规定设计、建造的专门用于存放危险废物的设施。危险废物贮存设施（图 16-4）的设计和建设应参照《危险废物贮存污染控制标准》的有关要求执行，其主要要求如下。

① 危险废物贮存设施周围应设置围墙或其它形式的隔离设施。

② 危险废物的贮存设施和周围地面均应进行硬覆盖防渗处理，并应在硬覆盖的四周设立封闭式集水沟，集水沟应通过阀门连接意外事故情况下液体应急收集设施。

③ 贮存设施应根据拟贮存的废物种类和数量，合理设计分区；每个分区之间宜设计挡墙间隔，并根据每个分区拟贮存的废物特征，对地面和裙脚采取防渗、防腐措施。

④ 危险废物贮存设施应具有防雨、防火、防雷、防扬尘功能。

⑤ 贮存库应安装防爆的照明系统，对于封闭式的危险废物贮存设施，应安装通风设备及相应气体净化设备。

⑥ 贮存库应配置通讯设备和 24h 电视监控系统。

图 16-4　危险废物贮存设施

二、危险废物的收运

1. 危险废物的收运

危险废物的收运是指将危险废物从各产生环节集中起来，放置于专用的存放容器和设施中，再运往处理处置场所的过程。

产生的危险废物一般先在内部暂存，然后由产生者或者专业收运单位：①通过收运车辆直接运往回收、处理和处置厂（场）；②运往收集站或转运站贮存，集中后再运往回收、处理和处置厂（场）（图 16-5）。

收集站、转运站一般由砖砌的防火墙及铺设有混凝土地面的库房式构筑物组成，贮存废物的库房内应保证空气流通，以防止具有毒性和爆炸性的气体积聚而产生危险。收进的废物应详细登记其类型和数量，并按废物不同特性分区妥善存放。

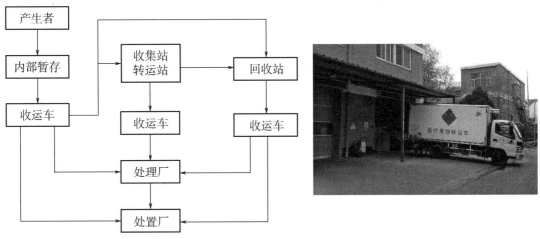

图 16-5　危险废物的收集与运输

2. 危险废物收运要求

由于危险废物具有特殊的危害性，因此，对其收运车辆、运输人员和收运计划等都有相应的要求。

（1）收运车辆

承担危险废物运输的车辆必须经过主管单位检查，并持有有关单位签发的许可证；车身需有明显的标志或适当的危险符号，以引起关注；在公路上行驶时，需持有运输许可证，其上应注明废物来源、性质和运往地点等信息。

（2）收运人员

负责危险废物收运的司机应由经过培训并持有上岗证明文件的人员担任，必要时还需配备专业人员负责押运。

（3）收运计划

组织危险废物收运的单位，事先应制定出周密的收运计划，确定好行驶路线，并要制定废物发生泄漏和交通事故时的应急预案。

（4）转移联单

为了保证危险废物运输的安全，要求采用转移联单制度，对危险废物的转移进行全过程的管理。危险废物整个收运环节涉及产生单位、收运单位、接收单位（处理单位）、移出地和接受地环保管理部门共 5 个部门，因此，我国危险废物转移实行的是 5 联单制度，转移联单和分送情况如图 16-6 所示。

① 产生单位：产生单位将废物交付运输者启运时，在第一联 A 上完成栏目内容填写并加盖公章后，将联单连同废物交付运输者；运输者核实联单内容无误后，将第一联

的副联 A_2 与第二联的正联 B_1 交还给产生单位；产生单位将 A_2 自留存档、B_1 寄送移出地环保主管部门留档。

② 收运单位：运输废物时，运输者将其余联单即第一联正联 A_1、第二联副联 B_2、第三联 C、第四联 D 和第五联 E 随危险废物一起转移。

③ 接收单位：到达接受单位时，运输者将所承运废物连同联单一起交付接受单位；接受单位在按照联单内容对所接受废物核实验收无误后，将第三联 C 交还给运输单位存档、第四联 D 自留存档、第五联 E 寄送接受地环保主管部门留档；同时，将第一联正联 A_1 及第二联副联 B_2（加盖公章后）寄送产生单位，产生单位收到 B_2 后，再寄送移出地环保部门留档。

需要注意的是，随着信息网络的发展，一些发达国家和我国的部分地区已经开始利用全球定位系统对运输车辆进行全程跟踪，并通过电子交换系统和网络进行电子化的联单管理逐步取代了纸质联单的分送，大大提高了工作效率和便利性。

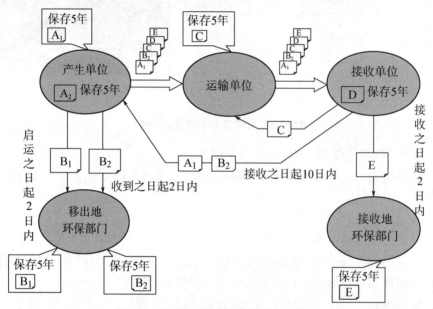

图 16-6　危险废物转移联单及分送情况

习题

1．我国是如何定义危险废物的？

2．危险废物主要来源于哪里？

3．危险废物的危害特性有哪些？

4．我国危险废物是如何鉴别的？

5．危险废物贮存有哪些要求？

6．危险废物收运有哪些要求？

7．什么是危险废物收运的联单制度？联单是如何分送的？

第十七章

危险废物处理处置技术

第一节

固化/稳定化技术

固化/稳定化是常用的危险废物无害化处理技术，它通过投加固化剂/稳定剂来包封、固定、稳定危险废物，以减少其有害有毒成分对环境的影响。

一、固化分类及要求

1. 固化定义

危险废物固化是指通过固化剂的物理、化学作用把危险废物固定或包封在密实的惰性固体基材中，以降低其有害组分的浸出，达到环境安全的水平。

通过固化处理可以使危险废物中的有害组分呈现化学惰性或被包封起来，实现废物的无害化，并便于运输、利用和处置。

固化剂通常采用胶凝材料，如水泥、塑料和玻璃等，也因此，可把固化分为水泥固化、塑性固化、熔融固化（玻璃固化）等，其中，水泥固化应用最为广泛。

2. 固化要求

对固化处理的基本要求包括：

① 物理化学性质稳定，固化体最好能再利用；

② 固化工艺过程简单，便于操作；

③ 固化材料和能量消耗低，增容比小；

④ 对工作场所没有污染，固化体浸出毒性指标符合要求；

⑤ 固化剂来源丰富，价廉易得，处理费用低。

以上要求大多是原则性的，实际上没有一种固化方法和产品可以完全满足这些要求，因此，需要进行综合考虑和选择。

3. 固化效果评价

固化处理效果常采用浸出率、增容比、抗压强度等指标予以衡量。

① 浸出率是指固化体浸于水中或其它溶剂中时有毒有害物质的浸出量。

② 增容比是指形成的固化体体积与被固化危险废物原始体积的比值。它是鉴别固化处理方法好坏和衡量固化成本的一项重要指标，它的大小取决于掺入固化体中的固化剂量和可接受的有毒有害物质的水平，增容比越小越好。

③ 抗压强度是指固化体的抗压能力。它是保证固化体安全贮存、再利用的重要指标。对于一般的危险废物，控制在 0.1～0.5 MPa 即可；若用作建筑材料，则对其抗压强度要求较高，需要满足建筑标准的相关抗压要求。

二、水泥固化

1. 基本原理

水泥固化是以水泥为固化剂将危险废物进行固化处理的一种方法。水泥是一种无机胶结材料，固化时，水泥会与废物中的水分或另外添加的水分发生水化反应生成凝胶，从而将废物中的有害组分包容起来，并逐步硬化成稳定的水泥固化体。

用作固化剂的水泥品种有很多，如普通硅酸盐水泥、矿渣硅酸盐水泥、矾土水泥等。其中最常用的是普通硅酸盐水泥，它的主要成分是硅酸二钙（$2CaO \cdot SiO_2$）和硅酸三钙（$3CaO \cdot 2SiO_2$），固化时发生如下水合反应：

$$2CaO \cdot SiO_2 + xH_2O \longrightarrow 2CaO \cdot SiO_2 \cdot xH_2O$$
$$\longrightarrow CaO \cdot SiO_2 \cdot mH_2O + Ca(OH)_2$$
$$2(2CaO \cdot SiO_2) + xH_2O \longrightarrow 3CaO \cdot 2SiO_2 \cdot yH_2O + Ca(OH)_2$$
$$\longrightarrow 2(CaO \cdot SiO_2 \cdot mH_2O) + 2Ca(OH)_2$$
$$3CaO \cdot SiO_2 + xH_2O \longrightarrow 2CaO \cdot SiO_2 \cdot yH_2O + Ca(OH)_2$$
$$\longrightarrow CaO \cdot SiO_2 \cdot mH_2O + 2Ca(OH)_2$$
$$2(3CaO \cdot SiO_2) + xH_2O \longrightarrow 3CaO \cdot 2SiO_2 \cdot yH_2O + 3Ca(OH)_2$$
$$\longrightarrow 2(CaO \cdot SiO_2 \cdot mH_2O) + 4Ca(OH)_2$$

通过上述水合反应过程，最终形成 $CaO \cdot SiO_2 \cdot mH_2O$ 产物，其具有水硬胶凝性，因此，可将废物中的有害组分包容起来，并通过硬化形成最终稳定的固化体。

2. 固化工艺

水泥固化工艺较为简单（图 17-1）。首先，将液态与固态危险废物按比例配料，然后再将废物、水泥、添加剂和水在混合器中进行完全充分的搅拌混合，并制成一定形状的初始固化体，再经过养护过程，最终形成坚硬、稳定的水泥固化体。

3. 影响因素

影响水泥固化的因素有很多，为确保废物、水泥、添加剂、水等混合物料有良好的和易性及达到满意的固化效果，在固化操作过程中要严格控制以下工艺参数。

（1）pH 值

在水泥固化过程中，pH 值应控制在一定范围内，因为，大部分金属离子的溶解度与 pH 值有关。尤其对含重金属污染物的固定，pH 值有显著的影响。当 pH 值较高时，许多金属离子将形成氢氧化物沉淀，有利于金属离子的固定；而 pH 值较低时，金属离子容易溶出，导致金属污染物不能被很好地固定住。

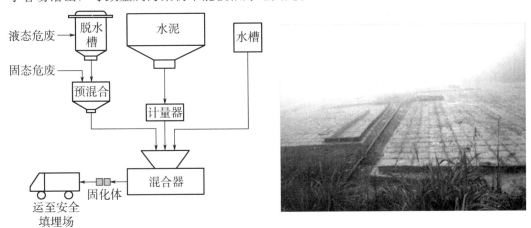

图 17-1　水泥固化工艺流程和形成的固化体

（2）水、水泥和废物的质量比

水分过少，无法保证水泥实现充分的水合作用；水分过多，则会出现泌水现象，影响固化体的强度。水、水泥与废物的质量比需要通过试验方法确定，以便尽可能地消除废物中的水分对水合作用的不利影响。

（3）凝固时间

水泥的水化反应比较慢，为确保水泥废物浆料能够在混合以后有足够的时间进行凝固，并能及时进行输送、装桶或者浇注，必须保证足够的凝固时间。也可以通过加入促凝剂（偏铝酸钠、氢氧化铁等）、缓凝剂（泥沙、硼酸钠等）等来加快水化反应速率、缩短凝固时间。

（4）添加剂的使用

在被处理的废物中，往往含有妨碍水合作用的组分，仅用普通水泥进行固化处理时，固化体有时强度不大，物理化学性能也不稳定，固化体中有害组分的浸出率也较高。为了改善固化条件，提高固化体质量，固化过程中需根据废物的性质掺入适量的添加剂。水泥固化所用添加剂种类繁多，如活性氧化铝、沸石或蛭石等。例如，过多的硫酸盐会由于生成水化硫酸铝钙而导致固化体的膨胀和破裂，如加入适当数量的沸石或蛭石，即可消耗一定的硫酸或硫酸盐，有利于形成稳定的固化体。为减小有害物质的浸出率，也需要加入某些添加剂，例如，可加入少量硫化物以有效地固定重金属离子等。

（5）养护条件

养护是水泥固化的重要环节，因为，水化反应需要时间，水泥固化体需要在一定条件下进行养护，才能形成较好的胶凝性能，达到预定的机械强度，实现废物的充分固化。养护可以在自然条件下进行，也可以在可控条件下进行。在室温自然条件下，所需养护时间较长；如果能够严格控制温度、湿度等条件，养护时间会大大减少，固化效果也会更好。

针对不同性质的危险废物，需要采用不同的固化参数，通常需要通过试验确定。例如，固化处理电镀污泥时，采用的主要参数为：固化材料采用 425 号普通硅酸盐水泥、水/水泥质量比为 0.47~0.52、水泥/废物质量比为 0.67~4.00。固化后，固化体的抗压强度可达到 6~30MPa，Pb^{2+}、Cd^{2+}、Cr^{6+}的浸出浓度都远低于相应的浸出毒性鉴别标准。

4. 特点与应用

水泥固化技术工艺和设备比较简单，水泥原料和添加剂便宜易得，运行费用低；对含水量较高的废物可以直接固化；固化体的强度、耐热性、耐久性均比较好；有的产品可作路基或建筑物材料等进行再利用。但是，水泥固化体比废物原体积增加较多（1.5~2.0 倍），会增加运输成本、贮存和填埋空间；有些情况下，固化体中污染物的浸出率会比较高。

由于水泥具有较高的 pH 值，使得几乎所有重金属都可形成不溶性的氢氧化物而被固定在固化体内。因此，水泥固化技术适用于无机类型的危险废物（尤其是含有重金属的）的固化处理。研究表明，铅、铜、锌、锡、镉均可得到很好的水泥固定效果。

三、沥青固化

1. 原理

沥青固化是以沥青为固化剂，使危险废物包容、固定在沥青中并形成稳定固化体的过程。

沥青主要来源于天然的沥青矿和原油炼制行业。我国目前使用的沥青大部分来自石油加工业，其化学成分以脂肪烃和芳香烃为主，包括沥青质、油分、游离碳、胶质、沥青酸和石蜡等。从固化的要求出发，较理想的沥青应含有较高的沥青质和胶质以及较少的石蜡性物质。如果石蜡质组分含量过高，则固化体在环境应力作用下容易开裂。

2. 固化工艺

沥青固化工艺主要包括废物与沥青的混合以及二次蒸汽的净化处理。图 17-2 是高温熔化、混合蒸发沥青固化工艺流程。它是将危险废物加入到预先熔化的沥青中，在 150~230℃的温度下充分搅拌混合，待水分和其它挥发组分排出后，将混合物排出，形成固化体。固化过程中会产生大量废气，需要经过冷凝、过滤、静电除尘等净化处理后，方可排放。

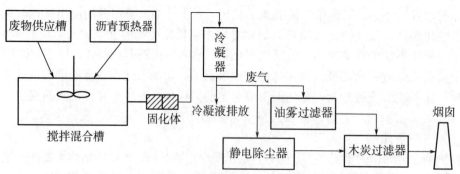

图 17-2　高温熔化、混合蒸发沥青固化工艺流程

3. 特点及应用

沥青属于憎水性物质，完整的沥青固化体具有优良的防水性能；沥青还具有良好的粘结性和化学稳定性，固化体的空隙率和固化体中污染物的浸出率均大大降低，而且对大多

数酸和碱具有较高的耐腐蚀性；固化过程中废物与固化剂之间的质量比通常为1∶1～2∶1，因而固化体的增容比较小。但固化过程中会产生废气，容易造成二次污染；由于沥青不具备水泥的水化作用和吸水性，所以有时需预先对废物进行脱水或浓缩处理；固化工艺流程和装置往往较为复杂，一次性投资与运行费较高。

沥青固化一般被用来处理毒性较大的危险废物，如电镀污泥和砷渣等。

四、塑料固化

塑料固化是以塑料为固化剂，使危险废物与其发生共聚合反应，将危险废物包容其中并形成稳定固化体的过程。

塑料固化技术按所用塑料不同，可分为热塑性塑料固化和热固性塑料固化，其中，常用的是热塑性塑料固化技术。热塑性塑料有聚乙烯、聚氯乙烯树脂等，它们在常温下呈固态，高温时则变成熔融胶黏性液体，将危险废物掺入包容在塑料中，冷却后形成塑料固化体。

热固性塑料固化的主要优点是：固化材料容易获得，固化过程比较简单；固化剂是塑料，大多具有较低的密度，所需要添加剂数量较少，因而固化体的增容比较低，密度也较小。缺点是操作过程比较复杂，固化剂价格较高。

塑料固化已用于处理多种危险废物，一个典型的例子是电镀污泥的固化处理。该工艺过程是向电镀污泥中加入碳酸钙使其干燥，然后加入聚酯树脂、催化剂、促进剂及河砂（骨料）等，经过混合、加热、冷却而形成固化体。配比为：干泥占30%（质量百分数）、聚酯树脂占20%～35%、骨料占35%～50%。

五、熔融固化

熔融固化也称玻璃固化，它是以玻璃质材料为固化剂，通过熔融将危险废物包容其中并形成稳定的玻璃固化体的过程。

该技术是将待处理的危险废物与细小的玻璃质（如玻璃屑、玻璃粉等）混合，经混合后，在1000～1100℃高温条件下发生熔融，形成玻璃固化体，借助玻璃体的致密结晶结构包容有害组分，实现废物的固化处理。

在玻璃固化过程中，其中的有机污染物会因热解而被破坏或转化为气体逸出；而其中的放射性物质和重金属元素等则被牢固地包容在已熔化的玻璃体内。

熔融固化后形成的玻璃固化体的化学性质非常稳定，抗酸淋滤作用强，能有效阻止其中污染物对环境的危害，固化效果非常好；固态污染物质经过熔融化处理后，可实现1/4～1/6的体积减量，处置更为方便。缺点是能耗和费用很高，处理过程中会产生大量有毒有害的挥发性物质，容易导致环境污染问题，从而限制了其广泛应用。通常只用于高毒、放射性废物的固化处理。

六、药剂稳定化

药剂稳定化是指通过化学药剂的化学反应作用，将有毒有害组分转化成难以溶解和浸出的形式以减少其毒性和迁移性的过程。

药剂稳定化技术的种类较多，常用的有 pH 值控制、氧化/还原和沉淀技术等。

1. pH 值控制技术

pH 值控制技术是一种最普遍、最简单的方法，其原理为：通过加入碱性药剂，将废物的 pH 值调整至使重金属离子具有最小溶解度的范围，从而实现其稳定化。常用的 pH 值调整剂有 CaO、$Ca(OH)_2$、Na_2CO_3、$NaOH$ 等。

例如，铅的存在形态主要有 Pb^{2+}、$Pb(OH)^+$、$Pb(OH)_2$、$Pb(OH)_3^-$、$Pb(OH)_4^{2-}$ 等。Pb^{2+} 在 pH=6 时会以 $Pb(OH)^+$ 形态存在，但当 pH=7.2 时，则会产生 $Pb(OH)_2$ 沉淀。因此，通过控制 pH 值，就可以控制铅的浸出，降低其对环境的危害。

2. 氧化/还原技术

为了降低某些重金属的毒性，常要将其还原或氧化为低毒或无毒价态。常用的还原剂有硫酸亚铁、硫代硫酸钠和二氧化硫等，常用的氧化剂有臭氧、过氧化氢和二氧化锰等。

例如，通过投加 $FeSO_4$ 和 H_2SO_4，可以将 Cr^{6+} 还原为 Cr^{3+}，以减少其毒性，其化学反应式为：

$$2Na_2CrO_4+6FeSO_4+8H_2SO_4 \longrightarrow Cr_2(SO_4)_3 + 3Fe_2(SO_4)_3+2Na_2SO_4 +8H_2O$$

3. 沉淀技术

沉淀技术是指通过把有害物质转化成沉淀物并分离出来的方法。常用的沉淀技术包括氢氧化物、硫化物、硅酸盐、磷酸盐、无机和有机络合物沉淀等。例如，通过投加 $Ca(OH)_2$ 可以把含 Cr^{3+} 的 $Cr_2(SO_4)_3$ 转化成 $Cr(OH)_3$ 沉淀物，然后分离出来，这样，就可降低含有 $Cr_2(SO_4)_3$ 的危险废物的毒性。

$$Cr_2(SO_4)_3+3Ca(OH)_2 \longrightarrow 2Cr(OH)_3 \downarrow +3CaSO_4$$

药剂稳定化技术主要适用于处理重金属类废物。由于重金属在危险废物中存在形态的千差万别，具体到某一种废物，需要根据重金属的特性和要求的处理效果，选择不同的稳定化方法。

第二节

焚烧处理

一、焚烧前的管理

1. 接收与分类

（1）接收

在接收危险废物时，应仔细审阅废物产生者提供的危险废物的背景及特性鉴定资料，包括废物的质量及运输方式、物理特性（如物态、密度、水分、总热值、灰分、气味、颜色、pH 值等）、化学成分及有害物质含量等。

（2）分类

接收之后，应对废物的有害特性及直接影响焚烧操作的特性（如反应性、水分、总热值、相容性等）进行复核和必要的分析测试，并根据废物的形态、物性、相容性及热值将其进行分类，以避免与无法相容或混合后会产生化学反应的废物贮存在一起或同时焚烧处理，并为制定焚烧计划提供依据。

表 17-1 列出了部分不可相容的废物，如果表中 A 类和 B 类对应废物相混合，会发生化学反应，导致严重的后果。因此，需要特别注意，不相容的两种或多种废物是不能同时焚烧的，只有相容的废物才可以一起焚烧。

表 17-1　部分不可相容的废物

	A 类	B 类
1. 混合后会发生激烈反应并产生热量的废物	乙炔污泥、碱性污泥、碱性洗涤液、碱性腐蚀液、强腐蚀性的碱性电解液、石灰污泥及其它具有腐蚀性的碱性溶液	酸性污泥、酸性金属液、酸性电解液、废酸或混合酸液
2. 混合后可能会剧烈燃烧或爆炸，并产生易燃氢气的废物	铝、铍、钙、钾、锂、镁、钠、锌粉及其它的反应性金属氢化物	1A 或 1B 类废物
3. 混合后可能会剧烈燃烧或爆炸，释放热量并产生易燃性或毒性气体的废物	醇类	高浓度 1A 或 1B 类废物
4. 混合后可能会剧烈燃烧或爆炸或发生激烈反应的废物	醇、醛、有机氯化物、硝基化合物、不饱和烃及其它反应性有机物	高浓度 1A 或 1B 类废物、2A 类废物
	氯酸盐、氯、亚氯酸盐、铬酸、过氯酸盐、硝酸盐、浓硝酸、高锰酸盐、过氧化物及其它的氢氧化物	醋酸或其它有机酸、高浓度无机酸、2A 类废物、4A 类废物、其它易燃及可燃性废物
5. 混合后可能会产生有毒氰化氢气体或硫化氢气体的废物	废氰酸盐或硫化物	1B 类废物

2. 临时贮存

运抵焚烧厂的危险废物通常无法马上进行处理，因此应有临时贮存措施。危险废物的形态大致可分为气态、液态（浆态）和固态三类，对它们应分别采取不同的贮存方式。

气态、液态（浆态）废物通常应分类贮存于特殊设计的密封式贮槽中。固态废物则可采取密封式贮槽、水泥坑及堆积三种方式贮存。不含挥发性、易燃性、反应性或毒性组分的固态危险废物可以贮存于带有顶棚的水泥坑里，其余废物均应贮存在密闭的贮槽内。除非在紧急情况下，不宜将危险废物直接堆积于露天场地上。

3. 焚烧要求

危险废物焚烧工艺系统与一般固体废物的没有本质上的差别，但危险废物焚烧对焚烧物和焚烧技术有其特殊的要求。

（1）焚烧物的要求

入炉危险废物应符合焚烧炉的设计要求，不相容的废物不能一起焚烧，具有易爆性的危险废物禁止进行焚烧处理。

危险废物入炉前应根据焚烧炉的性能要求对危险废物进行配伍，以使其热值、有害组分含量、可燃氯含量、重金属含量、可燃硫含量、水分和灰分符合焚烧处置设施的设计要求。

（2）焚烧技术要求

焚烧技术要求主要是针对各种焚烧参数，和一般废物焚烧相比，危险废物焚烧有更高的要求，包括炉温、烟气停留时间、焚毁率等。危险废物焚烧炉的技术性能指标应满足表 17-2 的要求。

表 17-2　危险废物焚烧炉的技术性能指标

焚烧炉温度/°C	烟气停留时间/s	烟气含氧量（干烟气，烟囱取样口）	烟气一氧化碳浓度/(mg/m³)（烟囱取样口）	燃烧效率/%	焚毁去除率/%	焚烧残渣的热灼减率/%
≥1100	≥2.0	6%～15%	1 小时均值，≤100　24 小时均值，≤80	≥99.9	≥99.99	<5

二、回转窑焚烧工艺

用于处理危险废物的焚烧炉主要有回转窑焚烧炉、液体喷射焚烧炉、流化床焚烧炉等。其中，回转窑焚烧炉因具有较大的优点，是我国危险废物处理厂最常采用的炉型（参看第八章图 8-13）。回转窑焚烧炉的最大优点是对废物的适应性强，可同时处理固、液、气态危险废物；各种不同物态（固体、液体、气体等）及形状（颗粒、粉状、块状）的危险废物皆可送入回转窑中焚烧。

图 17-3 所示为某危险废物回转窑焚烧工艺流程。主焚烧装置（即一次燃烧室）是回转窑焚烧炉[图 17-4(a)]。炉体缓慢转动，危险废物通过自动进料装置由前部送入，在窑内干燥、燃烧和向前输送。回转窑炉温达到 1100°C，可以有效破坏有机废物的毒性结构，并使无机物质成为熔融状态。未燃尽的高温烟气进入立式二次燃烧室[图 17-4(b)]继续燃烧。二燃室炉温可达 1100～1200°C 以上，最高可达 1350°C，可以保证烟气在 1100°C 以上停留时间达到 2～3s，从而彻底破坏废气中的有毒有害物质（如二噁英等）。焚烧产生的废气经过骤冷、旋风和布袋除尘、活性炭吸附、废气洗涤等净化处理后达标排放。飞灰经过固化处理后，进行安全填埋处置。

三、水泥窑协同焚烧工艺

1. 协同焚烧特点

水泥窑协同处置是指把满足或经过预处理后满足入窑要求的危险废物投入水泥窑中，和水泥生产原料一同焚烧，在进行水泥熟料生产的同时，实现对危险废物的同步无害化处理。

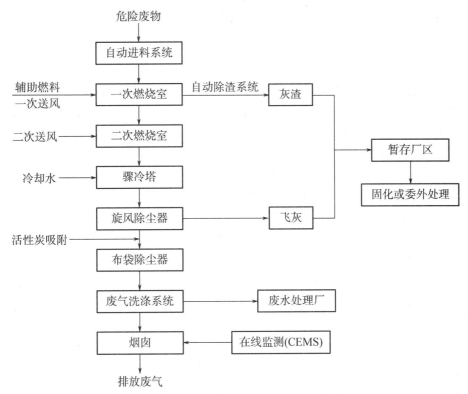

图 17-3　某危险废物回转窑焚烧工艺流程

(a) 回转窑焚烧炉　　　　　　(b) 立式二燃室

图 17-4　危险废物回转窑焚烧炉

水泥窑协同处置的特点是：

① 项目投资少，运营成本低。因为是利用现有的水泥窑进行协同焚烧，无需建设专门的危险废物焚烧设施，因此，可节约大量投资和减少运行成本。

② 适用范围广，处置量大。水泥窑可以协同处置 HW02-HW50 中 40 多类危险废物，涵盖了大部分危险废物；此外，水泥窑的处理能力很大，可以大量处理危险废物，实现规模化处置。

③ 焚烧效果好，环境污染小。水泥窑煅烧时温度可高达 1400～1800℃，物料停留时间也很长，危险废物能得到充分的燃烧，二噁英很难形成，有机物分解彻底，重金属元素可以全部固化在水泥熟料的晶格中，因此，对环境的影响小。

④ 资源化水平高，经济效益好。水泥窑协同焚烧后的残渣和飞灰作为水泥组分进

入水泥熟料产品中，实现了危险废物的材料化利用，并能增加水泥产量；有机废物焚烧时产生热能，能够减少水泥窑的能量投入。

2. 协同焚烧工艺

我国水泥生产主要有四种工艺，即干法、半干法、半湿法和湿法，其中，干法水泥窑是目前最先进的水泥生产技术。一个完整的干法水泥窑协同焚烧工艺包括废物接受与鉴别、预处理、协同焚烧和烟气净化等。

（1）接受与鉴别

水泥生产厂在接收危险废物时，应认真审查运送来的危险废物的背景及特性鉴定资料，确定可以协同处理的危险废物种类。不是所有的危险废物都适合协同焚烧，对不适合协同焚烧的危险废物需另做处理。我国《水泥窑协同处置固体废物环境保护技术规范》（HJ 662—2013）中列出了禁止在水泥窑中协同处置的废物种类，包括放射性废物、爆炸物及反应性废物、未经拆解的废电池、废家用电器和电子产品、含汞的温度计、血压计、荧光灯管和开关、铬渣和未知特性和未经鉴定的废物等。此外，入窑废物应具有相容性和相对稳定的化学组成和物理特性，其重金属以及氯、氟、硫等有害元素的含量及投加量应满足相关要求。

（2）预处理

危险废物种类多、成分复杂，物理形态也有很大的不同，有固态、液态、气态的，还有半固态的，此外，物质颗粒大小、可输送性也有很大的差异。因此，危险废物在进入水泥窑之前，一般都需要进行预处理（图 17-5）。

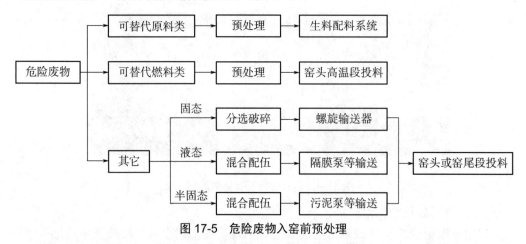

图 17-5　危险废物入窑前预处理

预处理的目的是使不满足入窑要求的入厂废物转变为满足入窑要求的废物，满足已有水泥窑生产设施物料输送、投料的要求，并保证水泥窑运行工况的连续稳定。预处理的方法有筛分、破碎、干燥、搅拌、中和与混合配伍等。

预处理需要针对不同废物的特性，进行分类处理，并根据特性加入水泥窑不同的部位。符合水泥原料成分且含量较高的危险废物（如电石渣、白泥、磷石膏、铅矿渣、铜矿渣等），可作为替代原料，加入水泥生料配料系统；热值高且稳定的有机类危险废物，可作为水泥窑替代燃料，加入窑头高温燃烧系统（如废矿物油、废有机溶剂、废油漆、油泥等）；不能作为替代燃料、原料的其它废物，则需要根据其形态，分别进行处理和投料。例如，固态危险废物一般需要进行破碎和分选，采用螺旋输送器或人工投料方式入窑；气态的可以进行配伍后，直接喷入窑内；半固态、液态危险废物需要先进行混合配伍，然后采用污泥泵、隔膜泵等泵入水泥窑。

（3）协同焚烧

水泥窑协同焚烧的特点是利用已有水泥窑生产设施同时处理危险废物。因此，需要对水泥窑的生产工艺有所了解。图 17-6 是一种新型干法水泥窑生产系统，它的核心是在窑尾配置有多级旋风预热器和预分解炉。多级旋风预热器的作用是利用水泥窑排出的高温烟气，对投入的生料进行加热，预分解炉则是对加热后的生料进行预分解。

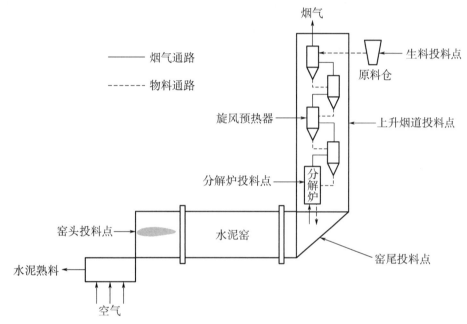

图 17-6　水泥窑协同焚烧工艺

整个工艺流程可概括为生料制备、预热、分解、熟料煅烧、水泥粉磨几个环节。水泥生产原料（也就是"生料"）主要是石灰石、石膏、黏土、无烟煤等，协同处置时，也包括部分危险废物。这些原料经过破碎、磨碎、计量和配料后，由原料仓送入多级旋风预热器进行加热，然后进入热分解炉进行初步分解，最后被送入水泥窑窑尾；通过窑体的转动，生料从窑尾向窑头移动，在此过程中被煅烧成水泥"熟料"，并从窑头排出；之后，通过冷却、磨碎和调配后，形成水泥产品。

当水泥窑用于协同焚烧危险废物时，需要对现有的水泥窑进行部分改造，主要是增加危险废物预处理系统和增设若干加料口。针对不同性质的危险废物，需要配套不同的预处理装置，如上述（2）中所述。对不同形态的废物，加料口的位置和加料方式也不一样。

投加位置包括窑头、窑尾和生料配料系统，主要根据危险废物的特性、进料装置的要求以及投加口的工况特点来确定。可替代水泥生产原料的无机危险废物，通过粉碎、磨碎等预处理后，由原料仓投入水泥窑；可替代燃料的有机危险废物，如果是液体或粉状废物，一般通过泵力、气力从窑头高温段送入。其它性质的废物一般在窑尾投入，投入口可设置在窑尾烟室、上升烟道或者预分解炉等处。

（4）烟气净化

水泥窑协同处置危险废物时，需要对产生的烟气进行净化处理，包括去除烟气中的颗粒物、二氧化硫、氮氧化物和氨等，要求的排放限值如表 17-3 所示。烟气净化技术与垃圾焚烧的类似，参考第八章第四节的内容。

水泥窑协同处置危险废物的原则是不影响水泥窑的生产过程和水泥产品的质量。水泥产品中污染物的浸出率应满足相关国家标准，以保证协同处理生产的水泥产品不对使用水泥的建筑物和设施产生不利的影响。具体要求可参看水泥产品的相关标准。

表 17-3　水泥窑协同处置大气污染物最高允许排放浓度限值

序号	污染物	最高允许排放浓度限值（二噁英类除外）/(mg/m^3)
1	氯化氢（HCl）	10
2	氟化氢（HF）	1
3	汞及其化合物（以 Hg 计）	0.05
4	铊、镉、铅、砷及其化合物（以 Tl+Cd+Pb+As 计）	1.0
5	铍、铬、锡、锑、铜、钴、锰、镍、钒及其化合物（以 Be+Cr+Sn+Sb+Cu+Co+Mn+Ni+V 计）	0.5
6	二噁英类	0.1 ng TEQ/m^3

第三节

安全填埋

一、填埋场构成与填埋工艺

安全填埋被认为是危险废物的最终处置方法。危险废物一般不能直接填埋，需要经过预处理（如固化/稳定化等）处理，达到安全填埋的入场要求之后，才可入场进行安全填埋。被填埋的危险废物将长期甚至是永久的封存或贮存在填埋场中。

按照危险废物安全填埋工程建设的技术要求，危险废物安全填埋场的构成应包括：接收与贮存设施、分析与鉴别系统、预处理设施、填埋处置设施、环境监测系统、封场覆盖系统、应急设施及其它公用工程和配套设施。同时，应根据具体情况选择设置渗滤液和废水处理系统、地下水导排系统。

危险废物填埋处置总体工艺流程如图 17-7 所示。危险废物进入填埋场，首先填写入场单并过磅，然后分类贮存；再进行浸出试验，浸出试验合格的直接进入填埋库区，不合格的则需进行固化/稳定化等预处理，达到入场要求后才能入场进行安全填埋；生产性废水、渗滤液等需要进行处理。

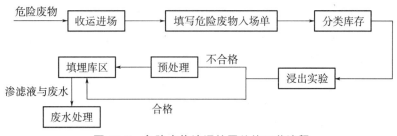

图 17-7   危险废物填埋处置总体工艺流程

二、废物接收与入场要求

危险废物进入填埋场后，首先要根据转移联单提供的废物的信息，并通过浸出试验等，依据相关要求，确定可以接受的填埋的废物。不符合填埋要求的，不得进入填埋场。我国危险废物填埋污染控制标准规定：

① 不得进入填埋场的废物：医疗废物、与衬层具有不相容性反应的废物、液态废物。

② 满足下列条件或经预处理满足下列条件的废物，可进柔性填埋场。

废物浸出液中有害成分浓度不超过表 17-4 中允许填埋控制限值的废物、浸出液 pH 值在 7.0～12.0 之间的废物、含水率低于 60% 的废物、水溶性盐总量小于 10% 的废物、有机质含量小于 5% 的废物、不再具有反应性和易燃性的废物。

③ 对危害性特别大的危险废物，填埋场地地质条件达不到安全要求时，需要建设刚性填埋场进行填埋。

表 17-4   危险废物允许填埋的控制限值

序号	项目	稳定化控制限值/(mg/L)	序号	项目	稳定化控制限值/(mg/L)
1	烷基汞	不得检出	8	锌	120
2	汞（以总汞计）	0.12	9	铍	0.2
3	铅	1.2	10	钡	85
4	镉	0.6	11	镍	2
5	总铬	15	12	砷	1.2
6	六价铬	6	13	无机氟化物（不含氟化钙）	120
7	铜	120	14	氰化物（以 CN 计）	6

三、填埋场类型与结构

安全填埋场专门用于处置危险废物，与一般废物的卫生填埋相比，危险废物安全填埋对填埋场选址、防渗等级和填埋作业的要求更高，以保证危险废物的最终处置符合环境生态安全的需要。根据安全填埋场的防护形式，可分为柔性填埋场和刚性填埋场。

1. 柔性填埋场

柔性填埋场是采用双层衬层作为防渗层的填埋处置设施（图 17-8）。柔性填埋场的"双层"防渗系统是其核心和关键，它包括渗滤液收集导排层、保护层、主人工衬层

（HDPE）、压实黏土衬层、渗滤液渗漏检测层、次人工衬层（HDPE）和基础层。其特点是设置了"两层"人工衬层（HDPE），因此，具有更好的防渗能力，此外，还设置了渗漏检测层，以及时发现防渗系统是否工作正常。

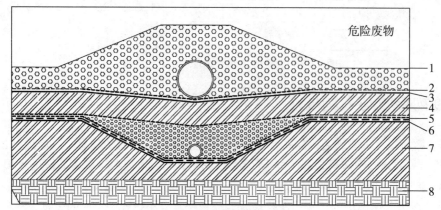

图 17-8　柔性填埋场双层衬层系统

1—渗滤液导排层；2—保护层；3—主人工衬层（HDPE）；4,7—压实黏土衬层；5—渗漏检测层；6—次人工衬层（HDPE）；
8—基础层

2. 刚性填埋场

刚性填埋场是采用钢筋混凝土作为防渗阻隔结构的填埋处置设施。对危害性特别大的危险废物、填埋场地地质条件达不到安全要求时，需要建设刚性安全填埋场。

刚性安全填埋场将危险废物填埋于具有刚性结构的填埋场内，其目的是借助坚固的刚性体保护所填埋的废物，以避免因地层变动、地震或水压、土压等应力作用破坏填埋场，导致废物的失散及渗滤液的外泄等。

刚性体一般是由钢筋混凝土建成的若干容器单元构成。危险废物不是填埋在一般地基上，而是整个包封在刚性体中。钢筋混凝土与废物接触的面上应覆有防渗、防腐材料；钢筋混凝土抗压强度不低于 $25N/mm^2$，厚度不小于 $35cm$；填埋结构应设置雨棚，杜绝雨水进入。刚性安全填埋场的结构如图 17-9 所示。

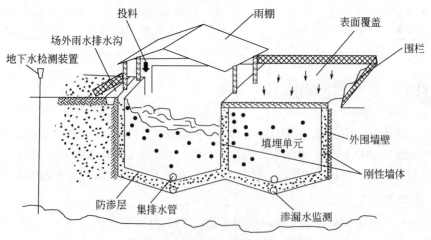

图 17-9　刚性安全填埋场结构示意

四、填埋场的封场

危险废物填埋场的容量用完之后需要进行终场覆盖，以确保危险废物与外界环境相隔离。终场覆盖层又称为表面密封系统，其作用主要是最大限度地降低雨水渗透。在填埋场作业期间，一般采用分单元进行填埋作业，当一个单元填满后也需要进行覆盖。

对柔性填埋场，当填埋场填埋作业达到设计容量后，应及时进行封场覆盖。我国《危险废物填埋污染控制标准》（GB 18598—2019）中规定，柔性填埋场封场结构自下而上为（图 17-10）：

① 底层：也称导气层，其作用是导出迁移到顶部的气体。由砂砾组成，渗透系数应大于 0.01cm/s，厚度不小于 30cm。

② 防渗层：防止地表水进入填埋场内部，一般采用厚度 1.5mm 以上的高密度聚乙烯防渗膜或线性低密度聚乙烯防渗膜；采用黏土时，厚度不小于 30cm，饱和渗透系数小于 1.0×10^{-7}cm/s；

③ 排水层：把填埋场表面渗入的地表水导排出来。排水层渗透系数不应小于 0.1cm/s，边坡应采用土工复合排水网；排水层应与填埋库区四周的排水沟相连。

④ 保护层：植被恢复层的支持土层，通常由压实土层构成，厚度应大于 45cm。

⑤ 植被层：用于种植覆盖植物的营养土层，营养土层的厚度应大于 15cm。

对刚性填埋场，填埋单元填满应及时对该单元进行封场，封场结构应包括 1.5mm 以上高密度聚乙烯防渗膜及抗渗混凝土，此外，填埋单元的上部一般还需要搭建防水雨棚。

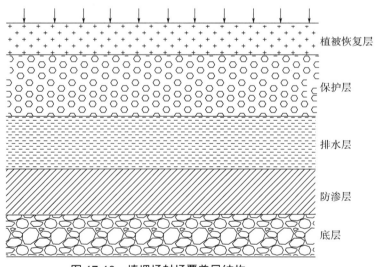

图 17-10　填埋场封场覆盖层结构

五、填埋场的监测

在填埋场运行期间以及封场后，需要对填埋场进行持续的监测。监测内容主要包括废水、气体、地下水污染物排放和处理、防渗系统的渗漏等。

① 废水：填埋场产生的渗滤液、调节池废水等污水必须经过处理，并符合标准规定的污染物排放要求后方可排放，禁止渗滤液回灌。

② 气体：对填埋场有组织和无组织排放的气体，需要进行监测，排放应满足相关规定；监测因子由企业根据填埋废物特性提出，并征得当地生态环境主管部门同意。

③ 地下水：运行期间和封场后，应继续监测地下水，如果发现问题，需要及时进行处理。

④ 防渗层渗漏：在运行期间和封场后，应持续对渗漏检测层每天产生的液体进行收集和计量，并通过检测主防渗层的渗滤液渗漏速率，及时发现防渗层是否存在渗漏问题，确保防渗层安全可靠。

习题

1. 什么是危险废物的固化处理？

2. 固化处理的基本要求是什么？

3. 固化处理效果的评价指标主要有哪些？

4. 固化有哪些方法？

5. 药剂稳定化有哪些方法？

6. 什么是水泥固化？水泥固化有何特点？

7. 影响水泥固化的因素有哪些？

8. 什么是塑料固化？塑料固化有何特点？

9. 什么是沥青固化？沥青固化有何特点？

10. 什么是熔融固化？熔融固化有何特点？

11. 危险废物的焚烧有哪些特殊的要求？

12. 什么是危险废物的水泥窑协同焚烧？它有何特点？

13. 危险废物水泥窑协同焚烧为什么要进行预处理？预处理包括哪些内容？

14. 危险废物填埋的接受和入场有哪些要求？

15. 什么是危险废物柔性和刚性填埋场？两者有何区别？

16. 什么是危险废物的封场？封场后需要做哪些监测？

参考文献

[1] 李秀金. 固体废物处理与资源化. 北京：科学出版社，2011.

[2] 李秀金. 固体废物工程. 北京：中国环境科学出版社，2003.

[3] 赵由才，牛冬杰，柴晓利，等. 固体废物处理与资源化. 3 版. 北京：化学工业出版社，2018.

[4] 王星，施振华，赵由才. 分类有机垃圾的终端厌氧处理技术. 北京：冶金工业出版社，2018.

[5] 戴晓虎. 城市污泥厌氧消化理论与实践. 北京：科学出版社，2019.

[6] 何品晶. 固体废物处理与资源化技术. 北京：高等教育出版社，2011.

[7] 何品晶，邵立明. 固体废物管理. 北京：高等教育出版社，2004.

[8] 李建政，汪群慧. 废物资源化与生物能源. 北京：化学工业出版社，2004.

[9] 聂永丰. 三废处理工程技术手册（固体废物卷）. 北京：化学工业出版社，2001.

[10] 蒋建国. 固体废物处理处置工程. 北京：化学工业出版社，2003.

[11] 席北斗. 有机固体废弃物管理与资源化技术. 北京：国防工业出版社，2006.

[12] 王琪. 工业固体废物处理及回收利用. 北京：中国环境科学出版社，2006.

[13] 宁平. 固体废物处理与处置. 北京：高等教育出版社，2006.

[14] 徐文龙，卢英方. 城市生活垃圾管理与处理技术. 北京：中国建筑工业出版社，2006.

[15] 李国学. 固体废物处理与资源化. 北京：中国环境科学出版社，2005.

[16] 汪群慧. 固体废物处理及资源化. 北京：化学工业出版社，2004.

[17] 王立新. 城市固体废物管理手册. 北京：中国环境科学出版社，2007.

[18] 陈燕平. 日本固体废物管理与资源化技术. 北京：化学工业出版社，2007.

[19] 袁振宏. 能源微生物学. 北京：化学工业出版社，2012.

[20] 任南琪. 产酸发酵微生物生理生态学. 北京：科学出版社，2005.

[21] 周群英，王士芬. 环境工程微生物学. 北京：高等教育出版社，2015.

[22] 郑平. 环境微生物学教程. 北京：高等教育出版社，2010.

[23] 郑平，冯孝善. 废物生物处理. 北京：高等教育出版社，2005.

[24] 李季，彭生平. 堆肥工程实用手册. 北京：化学工业出版社，2005.

[25] 张克强，高怀友. 畜禽养殖业污染物处理与处置. 北京：化学工业出版社，2004.

[26] 刘广青，董仁杰，李秀金. 生物质能源转化技术. 北京：化学工业出版社，2009.

[27] 朱锡锋. 生物质热解原理与技术. 合肥：中国科学技术大学出版社，2006.

[28] 解强，罗克洁，赵由才. 城市固体废弃物能源化利用技术. 北京：化学工业出版社，2019.

[29] 杨慧芬，张强. 固体废物资源化. 北京：化学工业出版社，2004.

[30] 赵由才，龙燕，张华. 生活垃圾卫生填埋技术. 北京：化学工业出版社，2004.

[31] 贝绍轶. 汽车报废拆解与材料回收利用. 北京：化学工业出版社，2009.

[32] 周全法，程洁红，龚林林. 电子废物资源综合利用技术. 北京：化学工业出版社，2017.

[33] 钱汉卿，徐怡珊. 化学工业固体废物资源化技术与应用. 北京：中国石化出版社，2006.

[34] 刘玉强，马瑞刚，殷晓玲. 废旧橡胶材料及其再资源化利用. 北京：中国石化出版社，2010.

[35] 陈汉平，杨世关. 生物质能转化原理与技术. 北京：中国水利水电出版社，2018.

[36] 全国畜牧总站. 畜禽粪污资源化利用：集中处理典型案例. 北京：中国农业出版社，2019.

[37] 全国畜牧总站. 畜禽粪污资源化利用技术：集中处理模式. 北京：中国农业科学技术出版社，2016.

[38] 全国畜牧总站. 畜禽粪污资源化利用技术：种养结合模式. 北京：中国农业科学技术出版社，2016.

[39] 全国畜牧总站. 畜禽粪污资源化利用技术：清洁回用模式. 北京：中国农业科学技术出版社，2016.

[40] 樊元生，郝吉明. 危险废物管理政策与处理处置技术. 北京：中国环境科学出版社，2006.

[41] 李金惠，杨连威. 危险废物处理技术. 北京：中国环境科学出版社，2006.

[42] 李金惠. 危险废物管理与处理处置技术. 北京：化学工业出版社，2003.

[43] NY/T 3442—2019，畜禽粪便堆肥技术规范.

[44] NY/T 2374—2013，沼气工程沼液沼渣后处理技术规范.

[45] CJJ/T 172—2011，生活垃圾堆肥厂评价标准.

[46] NY/T 525—2021，有机肥料.

[47] NY 884—2012，生物有机肥.

[48] CJJ 133—2009，生活垃圾填埋场填埋气体收集处理及利用工程技术规范.

[49] DB 45/T 1877—2018，危险废物安全填埋处置工程技术规范.

[50] GB 18598—2019，危险废物填埋污染控制标准.

[51] GB 5085.7—2019，危险废物鉴别标准 通则.

[52] 李雪敏，元毛毛，刘研萍，等. 餐厨垃圾超高温水解酸化过程研究. 中国沼气，2015，33（3）：23-26.

[53] 袁国安. 生活垃圾热解气化技术应用现状与展望. 环境与可持续发展，2019，4：66-69.

[54] 衣静，刘阳生. 垃圾焚烧烟气中氯化氢产生机理及其脱除技术研究进展. 环境工程，2012，30（5）：50-113.

[55] 林欢. 生活垃圾焚烧发电烟气净化工艺的研究及应用. 中国环保产业，2019（3）：42-45.

[56] 王文刚，付晓慧，王学珍. 生活垃圾焚烧烟气污染物控制工艺选择. 中国人口•资源与环境，2014，24（S1）：87-91.

[57] 章骅，于思源，邵立明，等. 烟气净化工艺和焚烧炉类型对生活垃圾焚烧飞灰性质的影响. 环境科学，2018，39（1）：467-476.

[58] 张世鑫，刘冬，邵飞，等. 煤矸石综合利用工艺探索. 洁净煤技术，2013，19（5）：92-122.

[59] 孙春宝，张金山，董红娟，等. 煤矸石及其国内外综合利用. 煤炭技术，2016，35（3）：286-288.

[60] 杨静，蒋周青，马鸿文，等. 中国铝资源与高铝粉煤灰提取氧化铝研究进展. 地学前缘，2014，21（5）：313-324.

[61] 黄毅，徐国平，程慧高，等. 典型钢渣的化学成分、显微形貌及物相分析. 硅酸盐通报，2014，33（8）：1902-1907.

[62] 张立生，李慧，张汉鑫，等. 高炉渣的综合利用及展望. 热加工工艺，2018，47（19）：20-24.

[63] 江玲龙，李瑞雯，毛月强，等. 铬渣处理技术与综合利用现状研究. 环境科学与技术，2013，36（S1）：480-483.

[64] 吴跃东，彭犇，吴龙，等. 国内外钢渣处理与资源化利用技术发展现状综述. 环境工程，2021，39（1）：161-165.

[65] 王强，黎梦圆，石梦晓. 水泥—钢渣—矿渣复合胶凝材料的水化特性. 硅酸盐学报，2014，42（5）：629-634.

[66] 向宁，梅凤乔，叶文虎. 德国电子废弃物回收处理的管理实践及其借鉴. 中国人口•资源与环境，2014，24（2）：111-118.

[67] 敖俊. 电子废弃物资源化处理技术的应用与进展. 有色冶金设计与研究，2018，39（6）：51-54.

[68] 曾佑新，李强．基于物联网的电子废弃物逆向物流系统优化．生态经济，2015，31（3）：112-117.

[69] 余洪，胡显智，字富庭，等．置换法回收硫代硫酸盐浸金液中金的研究进展．稀有金属，2015，39（5）：473-480.

[70] 郭学益，张婧熙，严康，等．中国废旧电脑产生量及其金属存量分析研究．中国环境科学，2017，37（9）：3464-3472.

[71] 李晓，崔燕，刘强，等．我国废塑料回收行业现状浅析．中国资源综合利用，2018，36（12）：99-102.

[72] 郭锐．废矿物油综合利用行业现状分析．中国石油和化工标准与质量，2018，38（6）：134-135.

[73] 李玉倩，马俊伟，袁海荣，等．玉米秸秆两级 CSTR 厌氧消化工艺动力学性能研究．可再生能源，2022，40（1）：1-7.

[74] 黄文博，袁海荣，李秀金，等．多角度分析 P. ostreatus 改性对玉米秸厌氧消化产气性能的影响．可再生能源，2021，39（5）：569-575.

[75] 李娟，左晓宇，袁海荣，等．氨水与冻融复合改性玉米秸秆对其高温厌氧消化过程的影响．中国沼气，2020，38（5）：17-23.

[76] 黄文博，袁海荣，李秀金，等．氨水-氢氧化钾复合预处理提高菌糠厌氧消化性能的研究．中国沼气，2020，38（1）：11-18.

[77] 矫云阳，A.C. Wachemo，李秀金，等．稻草与畜禽粪便混合物厌氧消化快速启动研究．中国沼气，2019，37（4）：35-40.

[78] 魏域芳，李秀金，袁海荣，等．沼液预处理玉米秸秆与牛粪混合厌氧消化产气性能的研究．中国沼气，2018，36（1）：39-46.

[79] 刘银秀，聂新军，叶波，等．农作物秸秆"五化"综合利用现状与前景展望．浙江农业科学，2020，61（12）：2660-2665.

[80] 张建超，德雪红，李震，等．生物质固化成型机理及设备的研究现状．林产工业，2020，57（12）：45-49.

[81] 冯泳程，郁鸿凌，桂萌溪，等．我国秸秆直燃发电技术的发展现状．节能，2018，37（12）：14-18.

[82] 陈润璐，李再兴，冯晶，等．农业废弃物厌氧干发酵技术研究进展．河北科技大学学报，2020，41（4）：365-373.

[83] 陈小亮，吕晶．固体废物危险特性鉴别有关问题的思考研究．环境科学与管理，2014，39（4）：48-51.

[84] 孙绍锋，胡华龙，郭瑞，等．我国危险废物鉴别体系分析．环境与可持续发展，2015，40（2）：37-39.

[85] 嵇磊，赵旭红，曹培，等．水泥窑协同处置危险废物典型污染物在水泥熟料中的固化研究．水泥技术，2018（2）：31-35.

[86] 赵旭红，芮文洁，徐晟铭，等．水泥窑协同处置危险废物过程中重金属固化的问题研究进展．水泥工程，2020（1）：79-82.

[87] 张绍坤．危险废物焚烧飞灰固化处理技术应用探讨．中国环保产业，2012（3）：16-19.

[88] 李华，司马菁珂，罗启仕，等．危险废物焚烧飞灰中重金属的稳定化处理．环境工程学报，2012，6（10）：3740-3746.

[89] 何小松，姜永海，李敏，等．危险废物填埋优先控制污染物类别的识别与鉴定．环境工程技术学报，2012，2（5）：433-440.

[90] 陈佳，陈彤，王奇，等. 中国危险废物和医疗废物焚烧处置行业二噁英排放水平研究. 环境科学学报，2014，34（4）：973-979.

[91] Liu C M，Wachemo A C，Tong H，et al. Biogas production and microbial community properties during anaerobic digestion of corn stover at different temperatures. Bioresource Technology，2018，261: 93-103.

[92] Xu Z Q，Yuan H R，Li X J. Anaerobic bioconversion efficiency of rice straw in continuously stirred tank reactor systems applying longer hydraulic retention time and higher load: One-stage vs. Two-stage. Bioresource Technology，2021，321: 124206.

[93] Tian L B，Shen F，Yuan H R，et al. Reducing agitation energy-consumption by improving rheological properties of corn stover substrate in anaerobic digestion. Bioresource Technology，2014，168: 86-91.

[94] Shen F，Tian L B，Yuan H R，et al. Improving the mixing performances of rice straw anaerobic digestion for higher biogas production by computational fluid dynamics (CFD) simulation. Applied Biochemistry and Biotechnology，2013，171 (3): 626-642.

[95] Li Y Q，Liu C M，Wachemo A C，et al. Serial completely stirred tank reactors for improving biogas production and substance degradation during anaerobic digestion of corn stover. Bioresource Technology，2017，235: 380-388.

[96] Li Y Q，Liu C M，Wachemo A C，et al. Effects of liquid fraction of digestate recirculation on system performance and microbial community structure during serial anaerobic digestion of completely stirred tank reactors for corn stover. Energy，2018，160: 309-317.

[97] Liu C M，Wachemo A C，Yuan H R，et al. Evaluation of methane yield using acidogenic effluent of NaOH pretreated corn stover in anaerobic digestion. Renewable Energy，2018，116: 224-233.

[98] Liu Y，Chufo Wachemo A，Yuan H R，et al. Anaerobic digestion performance and microbial community structure of corn stover in three-stage continuously stirred tank reactors. Bioresource Technology，2019，287: 121339.

[99] Zhou Q，Shen F，Yuan H R，et al. Minimizing asynchronism to improve the performances of anaerobic co-digestion of food waste and corn stover. Bioresource Technology，2014，166 (166): 31-36.

[100] He Y F，Pang Y Z，Li X J，et al. Investigation on the changes of main compositions and extractives of rice straw pretreated with sodium hydroxide for biogas production. Energy & Fuels，2009，23 (4): 2220-2224.

[101] He Y F，Pang Y Z，Liu Y P，et al. Physicochemical characterization of rice straw pretreated with sodium hydroxide in the solid state for enhancing biogas production. Energy & Fuels，2008，22 (4): 2775-2781.

[102] Guan R L，Yuan H R，Yuan S，et al. Current development and perspectives of anaerobic bioconversion of crop stalks to biogas: A review. Bioresource Technology，2021，349: 126615.